“十四五”国家重点出版物出版规划项目

浙江文化艺术发展基金资助项目
PROJECTS SUPPORTED BY ZHEJIANG CULTURE AND ARTS DEVELOPMENT FUND

海洋强国战略研究
张海文 —— 主编

中国海洋经济
高质量发展研究

刘 明 著

浙江教育出版社 · 杭州

图书在版编目（C I P）数据

中国海洋经济高质量发展研究 / 刘明著. -- 杭州 :
浙江教育出版社, 2023.7
（海洋强国战略研究 / 张海文主编）
ISBN 978-7-5722-5167-2

Ⅰ. ①中… Ⅱ. ①刘… Ⅲ. ①海洋经济－经济发展－研究－中国 Ⅳ. ①P74

中国版本图书馆CIP数据核字(2022)第258354号

海洋强国战略研究
中国海洋经济高质量发展研究
HAIYANG QIANGGUO ZHANLUE YANJIU
ZHONGGUO HAIYANG JINGJI GAOZHILIANG FAZHAN YANJIU

刘明 著

项目策划 余理阳
责任编辑 舒 晴 吴 昊
美术编辑 韩 波
责任校对 沈子清
责任印务 沈久凌
封面设计 观止堂
出版发行 浙江教育出版社
（杭州市天目山路 40 号 电话：0571-85170300-80928）
图文制作 杭州林智广告有限公司
印刷装订 浙江海虹彩色印务有限公司
开 本 710 mm×1000 mm 1/16
印 张 18.75
字 数 260 000
版 次 2023 年 7 月第 1 版
印 次 2023 年 7 月第 1 次印刷
标准书号 ISBN 978-7-5722-5167-2
定 价 68.00 元

主编

张海文

北京大学法学博士，自然资源部海洋发展战略研究所所长、研究员，享受国务院特殊津贴，武汉大学国际法研究所和厦门大学南海研究院兼职教授、博导，浙江大学海洋学院兼职教授。从事海洋法、海洋政策和海洋战略研究三十余年。主持和参加多个国家海洋专项的立项和研究工作，主持完成数十个涉及海洋权益和法律的省部级科研项目。曾参加中国与周边国家之间的海洋划界谈判，以中国代表团团长和特邀专家等身份参加联合国及其所属机构的有关海洋法磋商。已撰写和主编数十部学术专著，如《〈联合国海洋法公约〉释义集》《〈联合国海洋法公约〉图解》《〈联合国海洋法公约〉与中国》《南海和南海诸岛》《钓鱼岛》《世界各国海洋立法汇编》《中国海洋丛书》等；发表数十篇有关海洋法律问题的中英文论文。

作者

刘　明

自然资源部海洋发展战略研究所研究员，主要研究领域为海洋经济、海洋科技，在《经济地理》《宏观经济研究》《金融研究》等重要学术刊物上发表学术论文30余篇，撰写专著6部，参与编写著作20余部。

总序

21 世纪，人类进入了开发利用海洋与保护治理海洋并重的新时期。海洋在保障国家总体安全、促进经济社会发展、加强生态文明建设等方面的战略地位更加突出。党的十八大报告中正式将海洋强国建设提高到国家发展和安全战略高度，明确提出要提高海洋资源开发能力，大力发展海洋经济，加大海洋生态保护力度，坚决维护国家海洋权益，建设海洋强国。党的十九大报告再次明确提出要坚持陆海统筹，加快建设海洋强国。党的二十大报告从更宽广的国际视野和更深远的历史视野进一步要求加快建设海洋强国。由此可见，加快建设海洋强国已成为中华民族伟大复兴路上的重要组成部分。我们在加快海洋经济发展、大力保护海洋生态、坚决维护海洋权益和保障海上安全的同时，还应深度参与全球海洋治理，努力构建海洋命运共同体，在和平发展的道路上，建设中国式现代化的海洋强国。

作为从事海洋战略研究三十余年的海洋人，我认为应当以时不我待的姿态探讨新时期加快海洋强国建设的重大战略问题，进一步提升国人对国家海洋发展战略的整体认识，提高我国学界在海洋发展领域的跨学科研究水平，丰富深化海洋强国建设理论体系，提高国家相关政策决策的可靠性和科学性。为此，我和自然资源部海洋发展战略研究所专家团队组织撰写了《海洋强国战略研究》，以期为加快建设海洋强国建言献策。

丛书共八册，包括《全球海洋治理与中国海洋发展》《中国海洋法治建设研究》《海洋争端解决的法律与实践》《中国海洋政策与管理》《中国海洋经济高质量发展研究》《中国海洋科技发展研究》《中国海洋生态文明建设研究》《中国海洋资源资产监管法律制度研究》。在百年未有之大变局的时代背景下，丛书结合当前国际国内宏观形势，立足加快建设海洋强国的新要求，聚焦全球海洋治理、海洋法治建设、海洋争端解决、海洋政策体系构建、海洋经济高质量发展、海洋科技创新、海洋生态文明建设、海洋资源资产监管等领域重大问题，开展系统阐述和研究，以期为新时期我国加快建设海洋强国提供学术参考和智力支撑。

我们真诚地希望丛书能成为加快建设海洋强国研究的引玉之砖，呼吁有更多的专家学者从地缘战略、国际关系、军队国防等角度更广泛、更深入地参与到海洋强国战略研究中来。由于内容涉及多个领域，且具较强的专业性，尽管我们竭尽所能，但仍难免有疏漏和不当之处，希望读者在阅读的同时不吝赐教。

丛书的策划和出版得益于浙江教育出版社的大力支持。在我们双方的共同努力下，丛书列入了“十四五”国家重点出版物出版规划，并成功获得国家出版基金资助，这让我们的团队深受鼓舞。最后，浙江教育出版社的领导和编辑团队对丛书的出版给予了大力支持，付出了辛勤劳动，在此谨表谢意。

张海文

2023 年 7 月 5 日于北京

前言

本书主要的研究基础是作者承担的2019年度国家社科基金项目“海洋经济高质量发展指标体系构建、提升路径及政策建议研究”（19BJY075）。该项目由全国哲学社会科学规划办公室于2019年7月立项，2020年10月获得批准结项（结项证书号：20204812）。此外，本书的研究基础还包括：国家社科基金项目“习近平海洋科技思想研究”；2013年度国家社科基金一般项目“基于碳足迹理论的我国滨海旅游业低碳化发展途径与政策研究”（13BJY143）；自然资源部项目“海岸带国土空间规划编制及配套政策研究”；厦门市政府委托项目“厦门市‘十四五’海洋经济发展规划研究”；原国家海洋局近海海洋综合调查与评价专项“海洋经济可持续发展战略研究”；“新型潜在滨海旅游区评价与选划研究”；“我国海洋开发战略研究”；原国家海洋局2005年度青年海洋科学基金项目“海洋经济可持续发展下的海洋环境政策及其评价研究”；烟台市政府委托项目“烟台市海洋经济发展规划研究”；唐山市政府委托项目“唐山市海洋经济发展规划研究”；等等。

2016年6月—2019年12月，本书作者曾赴青岛、杭州、宁波、舟山、广州、深圳、厦门和三亚等地，开展海洋经济方面的调研并参加研讨会，收集积累了大量有关海洋经济发展方面的资料。

根据诸多项目研究和调研积累的有关海洋经济发展方面的资料，作者利用近两年时间完成了本书的撰写。本书所做的创新性研究工作包括如下几个方面。

一是较为科学地阐释了新时代海洋经济高质量发展的内涵，即：科技创新是推动海洋经济高质量发展的根本动力，协调发展是海洋经济高质量稳定发展的内在要求，绿色发展是海洋经济高质量发展的一般形态，开放发展是海洋经济高质量发展的必由之路，共享发展成果是海洋经济高质量发展的价值取向。

二是构建了适应新发展理念的海洋经济高质量发展评价指标体系并检验了其有效性。通过分析，论证了海洋科技水平是当前影响海洋经济高质量发展的最主要因素。提出了新时代海洋经济高质量发展指数，用于衡量海洋经济高质量发展的程度。

三是运用所构建的海洋经济高质量发展评价指标体系，对2010—2019年我国海洋经济高质量发展水平进行了实证研究，并在此基础上提出了新时代推动我国海洋经济高质量发展的途径和对策。通过研究得出，从研究期内的海洋经济高质量发展指数走势来看，我国海洋经济高质量发展呈现持续、稳定的增长态势，海洋经济高质量发展水平有效提高，但是分项维度仍存在制约因素和增长阻力。通过分析得出，协调发展维度是我国海洋经济高质量发展进程中的显著制约因素。

四是运用所构建的海洋经济高质量发展评价指标体系，对我国境内11个沿海省级行政区（本研究未考察港澳台地区）的海洋经济高质量发展水平进行了实证研究。根据海洋经济高质量发展指数计算结果，可将我国沿海11个省级行政区分为海洋经济高质量发展的发达区、发展区和潜在上升区三类。广东、上海、山东位于高水平，属于海洋经济高质量发展的发达区，其中广东始终处于首位。浙江、福建、辽宁、天津、江苏处于中等水平，属于海洋经济高质量发展的发展区。河北、海南、广西属于海洋经济高质量发展的潜在上升区。在此基础上，提出了未来我国沿海省级行政区海洋经济高质量发展的特色模式。

五是运用前期获得的海洋经济调研资料，选择我国沿海省级行政区海洋经济示范区，研究了“十四五”乃至更长时期内实现海洋经济高质量发展的途径。

六是在研究方法方面有所创新。首先是采用了规范分析与案例研究相结合的方法。规范分析，即通过梳理国内外已有研究成果，为解决问题提供理论基础。案例研究，即通过调研海洋经济相关第一手资料，对研究成果进行对比说明，保证研究成果的可行性与合理性。其次是采用了定性与定量研究相结合的方法。对海洋经济高质量发展的内涵、理论侧重定性研究，对指标体系构建及有效性检验、实证研究等侧重定量研究。在内涵、理论以及实证研究基础上，定性与定量相互结合，提出推动我国海洋经济高质量发展的途径和对策。

摘要

习近平总书记在党的十九大报告中提出“我国经济已由高速增长阶段转向高质量发展阶段”。这是党中央在新时代根据国际国内环境变化，特别是我国发展条件和发展阶段变化作出的重大判断。随后，海洋经济高质量发展在党和国家的重要会议以及文件中不断被提出并逐步深化。2018 年 12 月召开的十三届全国人大常委会第七次会议上发布了《关于发展海洋经济　加快建设海洋强国工作情况的报告》，提出“推动海洋经济实现高质量发展”“健全海洋经济统计核算制度，提升海洋经济监测评估能力”。2022 年 10 月，党的二十大报告中强调“高质量发展是全面建设社会主义现代化国家的首要任务”，提出“发展海洋经济，保护海洋生态环境，加快建设海洋强国”。

我国海洋生产总值占国内生产总值的比重近 10%，海洋经济是国民经济的重要组成部分。但当前我国尚未颁布海洋高质量发展水平监测评估的相关规定、行业标准等，对海洋经济高质量发展也缺乏系统理论研究。本书拟研究提出新时代海洋经济高质量发展的内涵，构建评价指标体系，科学评价新时代我国海洋经济高质量发展水平空间分布差异，分析存在问题，在此基础上研究推动海洋经济高质量发展的途径和政策。

本项研究对推动新时代我国经济高质量发展具有现实意义和理论意义，共分为五章。

第一章围绕新时代党中央、国务院关于经济高质量发展和发展海洋经济的相关精神，全面把握和评价国内外经济高质量发展和海洋经济高质量发展前沿理论研究，结合我国经济高质量发展要求和实践经验，针对我国海洋经济发展的特征，系统分析海洋经济高质量发展的内涵及影响因素，为构建海洋经济高质量发展指标体系、研究评价方法及制定政策等提供理论依据和技术支撑。在这一章提出了创新发展、协调发展、绿色发展、开放发展、共享发展五个方面的海洋经济高质量发展的内涵。

第二章跟踪、收集、整理和分析了美国、日本、欧盟、澳大利亚、英国等发达海洋国家或地区海洋经济高质量发展的法律、制度、规划和政策，探寻国外海洋经济发展政策对我国的启示。

第三章全面阐述当前我国海洋经济高质量发展的现状，综合分析新时代我国海洋经济发展特征。研究海洋高质量发展评价指标体系的设计思想、设计原则和设计方法，结合海洋经济高质量发展的内涵、主要内容、目标、方向及影响因素，遴选指标以构建新时代海洋经济高质量发展评价指标体系，并对所构建指标体系的有效性进行检验。选择若干适用于海洋经济高质量发展评价的定量模型和方法，提出包含 35 个基础指标的海洋经济高质量发展指标体系，并提出拟选用多指标评价法中的层次分析法和熵值法对我国海洋经济高质量发展水平进行评价。

在参阅公开统计数据以及实地调研收集数据资料的基础上，采用所构建的海洋经济高质量发展评价指标体系，结合已选定的评估模型和方法，对 2010—2019 年我国海洋经济高质量发展水平及演进特征进行分析。在对我国沿海 11 个省级行政区的海洋经济高质量发展水平进行实证研究后，得出我国沿海地区海洋经济高质量发展水平空间分布差异的初步判断和分析。根据实证结果，比较我国沿海地区在海洋经济高质量发展方面的共性、特性、优势，分析新时代各省级行政区海洋经济高质量发展的主要推动力及存在的主要问题。

通过研究得出结论，从海洋经济高质量发展综合评价指数走势来看，我国海洋经济高质量发展水平有效提高，呈现持续、稳定的增长态势，但是分项维度仍存在制约因素和增长阻力。2019 年海洋经济高质量发展评价指数值为 87.486，较 2010 年增长了 14.143%。2010—2019 年，从海洋经济高质量发展指标体系的分项维度来看，海洋科技创新发展维度呈现显著的增长态势；协调发展维度整体呈现波动性，是我国海洋经济高质量发展进程中的显著制约因素；绿色发展维度在研究期内总体上呈现持续的增长态势，略有波动；开放发展维度总体水平持续上升；共享发展维度总体表现为“V”字形增长。

第四章根据我国海洋经济高质量发展的内涵及主要影响因素，运用前期获得的海洋经济调研资料，选择我国沿海省级行政区海洋经济示范区，研究“十四五”乃至更长时期内实现海洋经济高质量发展的途径，包括如何推动陆海统筹发展、促进产业转型升级、推动绿色发展、完善海洋法律法规体系、推动区域海洋经济协同发展及推动重大工程建设等。

第五章梳理党的十九大以来我国实施的一系列海洋经济发展新政策和新举措，分析我国海洋经济政策存在的主要问题，结合海洋经济高质量发展的内涵及对我国海洋经济高质量发展的评价结果，借鉴国外海洋经济发展政策实施的成功经验，最终提出促进我国海洋经济实现高质量发展的体制机制、法律法规、规划制度、产业政策、发展模式等的建议。

目 录

01 第一章

海洋经济高质量发展理论研究

本章围绕新时代党中央、国务院关于经济高质量发展和发展海洋经济的相关重要精神，基于国内外海洋经济高质量发展最新理论前沿研究，结合我国经济高质量发展要求和实践，针对海洋经济的特征，对海洋经济高质量发展的内涵、主要内容、目标、方向及影响因素进行系统分析，为海洋经济高质量发展的水平评价、提升路径及政策制定等提供理论依据和技术支撑。

第一节 我国经济高质量发展对海洋经济的战略需求

一、新时代中共中央、国务院有关经济高质量发展的政策

“经济高质量发展”这一概念是2017年10月党的十九大首次提出的。习近平总书记在党的十九大报告中提出：“我国经济已由高速增长阶段转向高质量发展阶段。”此后，习近平总书记在不同时间、不同场合发表了一系列关于新时代如何促进我国经济高质量发展的重要讲话。

2018年3月5日，习近平总书记在十三届全国人大一次会议内蒙古代表团审议时强调，推动经济高质量发展，要把重点放在推动产业结构转型升级上，把实体经济做实做强做优。

2019年3月5日，习近平总书记在十三届全国人大二次会议内蒙古代表团审议时强调，保持加强生态文明建设的战略定力，探索以生态优先、绿色发展为导向的高质量发展新路子，加大生态系统保护力度，打好污染防治攻坚战，守护好祖国北疆这道亮丽风景线。

2019年5月22日，习近平总书记在听取江西省委和省政府工作汇报时指出，要推动经济高质量发展，牢牢把握供给侧结构性改革这条主线，不断改善供给结构，提高经济发展质量和效益。要加快推进新旧动能转换，巩固“三去一降一补”成果，加快“腾笼换鸟、凤凰涅槃”。要聚焦主导产业，加快培育新兴产业，改造提升传统产业，发展现代服务业，抢抓数字经济发展机遇。

2019年6月28日，国家主席习近平在二十国集团领导人峰会上关于世界经济形势和贸易问题发表重要讲话，指出：“坚持改革创新，挖掘增长动力。世界经济已经进入新旧动能转换期。我们要找准切入点，大

力推进结构性改革，通过发展数字经济、促进互联互通、完善社会保障措施等，建设适应未来发展趋势的产业结构、政策框架、管理体系，提升经济运行效率和韧性，努力实现高质量发展。”

二、新时代中共中央、国务院有关发展海洋经济的政策

党的十九大统筹国内经济发展大局，作出“实施区域协调发展战略”“坚持陆海统筹，加快建设海洋强国”的重要战略部署，为加强和改进新形势下的海洋经济工作指明了努力方向、提供了根本遵循。2018 年 3 月 8 日，习近平总书记在参加十三届全国人大一次会议山东代表团审议时指出，海洋是高质量发展战略要地。随后，海洋经济高质量发展在党和国家的重要会议及文件上不断被提及。

2018 年 8 月，自然资源部、中国工商银行联合印发了《关于促进海洋经济高质量发展的实施意见》，明确了自然资源部、中国工商银行双方下一步推动海洋经济高质量发展的工作目标、重点领域、重点区域、服务方式、合作机制等内容。该意见提出中国工商银行将力争未来五年为海洋经济发展提供 1000 亿元融资额度，并推出一揽子多元化涉海金融服务产品，服务一批重点涉海企业，支持一批重大涉海项目建设，促进海洋经济由高速度增长向高质量发展转变。该意见明确将重点支持海洋传统产业改造升级、海洋新兴产业培育壮大、海洋服务业提升、重大涉海基础设施建设、海洋经济绿色发展等重点领域的发展，并加强对北部海洋经济圈、东部海洋经济圈、南部海洋经济圈、“一带一路”海上合作的金融支持。该意见要求创新海洋经济发展金融服务方式，探索符合海洋经济特点的金融服务模式和产品，构建海洋经济抵质押融资产品体系，形成海洋经济供应链金融服务模式，完善涉海项目融资服务方式，探索海洋经济投贷联动业务模式，探索建立海洋经济信贷风险补偿和担保机

制，试点共建海洋经济特色金融机构，加强涉海投融资项目的组织与实施，构建顺畅的政银合作机制。

2018 年 11 月，中共中央、国务院出台《关于建立更加有效的区域协调发展新机制的意见》，提出："推动陆海统筹发展。加强海洋经济发展顶层设计，完善规划体系和管理机制，研究制定陆海统筹政策措施，推动建设一批海洋经济示范区。以规划为引领，促进陆海在空间布局、产业发展、基础设施建设、资源开发、环境保护等方面全方位协同发展。编制实施海岸带保护与利用综合规划，严格围填海管控，促进海岸地区陆海一体化生态保护和整治修复。创新海域海岛资源市场化配置方式，完善资源评估、流转和收储制度。推动海岸带管理立法，完善海洋经济标准体系和指标体系，健全海洋经济统计、核算制度，提升海洋经济监测评估能力，强化部门间数据共享，建立海洋经济调查体系。推进海上务实合作，维护国家海洋权益，积极参与维护和完善国际和地区海洋秩序。"

2018 年 12 月，十三届全国人大常委会第七次会议发布《关于发展海洋经济 加快建设海洋强国工作情况的报告》。该报告第一部分提出："质量为要，做强海洋经济支撑海洋强国建设。现代化的海洋经济是建设海洋强国的重要支撑。贯彻落实习近平总书记关于建设海洋强国的重要论述，要着力改变海洋经济粗放发展的现状，走高质量发展之路，进一步提高海洋开发能力，优化海洋产业结构，构建现代海洋产业体系。要调整近岸海域国土空间布局，拓展蓝色经济空间，推动海洋经济由近岸海域向深海远洋极地延伸，提高海洋经济对国民经济贡献率，更好保障国家能源、食物、水资源等安全。"该报告第三部分对策措施中指出："建立海洋经济高质量发展指标体系，提出优化海洋产业结构、提高海洋经济质量效益等方面的政策措施。加强统筹协调，结合海洋经济发展‘十三五’规划中期评估和‘十四五’规划编制，深化研究论证，探索统筹陆海资源配置、产业布局、生态环境保护的有效路径”，“融入重大战略，不断拓展优化海洋经济空间布局。北部海洋经济区要对接服务京津冀协同发展，优化港口资源配置，提高科技创新能力，带动环渤海地区合作发展。东部海洋经济区要主动融入长三角一体化发展，建设大宗商品储备加工交易基地和国际海事航运服务基地，提高江海联运水平，促进长江经济带发展。南部海洋经济区要把握粤港澳大湾区建设机遇，密切珠三角与香港、澳门在海洋领域的合作，共建世界级港口群；深入落实海南全面深化改革开放举措，支持海南逐步探索、稳步推进中国特色自由贸易港建设，建设国家深海基地南方中心。推进‘一带一路’建设海上合作，密切与沿线国家和地区战略对接。加强海洋开发服务保障能力建设，提高海上执法、搜救、海运保障、防灾减灾等水平”，“加速动能转换，推动海洋经济实现高质量发展。着力构建现代海洋产业体系，壮大海洋生物医药、海水淡化与综合利用、海洋可再生能源、海洋高端装备、海洋信息服务等战略性新兴产业，带动海洋传统产业绿色转型升级，形成一批具有国际竞争力的优势产品，促进海洋产业迈向全球价值链中高端。加快建设世界一流的现代海洋港口，优化全国沿海港口布局，完善港口基础设施，稳步建设大型专业化码头和深水航道，推进海运领域扩大开放，提升邮轮服务质量和效率。积极推动现代化海洋牧场建设，探索以近浅海海洋牧场和深远海养殖为重点的现代化海洋渔业发展新模式。拓展提升海洋旅游业，支持海洋特色文化产业发展。健全海洋经济统计核算制度，提升海洋经济监测评估能力，建立海洋经济调查体系，制定和修订海洋国家标准和行业标准”，“开展试点示范，创新海洋管理体制机制。围绕推动海洋经济发展的重点领域和关键环节，深化改革创新，建立健全海洋管理体制机制。促进海洋经济要素市场化配置，改进和加强海洋经济发展相关金融服务，加大涉海绿色金融产品创新，推动海洋信息资源共享，鼓励民营企业参与海洋资源开发，营造公平竞争环境，有效激发各类市场主体活力。深入推进海洋经济发展示范区、海洋经济创新发展示范城市等建设，鼓励结合各自基础条件和比较优势，围绕重点方向开展体制机制创新先行探索，为其他地区提供引领示范”。

2019 年 10 月 15 日，习近平总书记在致 2019 中国海洋经济博览会的贺信中作出重要指示，强调海洋是高质量发展战略要地。要加快海洋科技创新步伐，提高海洋资源开发能力，培育壮大海洋战略性新兴产业。要促进海上互联互通和各领域务实合作，积极发展“蓝色伙伴关系”。要高度重视海洋生态文明建设，加强海洋环境污染防治，保护海洋生物多样性，实现海洋资源有序开发利用，为子孙后代留下一片碧海蓝天。举办 2019 中国海洋经济博览会旨在为世界沿海国家搭建一个开放合作、共赢共享的平台。希望大家秉承互信、互助、互利的原则，深化交流合作，让世界各国人民共享海洋经济发展成果。

2022 年 10 月 16 日，习近平总书记在党的二十大会议上作报告，提出“发展海洋经济，保护海洋生态环境，加快建设海洋强国”。

三、新时代推动实现海洋经济高质量发展的必要性

（一）实现海洋经济高质量发展是建设海洋强国的重要组成部分

党的十八大作出了建设海洋强国的重大战略部署。发展海洋经济是建设海洋强国的重要组成部分。2013 年 7 月 30 日，习近平总书记在十八届中央政治局第八次集体学习时提出，发达的海洋经济是建设海洋强国的重要支撑。要提高海洋资源开发能力，着力推动海洋经济向质量

效益型转变。扩大海洋开发领域，让海洋经济成为新的增长点。要加强海洋产业规划和指导，优化海洋产业结构，提高海洋经济增长质量，培育壮大海洋战略性新兴产业，提高海洋产业对经济增长的贡献率，努力使海洋产业成为国民经济的支柱产业。

推动海洋经济高质量发展正是推动绿色经济发展的重要举措。推动海洋经济高质量发展，就是要尊重、顺应和保护自然，坚持走生产发展、生活富裕、生态良好的文明发展道路，促进海洋经济发展与海洋生态保护协调发展。用最严格、严密的制度和法律保护海洋生态环境，鼓励发展低消耗、低排放的海洋服务业和高技术产业。推进海洋交通运输业、海洋油气业、海洋化工业等高耗能产业节能减排。同时，支持和鼓励海洋风能、潮汐能、波浪能、潮流能、海流能和温差能等海洋可再生能源产业发展，推动海水养殖业、海洋生物医药业、海水利用业、海洋化工业、海洋盐业等开展循环利用示范。依托海洋产业园区，促进涉海企业间建立原料、动力综合利用的产业联合体，开展海洋产业节能减排、低碳生产的信息咨询和技术推广活动。加大对海洋经济绿色发展的金融支持力度。

（二）实现海洋经济高质量发展是我国经济发展进入新常态的要求

我国发展仍处于重要战略机遇期，我们要增强信心，从当前我国经济发展的阶段特征出发适应新常态，保持战略上的平常心态。

经济新常态有几个方面的显著特点。一是经济从高速增长转为中高速增长，年均经济增长速度放缓。二是经济结构不断优化升级，经济发展方式正从粗放型发展转入遵循经济规律的科学发展、遵循社会规律的包容性发展，产业结构由中低端水平转向中高端水平。认识、适应、引领新常态，必将在今后一个时期的中国经济发展历程中发挥至关重要的作用。必须确立起新常态思维在经济发展中的重要地位，毫不动摇地做好经济结构调整改革工作。

经济新常态客观上要求海洋经济实现高质量发展。高质量发展要求新时代海洋经济发展贯彻落实新发展理念，提高海洋经济管理能力，加强海洋科技创新，深化海洋领域供给侧结构性改革，培育发展海洋新兴产业。海洋经济发展的管理工作应主要解决海洋经济发展中不平衡不充分的问题，强化创新驱动，突出协调推进，注重绿色发展、低碳发展，推动扩大开放合作，更加明确共享发展目标，持续扩大优质增量供给、加快发展动力转变、促进发展效率提升，不断推动海洋经济高质量发展，加大海洋经济对国民经济发展的贡献。

（三）海洋经济高质量发展仍存在诸多问题

1. 海洋渔业产业结构层次低，海洋生态环境压力大

一是近海连续多年过度捕捞，导致海洋渔业资源衰退。根据专家估算，我国管辖海域渔业资源每年可捕捞量为 800 万～900 万吨。从 1994 年近海捕捞量达到 926 万吨以来，过度捕捞已持续 20 多年。2016—2019 年的《中国渔业统计年鉴》数据显示，2016 年近海捕捞量为 1328 万吨，2017 年为 1112.42 万吨，2018 年为 1044.46 万吨，2019 年为 1000.15 万吨。尽管近年来我国近海海洋捕捞量持续下降，但依然处在超负荷状态，在高强度捕捞压力和渔业环境破坏下，主要经济鱼类资源日趋衰退。

二是海水产品加工业仍以初级产品和粗加工为主，深加工发展滞后。根据《2019 中国渔业统计年鉴》，2019 年我国海水加工产品主要涉及水产冷冻品、鱼糜制品及干腌制品、鱼油制品等，其中冷冻品产量 15322657 吨，占海水加工产品产量的 70.57%。目前海洋渔业资源的加工制作仅停留在海洋渔业的初级产品和相对低端的加工产品层面上，

这与海洋渔业加工企业规模小、技术落后和设备陈旧不无关系。

三是海洋生态环境问题仍较为严重，对海洋渔业造成多方面的影响。根据《2021 年中国海洋生态环境状况公报》显示，近岸局部海域污染虽有所好转，但依然严重，海水水质劣于第四类的近岸海域面积占近岸海域总面积的 9.6%。海洋工程对海洋及海岸带的生态破坏同样不容忽视，海湾、河口等生态敏感区鱼类、虾蟹产卵场、孵化场所受影响较大。

2. 海洋生物医药业创新能力薄弱，海洋装备制造业发展面临诸多困难

一是资金和人才不足限制了我国海洋生物医药业科技创新。我国政府对海洋生物医药产业科研经费投入有限（表 1.1）。一方面，海洋生物医药产业研发资金来源单一，主要依靠政府投资，社会及企业资金严重不足，导致一些海洋生物医药企业陆续退出该产业，进而导致本就不多的技术研发人员逐渐流失；另一方面，目前我国尚未建立完善的人才引进政策。

表 1.1　2006—2016 年我国海洋生物医药产业科研经费政府投入

年份	科研经费政府投入（万元）	年份	科研经费政府投入（万元）
2006	2693.1	2012	0
2007	652.4	2013	0
2008	2704.0	2014	0
2009	0	2015	0
2010	567.0	2016	98.8
2011	99.0		

数据来源：2007—2017 年《中国海洋统计年鉴》，海洋出版社。

二是海洋工程装备制造业面临核心技术依赖国外、配套产业滞后、

高端人才缺乏等主要问题。我国海洋工程装备的核心技术研发能力较弱，拥有自主知识产权的海洋工程装备很少，配套设备主要依赖进口，每年约有 90%左右的进口需求，配套设备国产化率不到 10%，其中核心配套设备的自配套率不到 5%，深水海洋工程装备前端设计领域仍是空白。我国海洋工程装备制造业基本处于整个产业链底端，竞争激烈，存在产能过剩的隐忧。海洋工程装备制造业具有高技术密集的特点，亟须大量高端技术人才，但眼下我国高端技术装备的基础研发人才、创新型研发人才、高级技能人才等严重匮乏，并且人才激励措施有限，很多科研人员缺乏技术创新动力。目前，企业中关键技术研发和管理人才主要从国外高薪引进，这些尖端技术人才的流动性比较大，不利于企业技术基础的积累及企业长远的技术进步。①

3. 海洋服务业竞争力不足，服务能力不强

一是滨海旅游业资源利用效率不高，服务不精。我国滨海旅游业存在的问题主要包括：保护不力，滨海生态环境破坏仍较为严重；资源囤积，圈占珍贵滨海资源；产品雷同，重复建设导致不良竞争；品质不高，对高端市场的吸引力不足；服务不精，游客满意度和重游率不高；集聚程度不够，没有形成世界性品牌影响；工业化和城镇化挤占滨海旅游发展资源和空间。

二是海洋交通运输业大而不强。根据统计，我国控制船队总运力世界排名第三，相当占全球船队总运力的 9%左右。尽管如此，我国海洋运输业仍存在大而不强、海运控制力弱的问题，对马六甲海峡、巽他海峡、龙目海峡等海运要道的运输影响力不足，与其他海洋运输业发达的国家相比仍有很大差距。我国海运业需要建立一套全面、清晰、科学的

---

① 刘明. 我国海洋科技“短板”以及亟待攻破的“瓶颈”[N]. 中国海洋报，2019-5-21（2）.

海运服务政策和法律体系，加强政策扶持，增大财政支持，完善法律保障。

三是涉海金融服务业相关机制和配套制度不健全。涉海企业所需资金具有规模大、周期长、风险大的特点。这些资金需求的特点与商业银行业谨慎经营、规避风险的基本经营原则不相符，导致涉海企业的资金需求难以得到满足。

4. 海洋科技创新能力不足，成果转化率低

一是海洋科技成果创新能力较弱，源头创新不足。我国在深水、绿色、安全等关键领域的核心技术自给率很低，与发达国家差距仍然较大，受制于人。海洋工程装备、高端船舶制造、海水淡化、海上风电等产业核心技术支撑能力不足，关键设备、部件与基础材料主要依赖进口，企业自主创新能力不强。

二是尚未形成完善的海洋技术创新体系，未形成以企业为主体的海洋技术创新体系，基地、园区和创新平台的服务带动能力还较为薄弱。

三是创新环境有待进一步优化。在产、学、研合作方面，尚未建立起以企业为主体、市场为导向，产、学、研深度融合的技术创新体系。具体表现为企业和研究机构尚未有效对接，海洋科技成果转化率不高。以专利授权为例，根据《中国海洋经济统计年鉴 2020》显示，2020 年我国海洋基础科学专利较多（占 65% 以上），海洋技术应用型专利较少（约占 35%）。

四是涉海中小企业融资难问题尚未得到解决。作为小微企业融资主体的产业基金、保险公司等非银行金融机构，提供的融资支持还有待加强；政府投融资平台业务考核机制不够灵活。以浙江省海洋产业基金开展的渔业资源资产收益权产品为例，该产品服务涉及渔业小微企业和渔

民，解决其升级改造船舶工具等用途的资金短缺问题，符合中央财政方向，但由于服务对象规模较小且相对分散，导致服务成本较高。近期，国家支持银行系统服务小微企业的政策相继出台，力度较大，但作为小微企业融资主体的非银行金融机构提供的支持还有待加强。

5. “智慧海洋”工程存在海洋信息体系建设总体能力不强的问题

我国在推进“智慧海洋”工程建设中存在的问题包括以下五点。一是仍缺乏战略性的顶层设计，海洋信息资源分散，亟待整合。二是海洋信息化领域的核心技术装备国有化率较低，关键设备依赖进口，难以有效支撑海洋信息化基础设施建设。三是海洋信息资源的传输能力严重不足，覆盖范围、观测要素、观测精度和数据质量仍难以满足需求。四是海洋信息化缺乏统一标准，“信息孤岛”现象严重。五是海洋信息化服务规模小、水平低，难以满足海洋治理、海洋军事活动、海洋经济发展的需要。

6. 海洋经济发展的人才支撑体系不够完善

这方面具体表现为高端科技人才、生产一线技能工种的高素质工人、企业管理人才和行政管理人才紧缺。以广州南沙区为例，该区获批全国科技兴海示范基地时，提出到 2020 年要吸引集聚 30 万名的国际高端人才，但目前来看人才缺口较大。船舶制造、海洋工程装备制造等企业，特别是中小型企业，均缺乏高素质的技工人才。

7. 海洋经济领域的对外开放仍需加强

我国海洋经济的开放发展已初见成效，但陆海统筹仍有待加强，仍需加快陆海空间功能布局、基础设施建设和资源配置，以积极融入“21世纪海上丝绸之路”建设。

第二节　海洋经济高质量发展国内外研究进展综述

国外有关海洋经济的研究起步较早，研究工作主要集中在海洋经济对国民经济发展的影响、海洋经济与海洋生态环境的可持续发展、海洋经济内涵的界定及相关理论、海岸带管理等方向。早在1974年，美国政府经济分析局就对海洋生产总量进行了核算，并对海洋经济活动的类型进行了研究。[①]除美国之外，其他一些临海国家也相继进行研究并取得成果。1985年，加拿大渔业海洋部评价了渔业对经济社会的影响。1991年，澳大利亚制定了《澳大利亚海洋产业统计框架》。1996年，《联合国海洋法公约》正式生效后海洋经济研究逐步展开。Westwood（1997）认为“要衡量海洋产业对国民经济的重要性，首先要确定海洋产业的内涵”。[②] Side Jonathan（2002）认为“科技对开发海洋资源和管理海洋经济起重要作用”。[③] Field（2003）认为“良好的海洋生态环境是海洋经济实现可持续发展的基础”。[④] Louri（2008）将传统的方法应用于欧盟海上运输业，并提出了海上运输估算的三个措施。[⑤] Karyn（2014）为海洋经济的测度

---

① Nathan A. Gross product originating from ocean-related activities[R]. Washington D.C.: Bureau of Economic Analysis,1974.

② Westwood J, Young H. The importance of marine industry markets to national economies[C]// Oceans' 97. MTS/IEEE Conference Proceedings, 1997.

③ Side J, Jowitt P. Technologies and their influence on future UK marine resource development and management[J]. Marine Policy，2002, 26（4）: 231-241.

④ The gulf of guinea large marine ecosystem: environmental forcing and sustainable development of marine resources[M]. Elsevier, 2002.

⑤ Semenov I. The multidimensional approach to development strategy of marine industry part II. Multifaceted analysis of the development outlook for the Polish Marine industry[J]. Polish Maritime Research, 2008, 15（4）: 85-95.

提出了新的研究方法。[①]Stojanovic（2016）以地中海为案例，针对欧洲沿海地区环境受到人类开发活动的威胁，提出应加强海岸带综合管理。[②]

国内海洋经济研究始于20世纪80年代初。杨金森（1984）[③]、何宏权（1984）[④]、徐质斌（1995）[⑤]、孙斌（2000）[⑥]、陈可文（2003）[⑦]都提出了海洋经济的内涵。2003年国务院颁布的《全国海洋经济规划纲要》以及《海洋及相关产业分类》（GB/T20794—2006）给出权威定义。随后，国内海洋经济研究从海洋产业发展和资源利用、海洋产业结构和布局、海洋经济发展综合评价、海洋经济可持续发展等方面展开，取得了一些代表性成果。张耀光（2010）研究了经济增长与资源投入的关系，并计算了辽宁省沿海各地的海洋经济资源丰裕度指数。[⑧]韩增林（2003）的研究认为："20世纪90年代初期，我国海洋经济的地区间差距缩小，后期差距有所扩大。20世纪90年代，我国海洋经济的多种海洋产业在同一地区的空间集聚减弱。其中，1995年到2000年期间海洋经济的多种海洋产业的空间集聚程度加剧。我国海洋经济的地区间差异与海洋经济的多种海洋产业的同一空间集聚表现为同趋势的变动过程。"[⑨]狄乾斌（2009）提出海洋

---

① Morrissey K. Using secondary data to examine economic trends in a subset of sectors in the English marine economy: 2003-2011[J]. Marine Policy, 2014, 50(3): 135-141.

② Stojanovic T A.The development of world oceans & coasts and concepts of sustainability[J]. Marine Policy, 2013, 42(11): 157-165.

③ 杨金森.发展海洋经济必须实行统筹兼顾的方针[J].中国海洋经济研究，1984（170）.

④ 何宏权，程福枯，张海峰.海洋经济和海洋经济研究[J].中国海洋经济研究，1984（2）.

⑤ 徐质斌.海洋经济与海洋经济科学[J].海洋科学，1995（2）.

⑥ 孙斌，徐质斌.海洋经济学[M].山东：青岛出版社，2000.

⑦ 陈可文.中国海洋经济学[M].北京：海洋出版社，2003.

⑧ 张耀光，韩增林，刘锴，等.海洋资源开发利用的研究——以辽宁省为例[J].自然资源学报，2010，25（5）: 785-794.

⑨ 韩增林，王茂军，张学霞.中国海洋产业发展的地区差距变动及空间集聚分析[J].地理研究，2003，22（3）: 289-296.

经济可持续发展度的概念，并定量分析了辽宁省海洋经济可持续发展能力的演进特征。[①]殷克东（2011）定量研究了我国沿海地区2002—2007年海洋经济综合实力，得出结论："2002—2007年，我国海洋经济综合实力分为三个梯队。第一梯队是上海、广东、天津，第二梯队是辽宁、山东、江苏、浙江、福建和海南，第三梯队是河北和广西。"[②]

国内外学术界有关海洋经济研究的文献较多，但由于海洋经济高质量发展提出时间不长，因此研究并不多，当前研究主要从以下方面展开。

一、海洋经济高质量发展理论研究

这方面的研究主要集中于对海洋经济高质量发展内涵的阐释，但成果并不多。这些成果总体上将海洋经济高质量发展的内涵概括为五个方面，即创新发展、协调发展、绿色发展、开放发展、共享发展，并阐述了各个方面在海洋经济高质量发展中的地位和作用。

高群（2016）提出："海洋经济发展质量是指人类在对海洋进行的开发、利用和保护等生产活动及关联活动的过程中对海洋和人类产生的不同程度的影响，以此评价海洋经济发展质量的高低。因此，海洋经济发展质量包括五方面内涵，即海洋资源的充分利用、海洋生态环境的保护、海洋产业的规模扩大、海洋科技创新能力的提高以及海洋综合管理能力的提升。"[③]

王泽宇（2015）认为："海洋经济发展质量综合反映了一个国家或地区海洋经济增长的能力和运行的效果，具体含义包括海洋产业结构升级、

---

① 狄乾斌，韩增林，孙迎.海洋经济可持续发展能力评价及其在辽宁省的应用[J].资源科学，2009（2）：288-294.

② 殷克东，李兴东.我国沿海11省市海洋经济综合实力的测评[J].统计与决策，2011（3）：87-91.

③ 高群.中国沿海11省市海洋经济发展质量综合评价研究[D].辽宁：辽宁师范大学，2016.

海洋科技进步、海洋资源的集约节约利用、海洋生态环境的保护以及其自身运行的稳定等。”①

李博（2017）提出：“海洋经济数量型增长反映的是海洋经济增长的速度，而海洋经济质量型增长反映的是海洋经济增长的优劣程度，其内涵包括：一是在全要素生产率不断提高的基础上，海洋经济规模不断扩大，综合实力不断提高；二是在可持续发展理念下，以海洋资源集约节约利用为主，实现海洋产业结构不断优化；三是海洋经济发展的根本目的是为人民群众谋取福利，应反映社会福利的改善程度；四是海洋经济增长伴随着海洋资源消耗和海洋生态环境的损害，在低海洋资源消耗、较小的海洋生态环境损害的情况下提升海洋经济产值是海洋经济增长质量高低的重要标志。因而，海洋经济增长质量是在要素生产率不断提高的基础上，采用海洋集约化发展，依靠海洋科技创新和人力资本投入，促进海洋产业结构优化，保持海洋经济效益不断提高，推动海洋经济规模趋于合理，满足人民群众的物质文化需求。”②

钟华（2008）认为：“海洋经济增长质量就是以最小的生产要素投入，获得最大的海洋经济产出。海洋经济增长质量内涵包括两个层次。一是从投入产出层面界定的海洋经济增长质量内涵。从产出角度看，海洋经济增长反映一定量的投入带来的产出多少。如果一定量投入带来的产出增加，则海洋经济增长质量提高，反之则降低。从投入角度看，海洋经济增长质量反映单位产出所需的各种资源的消耗量。对于劳动力、物质资本和能源等资源的投入，海洋经济增长质量的内涵可界定为单位产出

① 王泽宇，张震.新常态背景下中国海洋经济质量与规模的协调性分析[J].2015年中国地理学会（华南片区）学术年会论文集，2015：112.

② 李博，田闯，史钊源.环渤海地区海洋经济增长质量时空分异与类型划分[J].资源科学，2017，39（11）：2052-2061.

的劳动力消耗、资金消耗和能耗。单位产出的各种资源的使用量越低，海洋经济增长的质量越高，反之海洋经济增长的质量就越低。二是从可持续发展层面上对经济增长质量内涵进行界定。海洋经济增长质量可以界定为成本产出率的变化。这里的成本不仅指海洋经济系统内的总消耗，还包括海洋生态环境损耗的成本。海洋环境和生存质量改善，意味着海洋经济增长的总成本下降、海洋经济增长质量提高，反之则质量降低。”①

鲁亚运（2019）基于新发展理念提出：“海洋经济高质量发展是指在海洋开发的有关生产活动过程和生产结果的影响与成果分配中，能够满足人们对美好生活需求，要素投入产出比高、资源配置效率高、科技含量高、区域与产业发展充分、市场供给需求平衡、产品服务质量高的可持续发展，是一种注重创新、协调、绿色、开放、共享等众多方面的发展模式，是新发展理念的深度融合，是传统发展方式在新时代新特征的背景下的提升。”②

史旻（2020）认为：“海洋经济高质量发展包括五个方面，分别是海洋经济科技创新发展、海洋经济协调稳定发展、海洋经济绿色生态发展、海洋经济开放合作发展、海洋经济民生共享发展。”③

二、海洋经济高质量发展评价指标体系构建、评价方法及实证的研究进展

这方面文献仍较少，主要有狄乾斌（2015）、高群（2016）的相关研究。

---

① 钟华.中国海洋经济增长质量评价研究[D].山东：中国海洋大学，2008.

② 鲁亚运，原峰，李杏筠.我国海洋经济高质量发展评价指标体系构建及应用研究——基于五大发展理念的视角[J].企业经济，2019（12）：122-130.

③ 史旻.我国海洋经济高质量发展水平评价[D].黑龙江：哈尔滨工业大学，2020.

狄乾斌（2015）参与构建了辽宁省海洋经济发展质量的综合评价指标体系，并评价了辽宁省2006—2012年的海洋经济发展质量，认为："除了2008年和2009年受金融危机影响有所下降，2006—2012年辽宁省海洋经济发展质量总体呈上升趋势。"[①]

高群（2016）参与构建了我国海洋经济发展质量的评价指标体系，并采用熵值法对我国沿海省级行政区海洋经济发展质量进行了评价。[②]

与海洋经济高质量发展一脉相承的海洋经济增长质量方面的国内外成果较多。不同学者对于海洋经济增长内涵的界定不同，因而相应的评价方法也不同，主要分为两类。

一类是多指标评价方法。该方法建立在广义的海洋经济增长质量内涵基础上，即认为海洋经济增长的质量是包含了海洋资源消耗、海洋经济增长速度、海洋环境保护、海洋科技进步等多要素的综合性价值判断。鉴于此，学者们分别从多方面构建一系列的指标体系，并采用层次分析法、熵值法、主成分分析法等，综合衡量海洋经济高质量发展水平。这方面较有代表性的包括李博（2017）、狄乾斌（2015）、陈镐（2017）、王泽宇（2015）等的成果。

李博（2017）构建了海洋经济高质量发展评价指标体系，其中包括海洋综合实力、海洋产业结构、海洋社会福利、海洋生态环境的4个一级指标和14个二级指标。采用熵权—集对分析法对环渤海地区沿海城市的海洋经济增长质量进行测度，并利用核密度和均值标准差法对该地区海

---

① 狄乾斌，高群.辽宁省海洋经济发展质量综合评价研究[J].海洋开发与管理，2015（11）：74-78.

② 高群.中国沿海11省市海洋经济发展质量综合评价研究[D].辽宁：辽宁师范大学，2016.

洋经济增长质量进行时空分异和类型划分。①

狄乾斌（2015）利用2006—2012年的数据，通过构建辽宁省海洋经济发展质量综合评价指标体系，运用多元统计分析方法对辽宁省海洋经济发展的现状进行分析评价，并用R/S分析预测的方法对未来的发展趋势作出预测。分析结果表明：除2008年和2009年受金融危机影响有所下降，辽宁省海洋经济发展质量总体呈上升趋势；预测结果表明：在当前的政策环境下，2013—2019年辽宁省海洋经济发展质量将继续呈现上升趋势。②

陈镐（2017）构建了一套包括经济增长效率、协调性、持续性与和谐性四个指标的评估海洋经济增长质量的综合评估指标体系，是基于主成分分析和CCR、BCC数据包络分析（DEA）的海洋经济增长质量评估模型，并对江苏海洋经济增长质量进行了量化综合评估。③

王泽宇（2015）构建了海洋经济质量与规模之间协调发展关系的评价指标体系，应用象限图分类识别方法，对2001—2012年中国沿海11个省级行政区海洋经济质量与规模之间的协调发展关系进行分析。结果表明：多数省级行政区的海洋经济处于中低水平状况下质量与规模不协调的状态，即海洋经济质量超前规模或海洋经济质量滞后规模；海洋经济发展水平和质量与规模间协调关系分别由低水平向高水平、由海洋经济质量超前规模程度较小的超前型向海洋经济质量滞后规模程度较小的滞后型转变，表明当前影响海洋经济质量发展的因素（如资源环境条件恶

① 李博，田闯，史钊源.环渤海地区海洋经济增长质量时空分异与类型划分[J].资源科学，2017，39（11）：2052-2061.

② 狄乾斌，高群.辽宁省海洋经济发展质量综合评价研究[J].海洋开发与管理，2015（11）：74-78.

③ 陈镐.江苏海洋经济增长质量评估[J].时代金融（下旬），2017（2）：57-58.

化）逐渐凸显。因此，应因地制宜地分类制定海洋经济发展战略与政策。

另一类是单指标评价方法。该方法建立在狭义的海洋经济增长质量内涵上，即实际上是用海洋经济的效率来表示海洋经济的高质量发展水平。国外学者在这方面的研究主要集中于单一海洋产业或部门的经济效率。如Odeck等（2012）采用数据包络分析和随机前沿分析方法（SFA）研究了亚洲、欧洲和非洲的海洋运输业的效率，分析了三大洲之间海洋运输业的效率差异，并比较两种模型的差异、优势和不足；[①] Jamnia（2015）利用随机前沿分析方法分析了伊朗南部巴哈尔地区的渔业经济增长效率。[②]

与国外相比，国内学术界更侧重于研究海洋经济的总体效率，在方法上主要采取DEA和SFA模型，在研究指标选取上主要关注海洋经济生产过程中的资本、劳动力、资源等投入要素和海洋经济效益、海洋环境污染等产出要素，较有代表性的包括赵林（2016）、韩增林（2019）、盖美（2018）、纪建悦（2018）等的相关成果。

赵林（2016）基于考虑非期望产出的SMB模型和马姆奎斯特（Malmquist）生产率指数模型，对2001—2012年中国沿海11个省级行政区的海洋经济效率进行了度量，分析了其跨期动态变化特征，在此基础上分析了中国海洋经济效率的演化阶段及机制。研究结果表明：不考虑非期望产出的海洋经济效率明显高于考虑非期望产出的海洋经济效

---

① Odeck J, Brathen S. A meta-analysis of DEA and SFA studies of the technical efficiency of seaports: A comparison of fixed and random-effects regression models[J]. Transportation Research Part A: Policy and Practice，2012，46（10）: 1574-1585.

② Jamnia A R, Mazloumzadeh S M, Keikha A A. Estimate the technical efficiency of fishing vessels operating in Chabahar region, Southern Iran[J]. Journal of the Saudi Society of Agricultural Sciences, 2015, 14（1）: 26-32.

率。中国海洋经济效率空间格局由 2001 年南北高、中部低的特点演进为 2012 年北部围绕天津、中部围绕上海、南部围绕广东的三极格局。时序演化方面，2001—2012 年中国海洋经济效率总体上呈波动上升的趋势，效率类型由无效转变为有效。沿海省级行政区海洋经济效率区域绝对差距和相对差距呈现先缩小后扩大的趋势。省际海洋经济效率演变特征可分为四种类型，即平稳型、上升型、下降型和波动型。海洋经济的全要素生产率和技术效率均缓慢上升，技术进步对于全要素生产率的提高作用明显，除广西、河北和江苏，其余省内、省际全要素生产率指数均上升。2001 年以来，中国海洋经济效率演化经历了三个阶段，即波动下降（2001—2005 年）、转型（2005—2008 年）和提升（2008—2012 年），各阶段的驱动机制不同，分别受海洋资源驱动、宏观经济政策驱动和科技水平驱动。①

韩增林（2019）运用DEA–Malmquist指数对 2001—2015 年我国沿海 11 个省级行政区海洋经济全要素生产率进行了测度分析，并使用PVAR模型，预测了海洋经济全要素生产率及其内在机制的变化趋势。研究结果表明：2001—2015 年，全国海洋经济要素生产率增长逐渐趋于平稳，沿海地区间发展差异逐步降低；科技水平是最主要的影响因素。同时，海洋经济全要素生产率也受海洋科技和海洋管理水平影响，而现有海洋规模经济对生产率有抑制作用；在 10 年发展预测期内，海洋经济全要素生产率增速放缓，海洋经济发展模式将从资源要素投入型向科技创新驱动型转变，形成以科技创新为主导的新型发展模式。②

---

① 赵林，张宇硕，焦新颖，等.基于SBM和Malmquist生产率指数的中国海洋经济效率评价研究[J].资源科学，2016，38（3）：461-475.

② 韩增林，王晓辰，彭飞.中国海洋经济全要素生产率动态分析及预测[J].地理与地理信息科学，2019，35（1）：95-101.

盖美（2018）基于考虑非期望产出的三阶段超效率SBM-Global 模型、标准差椭圆和重心坐标方法，对我国沿海 11 个省级行政区 2000—2015 年海洋经济效率进行测算和时空对比分析。研究结果表明：研究期内，我国海洋经济效率整体上升，各省市排名出现不同程度变动；全国各沿海地区海洋经济效率呈上升趋势；全国海洋经济效率分布逐步呈现北、中、南三极格局，与三大海洋经济圈分布相吻合；海洋经济区位熵、涉海科技人员数量、海洋环保水平、海洋经济政策对海洋经济效率影响显著。[①]

纪建悦（2018）采用随机前沿模型对我国海洋经济的效率及其影响因素进行分析，研究结果表明："2006—2014 年，我国海洋经济整体效率呈现上升趋势，但仍存在较大的提升空间；我国海洋经济发展是资本密集型，存在规模报酬递减规律。在三大海洋经济区域中，海洋经济年均效率值最高的是长三角地区，其次是环渤海地区和珠三角地区，其中环渤海地区追赶势头较明显；对外开放程度对海洋经济效率的影响呈现先降后升的非线性关系，海洋经济发展规模、海洋人才素质、海洋产业结构以及海洋政策等对海洋经济效率表现为正相关线性关系，但是海洋政策性因素的影响并不显著。"[②]

三、推动海洋经济实现高质量发展的途径与政策方面的研究进展

有关海洋经济高质量发展路径的研究主要从海陆一体化、海洋资源环境保护、海洋传统产业升级、海洋新兴产业培育、海洋科技进步、完

---

① 盖美，朱静敏，孙才志，等. 中国沿海地区海洋经济效率时空演化及影响因素分析[J]. 资源科学，2018，40（10）：1966-1979.

② 纪建悦，王奇. 基于随机前沿分析模型的我国海洋经济效率测度及其影响因素研究[J]. 中国海洋大学学报（社会科学版），2018（1）：43-49.

善金融财政扶持政策等方面展开。这方面成果主要来自Hubbard（2013）、孙才志（2017）、John Bostock（2016）、黄应明（2018）等人。

Hubbard（2013）从海洋经济可持续发展的角度，分析了海洋科技创新在海洋经济可持续发展中的重要地位。①

孙才志（2017）通过分析我国沿海地区海洋科技与海洋经济的协调发展关系及海洋科技对海洋经济的响应程度，提出对策建议。具体包括：科学制定海洋经济发展规划，壮大海洋产业规模，优化海洋产业结构，提高海洋经济效益；加大海洋科技人才培养和资金投入，增强海洋科技创新能力，提高海洋科技的成果转化率；积极引进民间资本，借助涉海企业及社会金融机构的力量，打造海洋经济与海洋科技之间协调发展的平台；构筑高效的政府调控机制，提高宏观协调和管理能力，加强区域间的合作与交流。②

Bostock（2016）分析了欧盟海洋渔业和海水养殖业的产业结构及对欧盟的经济影响和贡献，在此基础上，提出了促进欧盟海洋渔业可持续发展的政策。③

黄英明（2018）运用灰色关联模型对南海地区海陆产业关联度及其走势进行了实证分析。研究结果显示：海洋产业与陆域经济的关联度呈现海洋第三产业＞海洋第二产业＞海洋第一产业的特征。其中，海洋高新技术产业与陆域经济的关联度相对较高。从动态变化过程来看，2006—

① Hubbard J. Mediating the North Atlantic environment: fisheries biologists, technology, and marine spaces[J]. Environmental History, 2013.

② 孙才志，郭可蒙，邹玮.中国区域海洋经济与海洋科技之间的协同与响应关系研究[J].资源科学，2017，39（11）：2017-2029.

③ Bostock J, Lane A, Hough C, et al. An assessment of the economic contribution of EU aquaculture production and the influence of policies for its sustainable development[J]. Aquaculture International, 2016, 24: 699-733.

2015 年南海地区海陆产业关联度呈逐年缓慢下降趋势，这既有海洋高新技术产业发展不足、产业结构同质化的原因，又有海陆功能区划不衔接、资源环境承载率下降的影响，需要从海陆产业结构协调、海陆空间布局优化、海陆生态环境共治等方面加以改进。在此基础上，提出海陆经济一体化是推动海洋产业高质量发展的有效途径和必然趋势等观点。①

四、文献综述

从以上对海洋经济领域文献的回顾与梳理可看出，国内外研究海洋经济的侧重点有所不同。海洋经济高质量发展具有与海洋经济可持续发展、海洋经济高质量增长一脉相承的内涵，是新时代推动高质量发展的宏观形势对海洋经济发展的新要求。目前，有关海洋经济高质量发展理论的研究仍较少，尚处于探索阶段，需进一步深化，这方面有关海洋经济增长质量的研究可作为参考；海洋经济高质量发展评价所选取的指标与其内涵联系不紧密，仍缺乏对所构建指标体系有效性的检验，实证方面缺少从中观尺度和长时间序列研究海洋经济高质量发展的省际时空差异，有关海洋经济高质量发展政策的研究仍缺乏定量研究的支撑。

① 黄英明，支大林. 南海地区海洋产业高质量发展研究——基于海陆经济一体化视角[J]. 当代经济研究，2018（9）：55-62.

第三节　海洋经济高质量发展的内涵

高质量发展是全面建设社会主义现代化强国的首要任务。新发展理念是党的十八届五中全会提出的重要理念。党的十九大报告提出："坚持新发展理念。发展是解决我国一切问题的基础和关键，发展必须是科学发展，必须坚定不移贯彻创新、协调、绿色、开放、共享的发展理念。"新时代海洋经济高质量发展就是要求海洋经济的发展全面贯彻新发展理念，构建新发展格局。研究新时代海洋经济高质量发展的理论内涵是构建海洋经济高质量发展评价指标体系的理论出发点，而新时代海洋经济高质量发展应是在新发展理念的引领下逐步实现的。因此，新时代的海洋经济高质量发展，就是要坚持新发展理念，即坚持创新发展，坚持协调发展，坚持绿色发展，坚持开放发展，并实现海洋经济发展成果的共享。

一、创新发展是推动海洋经济高质量发展的根本动力

推动海洋经济高质量发展，必须将科技创新作为根本动力。首先，围绕海洋产业链开展海洋科技创新。对海洋关键核心技术加大研究投入，以海洋科技创新推动海洋经济转型升级，促进海产品走向全球产业价值链高端。其次，推动海洋生产要素优化配置，提升海洋科技创新能力。实施并不断完善市场准入机制和市场退出机制，不断优化配置涉海生产要素，促进海洋资源利用的投入产出效率提高，推动海洋经济增长方式从主要依靠资源投入转向依靠海洋科技创新，推动海洋经济加快转型升级。再次，大力培养和引进海洋科技创新人才，为海洋经济发展提供强有力的人才保障。

二、协调发展是海洋经济高质量发展的内在要求

习近平总书记在省部级主要领导干部学习贯彻十八届五中全会精神专题研讨班开班仪式上指出，协调既是发展手段又是发展目标，同时还是评价发展的标准和尺度，是发展两点论和重点论的统一，是发展平衡和不平衡的统一，是发展短板和潜力的统一。这意味着海洋经济要实现高质量发展，就必须是协调的发展。海洋经济协调发展具体体现为海洋产业结构优化、海洋经济和社会同步发展、海洋经济发展和海洋生态环境保护相协调等。海洋经济协调发展的内容主要包括海洋资源和陆地资源开发协调联动、区域海洋经济发展协调、海洋产业结构协调、海洋产业空间布局与分工科学、生产要素配置更加合理等方面。从经济学原理上来讲，经济社会发展内生矛盾能够影响经济发展的方向和进程。协调海洋经济系统内部的选择机制、创新动力以及运作方式，有助于推动海洋经济向稳定、全面、平衡的方向发展。

三、绿色发展是海洋经济高质量发展的一般形态

党的十九大提出了“加快生态文明体制改革，建设美丽中国”的战略部署。2016 年 9 月 3 日，习近平总书记在二十国集团工商峰会开幕式上的主旨演讲中指出，在新的起点上，我们将坚定不移推进绿色发展，谋求更佳质量效益。党的二十大报告强调“推动绿色发展，促进人与自然和谐共生”。

推进绿色发展应做到：促进海洋开发与海洋生态环境保护相协调，依法依规保护海洋生态环境，推动低排放的海洋服务业和海洋高技术产业发展；推进海洋油气、海洋化工、海洋交通运输等实现节能减排；支持海上风能、潮汐能、波浪能等清洁能源产业发展，推动海水养殖业、海洋生物医药业、海水利用业等产业领域开展循环经济示范；加大对海洋

经济绿色发展的金融支持力度；推动沿海地区大力实施“蓝色海湾”“南红北柳”“生态岛礁”等多种生态修复工程，实施“湾长制”“河长制”；等等。

四、开放发展是海洋经济高质量发展的必由之路

推动海洋经济高质量发展，要坚持走开放发展的道路；要与世界沿海国家共同打造海洋经济合作平台，推动建立海洋经济合作国际机制；要深化与“海上丝绸之路”沿线国家的交流合作，不断拓展合作的深度和广度，推动实现“五通”；要同“海上丝绸之路”沿线国家和地区合作共建海外海洋产业园区，共同制定海洋经济发展规划，鼓励支持产业园区和各类涉海企业参与建设；要鼓励和引导我国涉海企业在国外建立产销经营服务网络，鼓励涉海企业、海洋科研院所与国外涉海科研机构建立海洋产业技术创新联盟；要推动国内涉海企业与“海上丝绸之路”沿线国家开展国际合作，打造一批具有国际竞争力的涉海企业和具有国际影响力的品牌，以支撑海洋强国建设。

五、共享发展是海洋经济高质量发展的价值取向

共享海洋经济发展成果是海洋经济实现高质量发展的最终目标。当前，海洋经济的发展已与民生福祉紧密联系。海洋经济的快速发展加快了城市化进程，缩小了城乡差距。海洋渔业、海产品加工业、海洋生物医药业、滨海旅游业及涉海服务业的发展，创造了就业岗位，为沿海地区居民增加劳动收入、提高生活品质作出了贡献，故而海洋科教文化、涉海公共服务等不断完善成为人民生活越来越迫切的需求。新时代海洋经济高质量发展应以人为本，强调让人民共享海洋经济发展成果，提升人民生活的获得感、幸福感、安全感，积极创造高层次需要实现的有利条件。

02

第二章

美、日、欧盟、澳、英有关海洋经济高质量发展的制度和政策

本章收集、整理和分析了美国、日本、欧盟、澳大利亚、英国等发达海洋国家和国际组织制定的促进海洋经济发展的法律、制度、规划和政策，希望对我国海洋经济高质量发展有所启示。

第一节 美、日、欧盟、澳、英海洋经济发展政策

一、美国的海洋经济发展政策

从 20 世纪四五十年代起，美国各届政府始终在海洋经济发展中起着引导作用，但各个时期侧重点不同。

（一）杜鲁门、林登·贝恩斯·约翰逊（以下简称约翰逊）政府重视开发海洋资源，保护海洋环境

这一时期是第二次世界大战结束初期。

杜鲁门政府将美国战略从重视海军和海权转向重视海洋资源开发。1945 年 9 月，杜鲁门总统发布《杜鲁门公告》，在国际上第一次主张对本国大陆架海洋资源进行管控。1959 年，美国科学院制定发布《1960—1970 年海洋学规划》，这是国际上最早的海洋学计划。该规划提出了美国应重视海洋学研究，加大海洋开发投入力度，探索利用深海资源。

约翰逊政府主张依法管理海洋资源和海洋环境。1966 年 7 月，约翰逊政府出台《海洋资源和工程开发法令》，提出了大量海洋环境保护方面的政策。1966 年 10 月，约翰逊总统签署了《海洋补助金计划》，提出针对海洋资源开发和海洋环境保护相关科研项目的补助计划。1969 年，约翰逊政府发布了《我们的国家与海洋》，这是美国第一个综合性海洋政策，共有 126 条建议，包括了诸多开发和保护海洋的政策措施。1970 年 10 月，美国成立了美国国家海洋和大气管理局（NOAA）。

（二）里根、克林顿政府重视发展海洋经济，保护海洋生态

里根政府积极参加太平洋地区的海洋科学活动。自 1982 年起，美国、澳大利亚、新西兰开始合作开展南太平洋海洋资源调查。1983 年 3

月，里根政府将美国专属经济区范围划到200海里，并声明美国在专属经济区内的海洋资源权利。里根总统宣布1984年为“海洋年”，以提高民众的海洋意识。

克林顿政府主张保护海洋生态系统以确保海洋经济可持续发展。1998年6月，克林顿政府出台《美国海洋保护与开发新法令》，提出了多项海洋可持续发展领域的方案，具体包括发展可持续渔业、珊瑚礁保护、合理利用海滩和沿海水域、监测气候和全球变暖趋势等。

（三）乔治·沃克·布什（以下简称布什）、奥巴马政府发布海洋战略，加强海洋管理

2004年，布什政府发布了《21世纪海洋蓝图》《美国海洋行动计划》，对海洋资源、海洋教育和文化、海洋生态管理作了具体规定。

奥巴马政府进一步强化了美国海洋管理政策。2010年7月，奥巴马总统颁布《美国国家海洋政策：关于海洋、海岸带和五大湖管理的总统行政令》，其中有关海洋经济的政策内容包括：支持对海洋、海岸带和五大湖进行可持续、安全和高生产力的开发与利用；提高公众对海洋、海岸带和五大湖价值的认识，为更好地开展管理奠定基础；建立对海洋、海岸带和五大湖进行全面和综合管理的合作与协调框架，确保联邦政府各部门之间保持一致，促进各州、部落、地方政府、地区管理机构、非政府组织以及公立和私营机构的积极参与；加强国际合作，在国际事务中发挥领导作用；从财政上负责任地支持海洋管理。2013年4月，奥巴马政府发布《国家海洋政策执行计划》，提出五个方面的具体政策，即促进海洋经济发展、保障海洋安全、提高海洋和海岸带恢复力、支持地方参与、强化科学和信息支撑。

（四）特朗普政府重视海洋开发，不重视海洋环境保护

特朗普就任总统后，发布了题为《关于促进美国经济、安全与环境利益的海洋政策》的第 13840 号行政令，主要包括以下内容：一是海洋管理部门要协调海洋事务，以保证有效管理海洋、海岸带和五大湖水域；二是推动美国武装力量等相关机构利用海洋；三是对海洋行使管辖权，并履行义务；四是推动海洋产业和海洋科技发展，增强美国的能源安全；五是确保联邦的管理不影响海洋、海岸带和五大湖水域的资源可持续利用；六是海洋利益相关各方协调合作，增加创业机会；七是依法开展海洋事务领域的国际合作。

特朗普政府的新海洋政策重点是发展海洋经济。该政策删除了奥巴马第 13547 号行政令中有关"海洋环境""应对气候变化和海洋酸化的能力""生态系统健康"等的表述，着重强调经济发展和国家安全。

2018 年 11 月，美国国家科学技术委员会（NSTC）发布《美国国家海洋科技发展：未来十年愿景》，确定了 2018—2028 年海洋科技发展的研究需求和优先领域。该报告将促进经济繁荣作为海洋科技发展的十大目标之一，下设五个具体目标。一是扩大国内海产品生产，确保粮食安全，创造新产业，提供更多的就业机会。二是勘探潜在能源，帮助制定国家能源解决方案，将能源创新与海洋科技的新发展结合起来，为进一步推动沿海经济发展创造机会。三是评估海洋关键矿物，开发近海和深海地区大部分仍未开发的矿物，以满足国内的需要。四是兼顾经济发展和生态保护。稳定的沿海生态系统使美国受益，适当管理沿海生态系统对美国保持长期经济活力至关重要。五是培养海洋产业劳动力。美国在科技领域始终处于领先地位，但为应对新的挑战仍需不断加强对海洋的认识，为此必须着力培养高素质劳动力，以支持海洋产品经济发展。

（五）拜登政府应对疫情推动蓝色经济发展

拜登总统上任伊始，2021 年 1 月 19 日，美国国家海洋和大气管理局即发布了《蓝色经济战略计划（2021—2025 年）》。该计划重点提出通过美国国家海洋和大气管理局的内部行动推动海洋交通运输、海洋勘探、海产品开发、旅游休闲业开发以及海岸带韧性提升五个领域的发展，进而为促进美国蓝色经济及全球海洋经济发展制定了路线图。该规划旨在实现三个方面的目标：一是加强并改进美国国家海洋和大气管理局的数据、服务和技术资源，以更好地推动美国蓝色经济发展；二是加强合作，支持涉海的商业和创业活动，以推动美国蓝色经济发展和可持续增长；三是发现并支持能够推动美国经济复苏的蓝色经济领域的发展。

美国国家海洋和大气管理局的《蓝色经济战略计划（2021—2025 年）》对接美国国家海洋和大气管理局过去几年的涉海关键行动计划和政策，具体包括《国家海洋政策》（2018 年）、《STEM 教育国家战略计划》（2018 年）、《美国专属经济区以及阿拉斯加海岸线和近海海洋制图备忘录》（2019 年）、《绘制、勘探和表征美国专属经济区的国家战略》（2020 年）、《促进水产品竞争力和经济增长的行政令》（2020 年）、《应对海洋垃圾这一全球挑战的联邦战略》（2020 年），以及该机构其他保护性、科学性、技术性战略计划的实施。

《蓝色经济战略计划（2021—2025 年）》作为支撑美国蓝色经济增长的一项综合性计划，归纳起来具有以下几个方面特征。

一是高度重视海洋经济中传统支柱产业的发展。滨海旅游业、海洋矿业、海洋交通运输业是美国海洋经济的支柱产业。2015 年，美国海洋经济增加值约为 3200 亿美元。滨海旅游业增加值为 1156.82 亿美元，占海洋经济增加值的比重为 36.1%，为海洋经济的第一大产业。海洋矿业增加值为 1068 亿美元，占比为 33.4%。海洋交通运输业增加值为 658.63 亿美元，占比为 20.6%。此外，海洋渔业增加值占比为 2.4%，占比较小却实现了美国国内海产品的自给。《蓝色经济战略计划（2021—2025 年）》给予了美国海洋经济支柱产业充分的重视，将其规定为重点领域，包括“重点领域 1：提高美国国家海洋和大气管理局对海洋运输业的贡献”“重点领域 2：美国专属经济区资源的测绘、探索和特征描述”“重点领域 3：实施行政命令提升海产品竞争力，促进经济增长”“重点领域 4：发展美国海洋、海岸和五大湖区的旅游和娱乐业”等。

二是高度重视海洋监测预报对海洋经济的支撑作用。海洋监测预报是美国国家海洋和大气管理局的优势领域，在《蓝色经济战略计划（2021—2025 年）》之“推动重点产业发展”中强调了发挥该机构的海洋监测预报职能以对海洋产业起到支撑作用。例如，在“重点领域 1：提高美国国家海洋和大气管理局对海洋运输业的贡献”中提出“向海洋运输部门提供特定的海洋经济数据”“最大限度地发挥实时观测数据对导航服务的价值和影响”“更新国家潮汐基准数据和国际五大湖基准数据，提供准确的水位测量支持海上贸易安全”；在“重点领域 2：美国专属经济区资源的测绘、探索和特征描述”中提出“协调并执行美国专属经济区测绘和勘探活动，以支持美国蓝色经济发展目标”“将海洋测绘、勘探和特征描述纳入六个美国国家海洋和大气管理局科技重点领域实施计划中”；在“重点领域 3：实施行政命令提升海产品竞争力，促进经济增长”中提出“在美国国家海洋和大气管理局渔业调查中广泛采用无人船系统（UxS）、人工智能、组学、云技术、大数据和公民科学数据，从而促进基于生态系统的渔业管理”。

三是高度重视海洋生态修复、海洋环境保护和海洋防灾减灾。《蓝色经济战略计划（2021—2025 年）》高度重视海洋生态、海洋环境因素对海洋经济的影响。例如，在“重点领域 4：发展美国海洋、海岸和五大湖区的旅游和娱乐业”中规定“扩大并指定新的国家海洋保护区”“评估、修复和保护美国珊瑚礁生态系统”“实施国家海洋垃圾战略”；在“重点领域 5：增强美国海洋、海岸和五大湖沿海地区的复原力”中规定“按区域创建美国沿海气候平均数据”“提供更好的海洋气候学工具”“完成海洋溢油处理卫星产品的开发”“采用现有方法及新方法，提高海岸带复原力”等。

四是强调通过国内各部门充分的沟通与合作及加强国际合作来推进蓝色经济发展。美国国家海洋和大气管理局充分认识到蓝色经济的多部门化特征，推动发展蓝色经济需要各部门的协调合作。《蓝色经济战略计划（2021—2025 年）》在“重点领域 7：通过跨部门合作和对外合作发展美国的蓝色经济”中提出“加强和扩大合作伙伴关系”“扩大有针对性的战略沟通”“利用合作伙伴关系来获得对蓝色经济计划的资金支持”等。在具体任务中，该计划要求美国国家海洋和大气管理局与涉海政府部门、海岸警备队、海军、涉海企业、大学、涉海社会团体、私营部门等加强合作，通过建立NOAA蓝色经济网站、发布NOAA蓝色经济年度报告、发布蓝色经济方面的宣传文章等，加强合作伙伴之间的战略沟通，争取合作伙伴在科学技术和资金上的支持。在国际合作方面，《蓝色经济战略计划（2021—2025 年）》要求加强对具有相似性和互补性的蓝色经济国际合作伙伴的识别，将有关蓝色经济的探讨贯穿于双边、多边合作中，努力探索互惠互利基础上的合作。《蓝色经济战略计划（2021—2025 年）》中显示美国国家海洋和大气管理局将通过“联合国海洋科学促进可持续发展十年”制定开展蓝色经济国际互动的战略。

二、日本的海洋经济发展政策

日本 2005 年提出“海洋立国”战略，2007 年制定了《海洋基本法》，为依法治海奠定了基础。《海洋基本法》阐明了六个基本理念：一是开发利用海洋，保护海洋生态环境；二是确保海洋安全；三是提高海洋科研能力；四是健康发展海洋产业；五是实现海洋的综合管理；六是参与国际协作。此后，日本政府分别于 2008 年、2013 年、2018 年颁布并实施了第一、二、三期《海洋基本计划》。这三期《海洋基本计划》中都有“振兴海洋产业”的相关表述。以下阐述第三期《海洋基本计划》有关海洋经济发展的政策。①

对于促进海洋产业的发展，第三期《海洋基本计划》从四个方面进行了规划。

第一，促进海洋资源的开发和利用。国家要推动甲烷水合物的技术研发以实现未来商业化生产，要为民营企业提供必要的技术知识和制度支持，要努力推进持续性的开发和成果的积累。通过修订《海洋能源矿物资源开发计划》，明确涉及开发的具体计划。从 2019 年开始，海洋油气业实施由国家主导的、使用三维物理探测船进行的探查，民营企业也要充分利用三维物理探测船，且要引进世界标准的装备、技术，以实现高效的探查。对于海底热液矿床，鼓励民营企业参与商业化开发，政府积极与民营企业进行合作探明资源储量。对于海洋可再生能源，政府将制定有关促进海上风力发电的海域使用方面的制度以增加海上风力发电量，要进一步降低发电成本。继续开展有助于提高潮汐能、潮流能和海流能发电经济效益的技术研发、实证试验。

第二，振兴海洋产业与加强国际竞争力。要求推动产业结构升级，

① 海宇，田东霖. 从两法案出台看日本海上战略转变[N]. 中国海洋报，2007-06-19.

提高产品附加值和生产效率。大力促进造船业发展，扩大出口、提高海运效率，争取开发海洋市场。推进港口建设及海外港口的经营。引入"i-Construction""AI 终端"技术，以便提高港口工程建设的生产效率。优化游轮的接待环境，以达到乘游轮访日游客 500 万人次的目标。为扩大海洋旅游产业的市场，需及时发布有关海洋休闲娱乐的信息。开展二氧化碳的回收、储存（CCS）的技术开发。

第三，确保海洋运输产业的发展。为达到政府设定的访日外国游客 4000 万人次的目标，需要优化远洋客船的接待环境。积极推动离岛的观光旅游业。推动国际集装箱战略港湾的软硬件建设。推进国际散装战略港湾码头的建设，以使大型船只能够停泊。与新加坡合作，使日本港湾成为亚洲船舶液化天然气（LNG）补给地。促进港口内的资源循环利用。

第四，制定水产业发展的具体方针。要培育高效稳定的渔业企业，提高产业的国际竞争力。实施渔业资源管理及稳定渔业收入的政策，提高有限渔业资源的利用效率，以达到渔业结构调整的目的，满足消费者多样化需求。根据实际情况，确保各地区渔业收入达成 5 年内增长 10% 以上的目标。按计划推进渔业老龄船更新换代。

三、欧盟的海洋经济发展政策

欧盟拥有 22 个沿海国家，海岸线总长度超过 65000 千米，地理范围北至北海、波罗的海，西至大西洋，东南至地中海，并包含了部分黑海海域。海洋对于欧盟国家的发展至关重要，欧盟一直试图建立一套综合、统一的海洋利用与管理体制。

1992 年联合国环境与发展会议通过的《21 世纪议程》提出开展海洋综合管理后，欧盟及其成员国积极响应。欧盟 2000—2001 年相继出台《里斯本议程》《哥德堡议程》，确立了综合制定海洋政策的可持续发展原则。《欧盟 2005—2009 年战略》也指出“需要制定综合性海洋政策，在保护海洋环境的同时使欧盟海洋经济可持续发展”。此后，欧盟相继发布《欧盟综合海洋政策绿皮书》《欧盟海洋综合政策蓝皮书》《欧盟综合海洋政策实施指南》。

欧盟海洋综合政策是欧盟委员会用创新性和综合性的方法制定的，旨在更大程度地开发利用海洋，实现海洋的可持续发展。欧盟综合海洋政策强调用协调配合的综合性方法处理海洋事务以及开展决策。欧盟综合海洋政策鼓励建立“海洋产业集聚区”和区域性的“优秀海洋中心”来促进欧洲海洋集群区网络的发展。欧盟海洋综合政策指出，建立“海洋产业集聚区”可以更好地整合欧盟的海洋产业并提高其竞争力。“优秀海洋中心”能够促进公共领域与私营领域的充分合作，能为不同产业和行业间的互动合作创造良好的机会。此外，欧盟综合海洋政策还提出为欧洲公民提供更多能使其在“海洋产业集聚区”就业的机会，其中包括学习海洋知识的机会，以及提升海洋专业人员综合素质的机会。

2010 年后，蓝色经济的重要性已为多数国家和国际组织认可。为此，欧盟委员会于 2012 年 9 月 13 日发布了官方文件《蓝色增长——海洋和海洋可持续增长的机会》。欧盟的“蓝色增长”战略具有三个显著的特点。一是将蓝色经济的重要性提升到新高度。欧盟委员会认为发展蓝色经济有利于欧盟增强国际竞争力，提高资源利用效率，创造就业机会，保护生态环境。围绕蓝色经济加大投资、加强研发，欧盟有可能走出一条新的蓝色增长之路，不仅推动欧洲摆脱当前的困境，更为长期可持续发展提供动力。二是构建了海洋产业及相关产业体系。欧盟蓝色经济包括 18 个主要产业部门，这些产业部门本身相互密切关联，并且与其他涉海产业也有联系。三是提出了蓝色经济重点发展的新领域。欧盟委员会将蓝色能源、水产养殖、海洋旅游、海洋矿产、蓝色生物技术五个领域作为下一步蓝色经济发展的重点。欧盟委员会认为应在欧盟层面制定政策、采取行动，促进几个重点领域的发展。

2014 年 5 月 8 日，欧盟委员会推出《蓝色经济创新计划》，该计划是继 2012 年的“蓝色增长”战略构想之后，又一份从欧盟层面推动蓝色经济领域科技发展的重要文件。在“蓝色增长”战略的指导下，欧盟重点从三个方面着手推进该计划的实施：一是加强海洋数据整合，绘制欧洲海底地图；二是增强国际合作，促进科技成果转化；三是加强技能培训，提高从业人员技术水平。

2021 年 5 月，欧盟委员会发布《从“蓝色增长”向“可持续的蓝色经济”转型——欧盟海洋经济可持续发展方案》，以落实《欧洲绿色新政》和《欧洲经济复苏计划》确立的“实现温室气体净零排放，保护欧盟自然环境”“推动绿色和数字转型，使欧洲经济更公平、更有弹性和更具可持续性”双重战略目标。蓝色经济方案从转变蓝色经济价值链、支持可持续的蓝色经济发展、为可持续治理创造条件三个方面，提出了推动实现“蓝色增长”向“可持续蓝色经济”转型的诸多措施。

四、澳大利亚的海洋经济发展政策

澳大利亚政府特别重视海洋产业的可持续发展，为此采取了多项举措。

第一，出台海洋经济领域的战略规划。1997 年，澳大利亚出台《海洋产业发展战略》，该战略的实施使澳大利亚海洋产业的许多方面处于世界领先地位，其核心是根据沿海地区的特点在海洋环境承载力允许的范围内对海洋环境进行综合、多用途和合理使用。1998 年 3 月，澳大利亚政府发布《澳大利亚海洋政策》，该政策的核心是维护生物多样性和生态环境，并对可持续利用海洋的原则、海洋综合规划与管理、海洋产业、科学与技术、主要行动五个部分作了详尽的规定，为规划和管理海洋开发利用提供了法律依据。1999年，澳大利亚制定出台了第一部海洋科技计划《澳大利亚海洋科学与技术计划》，该计划确立了“更好地开展科技创新活动，合理开发、管理海洋资源”“更好地了解海洋”“构建海洋科技工作框架，促进科技合作”三大目标。2015年，澳大利亚推出了第二部海洋科技计划，即《国家海洋科学计划2015—2025——驱动澳大利亚蓝色经济发展》，以支持蓝色经济发展的核心目标，通过发展海洋科学来充分利用海洋资源，实现海洋可持续发展。[①]在第二部海洋科技计划中，对优先发展领域进行识别，并给予资金支持，推动蓝色经济快速发展。

第二，实施海洋综合协调管理机制，加强涉海部门之间的合作与协调。1979年，澳大利亚颁布了《海岸和解书》，清晰地划分了联邦和各州的海域管理权，明确了联邦政府在海洋管理中的绝对主导地位：澳大利亚联邦政府统一负责管理涉及外交、国防、移民、海关等海洋事务，除此之外的海洋事务则由州政府和地方政府负责。联邦政府主要负责3海里外领海和专属经济区的管理，各州政府负责3海里领海之内近岸海域的管理。联邦政府主要负责全国海洋立法、涉海制度制定及宏观海洋政策制定，而州政府则拥有管辖海域内的立法权和海岸带、近海海域的管理权。联邦政府和州政府如果在海洋管理中发生矛盾，则由联邦政府总理领导各州州长、各有关部部长和专家组成理事会，负责协调并作出裁决。

1997年澳大利亚实施的《海洋产业发展战略》明确地提出了综合管理的方法，明确各政府部门及管理层次之间的管理权限。为促进海洋综

① 张禄禄，臧晶晶.主要极地国家的极地科技体制探究——以美国、俄罗斯和澳大利亚为例[J].极地研究，2017，29（1）：133-141.

合管理，澳大利亚成立了国家海洋办公室，作为国家海洋部长委员会的办事机构，负责实施海洋规划，协调各涉海部门的矛盾，以加强对海洋的统一领导。2003 年，澳大利亚成立海洋管理委员会，用以协调各涉海部门之间资源管理的冲突。

澳大利亚实施海洋资源划区管理。澳大利亚根据海域特性，将全国海域划分为 12 个海洋生态系统区。这种根据不同海洋资源特征进行差异化管理的措施，有利于有针对性地开发与管理海洋资源。

第三，高度重视海洋生态环境保护。澳大利亚为保护海洋环境采取了诸多有力措施。一是注重海洋渔业资源的养护，以维护本国的生物多样性和自然生产力。澳大利亚对经济鱼类和非经济鱼类采取不同的限制捕捞政策：对经济鱼类实施限额管理和配额管理；对非经济鱼类采取预警管理，即对其实行优先保护。二是建立一批海洋保护区，实施严格的保护政策或者科学合理地开发。这些海洋保护区包括珊瑚礁保护区、海草床保护区、海上禁渔区、沿海湿地保护带以及人工鱼礁区等。三是严格控制陆源入海污染物排放，严格保护海洋水质环境。澳大利亚立法要求沿海工业企业废水排海必须达标排放，沿海城市生活污水排海需经过处理后通过排污管道排放到离岸 1000 米外或 200 米深的海域，并受到渔业和环保部门的监督。四是建立海洋生态保护区和海洋环境质量监测体系，对重点海域环境实施定期跟踪监测，并设立“环境警察”这一执法队伍。五是充分发挥环境保护社会团体的积极作用。澳大利亚有很多环保组织、渔民协会等。它们一方面积极向政府部门施加影响，要求政府在制定涉海政策时充分考虑环保问题；另一方面利用渔业生产的机会，主动向资源利用者开展海洋环境保护宣传。

第四，重视海洋教育，加强海洋人才和海洋意识的培养。澳大利亚政府将建立多层次的海洋教育体系，提高海洋教育水平，作为发展海洋经济的重要举措。澳大利亚通过多种途径提高本国的海洋教育水平。一是高等教育机构增设涉海专业和课程。二是依托海洋科研机构开展海洋研究。澳大利亚有很多基金组织和科研机构致力于资助或开展海洋科学研究。三是在中小学开展海洋生态环境教育。澳大利亚的中小学海洋教育主要致力于增进学生对海洋的理解与关心，培养学生成为积极参与海洋保护行动的公民。四是在社区开展各种海洋教育活动。澳大利亚的许多州都有社区海洋教育的发展计划，通过举办海洋知识讲座、开放图书馆、举办各种专题讨论、调查搜集水资源数据、参与沿海保护项目等多种形式开展海洋教育活动。另外，澳大利亚的一些环境保护网站也开办了专门针对海洋资源的栏目，定期公布国家和各州的海洋事业发展动态，普及有关知识，鼓励居民参与讨论。有的网站还成立了网络学校，举办相关培训活动。

五、英国的海洋经济发展政策

英国海洋经济政策主要分为两个阶段。

第一阶段是2000年以前，这一阶段主要是制定分散、单一的产业或区域海洋经济政策。主要包括1949年的《海岸带保护法》，1961年的《皇室地产法》，1964年的《大陆架法》，1975年的《海上石油开发法》（苏格兰），1971年的《城乡规划法》，1981年的《渔业法》，1992年的《海洋渔业（野生生物养护）法》、《海上安全法》、《海上管道安全法令》（北爱尔兰），1995年的《商船运输法》，1998年的《石油法》，2001年的《渔业法修正案》（北爱尔兰）。

第二阶段是2001年至今，这一阶段主要以制定综合性、高层次的海洋经济政策为主。20世纪90年代，英国政府部门和社会各界呼吁制定综合性海洋政策，随后，各方积极行动起来制定了一系列的海洋政策：2002

年，发布研究报告《保护我们的海洋》，提出了海洋领域的发展目标——“清洁、健康、安全和富有生产力与生物多样性的海洋”；2003年，发布《变化中的海洋》，制定了综合性海洋政策；2008年，发布《2025海洋科技计划》，重点支持气候变化、生物多样性保护、海洋资源可持续利用等十大领域；2009年，颁布实施了《英国海洋法》；2010年，发布《海洋能源行动计划》，提出在政策、资金、技术等多方面推动潮汐能、波浪能等海洋新能源产业的发展；2011年，发布《英国海洋产业增长战略》，提出“未来重点发展海洋休闲产业、海洋高端装备业和海洋可再生能源产业，到2020年，海洋产业增长250亿英镑”；2013年8月，发布《海上风电产业战略——产业和政府行动》，目的在于通过政府和产业界的合作推动英国海上风电的发展，并支持英国海上供应链的大规模投资，创造良好的创新和竞争的市场环境，该文件预测，到2050年英国海上风电的科技创新能够为产业节省450亿英镑的成本，并创造180亿英镑的收入。

2018年3月21日，英国政府科学管理办公室（GOS）发布报告《预见未来海洋》，分析并阐述了英国海洋战略的现状和未来需求。报告为英国海洋发展提出了20条建议，反映了英国海洋政策的一些新动向。在海洋经济方面，该报告提出以下五个方面的建议。一是确定英国海洋发展的关键行业，促使它们积极开展合作，构建长期的英国商业平台，以便在全球海洋发展机遇中获益。这些行业包括海事商业服务、高附加值的制造业、智能设备、卫星通信、海洋科学和海洋测绘等。二是以海上风电的成就为基础，利用海洋可再生能源领域的巨大潜力，促进行业创新和增长，构建英国的供应链，减少排放以支持英国气候变化目标。三是支持建立解决行业部门间合作障碍的机制。四是解决沿海区域的局部问题，这些问题可能限制海洋经济的发展。五是更好地利用英国的科学、技术和工程基础，确保科技能力能够有效转化为创新能力和海洋经济增长。

第二节 国外海洋经济政策对我国的启示

一、政府主导制定海洋经济发展政策，引领发展方向

美国历届政府重视制定海洋经济发展政策，并主导海洋经济政策的走向，究其原因在于美国政府始终具有强烈的海洋战略意识。在海洋经济发展的不同阶段，美国的海洋政策表现为不同特征。在海洋开发初期阶段，美国政府积极制定一系列政策以调动各部门的积极性，促进海洋经济的发展活力。随着海洋资源过度开发，美国政府预警危机，并重新制定海洋发展政策。随着海洋开发的不断深入，美国海洋政策从积极激进转向适度稳健，力求在海洋经济发展和海洋生态环境保护中寻求平衡。

二、加大海洋科技投入力度以提高海洋科技对海洋经济的贡献率

美国政府非常重视海洋科技创新和研发工作，在海洋科技方面投入巨大。根据不完全统计，美国政府拥有700多个涉海研究与开发的实验室，所聘用海洋学领域的科学家和工程师占全美六成，政府每年的投资达到270亿美元。此外，美国政府还有针对性地投资建设了一批涉海科研机构，并根据不同区域的海洋资源类型兴办了不同类型的海洋科技园区，[①]如美国密西西比河口海洋科技园和夏威夷自然能源实验室（NELHA）。

三、大力发展滨海旅游和休闲服务业以加快海洋产业结构的转型升级

海洋第三产业在美国海洋经济中占据着重要地位，且为美国贡献了

---

① 宋炳林.美国海洋经济发展的经验及对我国的启示[J].港口经济，2012（1）: 50-52.

大量的就业岗位和国内生产总值。滨海旅游和休闲服务业是美国海洋产业中涵盖行业范围最广、提供就业岗位最多的产业。2014 年，美国滨海旅游和休闲服务业增加值为 1073 亿美元，创造就业岗位 221.6 万个。

四、坚持海洋资源开发与海洋生态环境保护兼顾的原则

美国海洋经济发展始终坚持海洋资源开发与海洋生态环境保护兼顾的原则。建立海洋生态保护区是美国保护海洋生态环境的有效措施。1923 年，美国星期五港实验室（Friday Harbor Laborator）建立的海洋生物保护区（Marine Biological Reserve）是美国海洋生态环境保护意识觉醒的标志。[①]同时期，美国还建立了一些包含海洋区域的国家公园自然保护区，如佛罗里达的大沼泽国家公园（Everglades National Park，1934）和杰弗逊堡国家纪念碑（Fort Jefferson National Monument in Dry Tortugas，1935）。自此，美国政府不断建立各种类型的海洋保护区。截至 2018 年，美国国内由联邦政府、州政府及社会民间组织等参与建立的各级别海洋生态保护区已接近 1800 个。此外，完善的法律法规为美国海洋生态文明建设提供了制度保障。1972 年出台的《海洋保护研究与生态保护区法》（*Marine Protection，Research，and Sanctuaries Act*）是美国最早关于海洋环境保护的法律，该法律限制保护区海域内的海底工程建筑、采矿和油气钻探等开发活动，禁止破坏具有历史价值和科考价值的海洋资源。同年，《海洋哺乳动物保护法》（*Marine Mammal Protection Act*）授权美国鱼类及野生动植物管理局（United States Fish and Wildlife Service）采取措施保护海洋哺乳动物，还制定了《海洋保护、研究与自然保护区法》（*Marine Protection Research and Sanctuaries Act*）。随后，美国又陆续颁布

① 李晓明. 美国的海洋强国建设研究[D]. 山东：中国海洋大学，2015.

并实施了《渔业保护与管理法》《联邦海域污染控制法》等 10 余部海洋生态环境保护领域的专项法律。[①]

美国是世界上海洋保护区制度最成熟的国家之一，这使其不仅获得了海洋开发上的利益，而且获得了生态效益。设立海洋保护区实现了海洋经济的可持续发展，维护了海洋生态环境。海洋保护区内开展的生态旅游活动充分利用了海洋生态系统的非使用价值，以保护区内的众多珍稀动植物、地质地貌开展的海洋科普活动提高了公众的海洋意识，促进了海洋经济结构的转型。

五、制定完善的海洋法规及相关配套政策为海洋经济提供保障

美国、英国和日本等发达海洋国家都制定了海洋领域的基本法律，为依法治海奠定了法律基础。

2000 年，美国颁布了《海洋法令》，提出了制定新的国际海洋政策的原则。2004 年，美国海洋政策委员会提交了《21 世纪海洋蓝图》。同年，美国颁布《美国海洋行动计划》。

2005 年，日本提出了“海洋立国”的海洋战略。2007 年，日本制定了《海洋基本法》，从法律上奠定了依法治海的基础。日本自 2008 年起每 5 年修订一期《海洋基本计划》，至今已有三期。《海洋基本计划》使得海洋立国战略得以落实，并根据新情况、新问题进行调整。日本的《海洋基本计划》是《海洋基本法》的延续，由综合海洋政策本部的总理内阁大臣组织制定。《海洋基本计划》具有法律效力，其内容是对过去 5 年进行总结，并针对国内外形势对未来 5 年的发展制定行动规划。

---

① 马兆俐，刘海廷．国外建设海洋生态文明法制保障的经验与启示[C]// 中共沈阳市委，沈阳人民政府．第十二届沈阳科学学术年会论文集（经管社科）.[出版者不详]，2015：4.

六、积极开展各类海洋科普活动，大力培养全民海洋意识

随着海洋开发的不断深入，日本政府进一步认识到保护海洋的重要性。日本自 1996 年起将每年的 7 月定为“海洋月”，7 月的第三个周一固定为公众假日“海之日”。在这期间，开展各种官方和民间的庆祝活动，如组织公众体验乘船或参观造船厂、港口，海洋教育部门和学校设立“开放日”等。日本的海洋意识教育从娃娃抓起，在义务教育阶段普及海洋知识，海洋科普活动（如海洋科研院校“开放日”、海洋科普进课堂进社区等）更是定时定点开展。

03

第三章

我国海洋经济高质量发展评价

本章全面阐述当前我国海洋经济高质量发展的现状，综合分析新时代我国海洋经济高质量发展的特征。研究海洋高质量发展评价指标体系的设计思想、设置原则、设计方法，结合海洋经济高质量发展的内涵及影响因素，构建新时代海洋经济高质量发展的评价指标体系，并对所构建的指标体系进行有效性检验。研究选择适用于海洋经济高质量发展评价的定量模型和方法，为定量评价我国海洋经济高质量发展水平奠定基础。

第一节　新时代我国海洋经济高质量发展的主要特征

一、我国海洋经济已连续多年保持平稳增长

2019 年，全国海洋生产总值 8.94 万亿元，比上年增长 6.2%，占国内生产总值的比重为 9.3%。海洋三次产业结构的比重由 2015 年的 5.1 : 42.5 : 52.4，调整为 2019 年的 4.2 : 35.8 : 60.0。海洋第三产业占海洋生产总值的比重从 2015 年的 54.5% 提高到了 2019 年的 60.0%。

二、海洋产业结构调整持续深化，成效显著

海洋渔业生产结构持续优化。2019 年，我国海水养殖产量 2065.33 万吨，与 2015 年的 1875.63 万吨相比上升 10.12%；海洋捕捞产量 1000.16 万吨，与 2015 年的 1314.78 万吨相比下降 31.46%，近海捕捞量大幅下降。

2019 年，我国船舶企业加大科研投入，船型结构持续优化。智能船舶研发生产取得新突破，我国造船业全面迈入“智能船舶 1.0”新时代。绿色环保船型建造取得新成果，17.4 万立方米 LNG 双燃料动力汽车运输船、7500 车位 LNG 动力汽车滚装船顺利交付，2.3 万标准箱（TEU）LNG 动力超大型集装箱船下水。豪华邮轮建造取得新进展，首艘极地探险邮轮成功交付并完成南极首航，国产大型邮轮全面进入实质性建造阶段。高端科考船建造取得新成效，“海龙号”饱和潜水支持船交付，我国首次自主建造的极地科考破冰船“雪龙 2 号”，与“雪龙号”一起展开“双龙探极”。但受世界经济贸易增长放缓、地缘政治冲突不断增多的影响，我国新船需求大幅下降，用工难、融资难、接单难等深层次问题仍未能得到根本解决，船舶工业面临的形势严峻。2019 年，我国承接新船订单 2907

万载重吨，同比下降 20.7%；承接出口订单 2695 万载重吨，同比下降 15.9%。我国深水钻探装备制造能力不断增强，第六代深水半潜式钻井平台“海洋石油 982”成功出坞下水，我国国内第二大海洋油气平台“东方 13−2CEPB”完工装船。自 2011 年以来，已有 6 座深水半潜式钻井平台先后赴国外钻探作业。

海洋新兴产业壮大。海水利用业较快发展，产业标准化、国际化步伐加快。2017 年 12 月发布的《海岛海水淡化工程实施方案》提出：通过 3 至 5 年在辽宁、山东、浙江、福建、海南等沿海省市重点推进 100 个左右海岛的海水淡化工程建设及升级改造，南海三沙岛礁、平潭大屿岛等海岛已经引入风、光互补新能源海水淡化设备。尽管近年来国际市场竞争加剧，但我国海工装备制造业主动开辟市场，相继交付了“海洋渔场 1 号”、自升式多功能海洋牧场平台、“深海勇士号”载人潜水器等。

三、海洋科技创新能力增强，高技术领域取得突破

2019 年海洋科研活动人员数比 2011 年增长了 20% 以上，研发实验发展经费比 2011 年增长近 90%，专利授权数是 2011 年的 3.5 倍。港珠澳大桥完工通车，以海洋褐藻提取物为原料、国内自主研发的治疗阿尔茨海默病新药“九期一”（甘露特钠，代号 GV−971）已通过国家药品监督管理局批准上市。“海洋一号 C”卫星、“海洋二号”卫星、中法海洋卫星相继发射成功。深海装备制造亮点频出，海洋科考装备“海斗号”无人潜水器、“海角号”和“天涯号”深渊着陆器、7000 米级深海滑翔机等高技术装备研制成功，中国深海科考进入万米时代。随着海洋观测、监测技术不断完善，沿海区域性海洋环境立体监测示范试验系统已经建立。

四、海洋资源与生态环境保护力度增大，效果显著

《中国海洋生态环境状况公报》显示，第一类海水水质标准的海域面

积占我国管辖海域面积的比重持续增大，2018 年为 96.3%，海水环境质量持续向好。2018 年和 2019 年，自然资源部多项海洋资源、生态环境管理的文件显示，“蓝色海湾”整治行动累计修复海岸线 150 多千米，滨海湿地 340 平方千米。

五、沿海地区民生水平改善成效显著

海洋经济发展惠及沿海地区民生，主要体现在就业增加、旅游休憩和生态体验优化以及海洋灾害减少等方面。2018 年全国涉海就业人员总数达到 3684 万人，比 2011 年增加了 262 万人（图 3.1）。截至 2018 年，全国共有 250182 平方千米各类海洋保护区。2012—2018 年，我国各类海洋灾害直接经济损失整体呈减少趋势（图 3.2）。

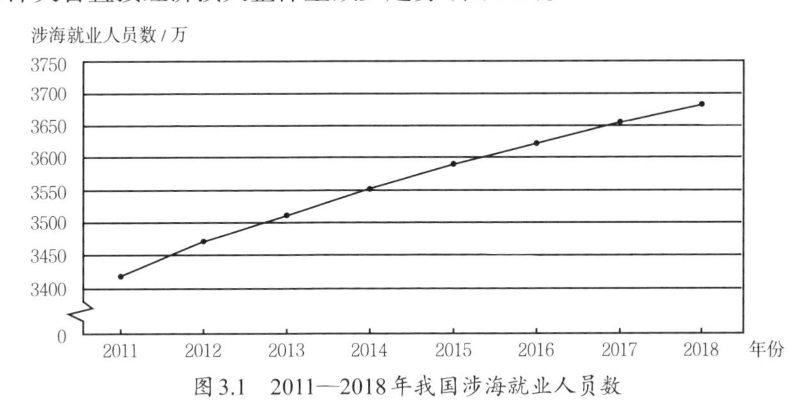

图 3.1　2011—2018 年我国涉海就业人员数

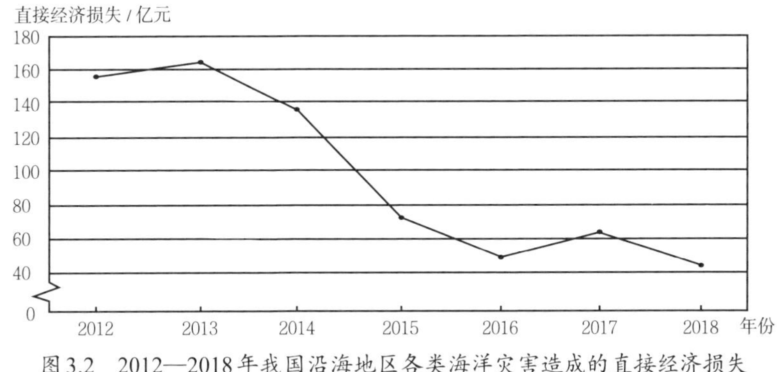

图 3.2　2012—2018 年我国沿海地区各类海洋灾害造成的直接经济损失

第二节　新时代我国海洋经济高质量发展评价指标体系构建

新发展理念具有战略性、纲领性和引领性，构建海洋经济高质量发展评价指标体系要围绕新发展理念展开。

一、设计思想

科学合理构建海洋经济高质量发展评价指标体系，不仅要准确把握海洋经济高质量发展的内涵，还要理解其统计内涵。海洋经济高质量发展的统计内涵表现在三个方面。首先，海洋经济高质量发展必须是持续发展，即海洋生产总值保持稳定增长，海洋产业结构不断优化，新经济业态不断产生。其次，海洋经济高质量发展必须是以海洋科技创新为基础的高效发展，即以最小投入获得最大产出。再者，海洋经济高质量发展必须是绿色发展，海洋生态环境指标持续向好发展。

海洋经济高质量发展的评价指标体系必须遵循以下基本原则。其一，海洋经济高质量发展必须与国家高质量发展的目标相一致。其二，指标必须少而精，必须抓住真正核心的指标。其三，必须区分过程指标与结果指标。建立海洋经济发展高质量发展评价指标体系是为了客观反映海洋经济高质量发展所达到的程度，因此，指标体系只需遴选出反映海洋经济高质量发展结果的指标。其四，必须注重指标数值的区分度。如果指标变动较小，那么对评价结果影响就很小，不必纳入评价指标体系。其五，所选指标的数据必须能够获取。其六，指标体系必须综合考虑多种类型的指标，仅依赖某一类指标难以作出客观评价。因此，指标体系中既要有总量指标，也要有反映质量的指标；既要有正向指标，也要有逆向指标。

二、设计原则

（一）系统性与层次性

海洋经济高质量发展是涉及海洋资源利用、海洋产业增长、海洋生态环境保护、海洋科技创新等多方面的系统工程，设置指标体系必须充分体现这些方面的特征。因此，指标体系的设计必须综合反映各种影响因素，所遴选指标必须层次清晰、相互独立，不同指标层能够反映海洋经济高质量发展的不同方面。

（二）可操作性与科学性

运用指标体系进行评价需要科学可靠的数据，因此应尽量选择易量化、易收集、易对比的基础性数据，尽可能选择具有代表性的综合指标和重点指标。

海洋经济高质量发展指标体系具有指导、监督、考核和推动海洋经济实现高质量发展的功能，因此其指标要具有战略导向性，能够充分体现海洋经济高质量发展的内涵和新发展理念，符合我国海洋经济发展的现状特征，能够反映未来海洋经济总体发展方向，为政府部门制定海洋经济发展规划提供支撑。

（三）定量与定性结合

遴选指标要尽量选取可量化、易获得的指标，每个指标的选取、定义、说明、量化都要有科学依据。但考虑到海洋经济高质量发展指标体系复杂，故对于难以量化但又影响重大的指标，可用定性描述。定量评价与定性描述相结合，可以保证评估结论的全面性与科学性。

三、指标遴选

根据海洋经济高质量发展的内涵和主要特征，遵循以上设计思想和设计原则，构建我国海洋经济高质量发展评价指标体系。该评价指标体系包含35个基础指标（表3.1）。

表3.1　我国海洋经济高质量发展评价指标体系

准则层	要素层	指标层	指标属性
创新发展（A）	创新能力（A_1）	科学研究与试验发展（R&D）经费内部支出占地区海洋生产总值比重（A_{11}）（%）	正指标
		海洋新兴产业增加值占地区海洋生产总值比重（A_{12}）（%）	正指标
	海洋科技成果（A_2）	拥有发明专利数（A_{21}）（件）	正指标
		发表科技论文数（A_{22}）（篇）	正指标
		出版科技著作数（A_{23}）（种）	正指标
	海洋科技人才（A_3）	海洋专业博士研究生毕业生数（A_{31}）（人）	正指标
		R&D人员数（A_{32}）（人）	正指标
		高级职称人员占科技活动人员比重（A_{33}）（%）	正指标
		海洋科研机构数（A_{34}）（个）	正指标
协调发展（B）	海洋经济结构（B_1）	海洋生产总值占沿海地区生产总值比重（B_{11}）（%）	正指标
		海洋第二产业增加值占海洋生产总值比重（B_{12}）（%）	正指标
		海洋第三产业增加值占海洋生产总值比重（B_{13}）（%）	正指标
		海洋第三产业增长弹性系数（B_{14}）	正指标
绿色发展（C）	海洋经济增长水平（C_1）	海洋生产总值（C_{11}）（亿元）	正指标
		海洋生产总值增长速度（C_{12}）（%）	正指标
		涉海就业人员增长速度（C_{13}）（%）	正指标

续表

准则层	要素层	指标层	指标属性
绿色发展（C）	海洋资源利用水平（C_2）	海洋生产总值岸线密度（C_{21}）（亿元/千米）	正指标
		单位确权海域面积海洋生产总值（C_{22}）（亿元/公顷）	正指标
		单位海水养殖面积的海水养殖产量（C_{23}）（吨/公顷）	正指标
		单位岸线港口吞吐量（C_{24}）（万吨/米）	正指标
		旅游资源利用率（C_{25}）（万人次/个）	正指标
	海洋环境治理能力（C_3）	工业废水直接入海量占排放总量的比重（C_{31}）（%）	逆指标
		沿海地区海滨观测台站数（C_{32}）（个）	正指标
	海洋自然资源保护水平（C_4）	沿海地区海洋类型自然保护区面积（C_{41}）（平方千米）	正指标
		沿海地区近岸及海岸湿地面积（C_{42}）（千公顷）	正指标
		红树林各地类总面积（C_{43}）（公顷）	正指标
开放发展（D）	国际开放（D_1）	进出口总额（D_{11}）（亿美元）	正指标
		接待境外游客人数（D_{12}）（人次）	正指标
		海洋货物周转量（D_{13}）（亿吨千米）	正指标
		海洋旅客周转量（D_{14}）（亿人千米）	正指标
	国内开放（D_2）	接待国内游客人数（D_{21}）（万人次）	正指标
		国内知名度（D_{22}）	正指标
共享发展（E）	沿海地区生活质量（E_1）	人均消费海产品量（E_{11}）（吨/人）	正指标
		沿海地区恩格尔系数（E_{12}）（%）	逆指标
	涉海就业水平（E_2）	涉海就业人员数占地区就业人员数比重（E_{21}）（%）	正指标

四、指标说明

海洋经济高质量发展评价指标体系由 5 个一级指标、12 个二级指标和 35 个具体指标构成。指标的含义说明如下。

（一）创新发展指标

（1）R&D经费内部支出占地区海洋生产总值比重，是衡量一个国家或地区海洋科技活动规模的重要指标。计算公式为：

$$\text{R\&D 经费内部支出占地区海洋生产总值比重} = \frac{\text{R\&D 经费内部支出}}{\text{地区海洋生产总值}} \times 100\%$$

（2）海洋新兴产业增加值占地区海洋生产总值比重，是衡量一个国家或地区海洋新兴产业规模的指标。在这里，根据数据可得性原则，海洋新兴产业仅统计了海洋装备制造业、海洋生物医药业、海水利用业、海洋可再生能源业四类产业。计算公式为：

$$\text{海洋新兴产业增加值占地区海洋生产总值比重} = \frac{\text{海洋新兴产业增加值}}{\text{地区海洋生产总值}} \times 100\%$$

（3）拥有发明专利数，是衡量一个国家或地区海洋科研产出质量和市场应用水平的综合指标。

（4）发表科技论文数，是指在全国学报或学术刊物、省部属大专院校对外正式发行的学报或学术刊物上发表的涉海论文以及向国外发表的涉海论文数量。①

（5）出版科技著作数，是指经过正式出版部门出版的海洋类科技专著、大专院校海洋类教科书、海洋科普著作数量。

（6）海洋专业博士研究生毕业生数，是指与海洋有关的专业中的博士研究生毕业生数量。

---

① 中国海洋年鉴编纂委员会. 2017 中国海洋年鉴[Z]. 北京：海洋出版社，2018.

（7）R&D人员数，是指从事海洋科学研究与试验发展的人员数量。

（8）高级职称人员占科技活动人员比重。高级职称人员，是指从事海洋领域工作的研究员、副研究员，教授、副教授，高级工程师，高级农艺师，正、副主任医（药、护、技）师，高级实验师，高级统计师，高级经济师，高级会计师，正、副编审，正、副译审，高级（主任）记者，正、副研究馆员，等等。[①]计算公式为：

$$高级职称人员占科技活动人员比重=\frac{高级职称人员数}{科技活动人员总数}\times 100\%$$

（9）海洋科研机构数，是指有明确的研究方向和任务，有一定水平的学术带头人和一定数量、质量的研究人员，有开展研究工作的基本条件，长期有组织地从事海洋研究与开发活动的机构数量。[②]

（二）协调发展指标

（1）海洋生产总值占沿海地区生产总值比重，能够衡量海洋经济的发展水平。计算公式为：

$$海洋生产总值占沿海地区生产总值比重=\frac{海洋生产总值}{沿海地区生产总值}\times 100\%$$

（2）海洋第二产业增加值占海洋生产总值比重，能够衡量海洋第二产业的发展水平。计算公式为：

$$海洋第二产业增加值占海洋生产总值比重=\frac{海洋第二产业增加值}{海洋生产总值}\times 100\%$$

（3）海洋第三产业增加值占海洋生产总值比重，能够衡量海洋第三产业的发展水平。计算公式为：

---

① 中国海洋年鉴编纂委员会. 2017中国海洋年鉴[Z]. 北京：海洋出版社，2018.

② 中国海洋年鉴编纂委员会. 2017中国海洋年鉴[Z]. 北京：海洋出版社，2018.

$$海洋第三产业增加值占海洋生产总值比重=\frac{海洋第三产业增加值}{海洋生产总值}\times 100\%$$

（4）海洋第三产业增长弹性系数，能够衡量海洋生产总值每增长 1% 时海洋第三产业增加值的增长幅度。计算公式为：

$$海洋第三产业增长弹性系数=\frac{海洋第三产业增加值增长率}{海洋生产总值增长率}$$

（三）绿色发展指标

（1）海洋生产总值，是海洋经济生产总值的简称，指按市场价格计算的沿海地区常住单位在一定时期内海洋经济活动的最终成果，是海洋产业和海洋相关产业增加值的总和。①

（2）海洋生产总值增长速度，是衡量海洋经济增长速度的指标。计算公式为：

$$海洋生产总值增长速度=\frac{本年海洋生产总值-上年海洋生产总值}{上年海洋生产总值}\times 100\%$$

（3）海洋从业人员增长速度，是衡量海洋就业人员增长速度的指标。计算公式为：

$$海洋从业人员增长速度=\frac{本年海洋从业人员数-上年海洋从业人员数}{上年海洋从业人员数}\times 100\%$$

（4）海洋生产总值岸线密度，是衡量单位海岸线海洋经济生产效率的指标。计算公式为：

$$海洋生产总值岸线密度=\frac{海洋生产总值}{岸线总长度}$$

（5）单位确权海域面积海洋生产总值，是衡量单位确权海域面积的

---

① 中国海洋年鉴编纂委员会. 2017 中国海洋年鉴[Z]. 北京：海洋出版社，2018.

海洋经济生产效率的指标。计算公式为：

$$单位确权海域面积海洋生产总值=\frac{海洋生产总值}{确权海域总面积}$$

（6）单位海水养殖面积的海水养殖产量，是衡量单位海水养殖面积的海水养殖生产效率的指标。计算公式为：

$$单位海水养殖面积的海水养殖产量=\frac{海水养殖产量}{海水养殖总面积}$$

（7）单位岸线港口吞吐量，是衡量单位岸线港口生产效率的指标。计算公式为：

$$单位岸线港口吞吐量=\frac{港口吞吐量}{港口岸线总长度}$$

（8）旅游资源利用率，是衡量滨海旅游资源利用效率的指标。计算公式为：

$$旅游资源利用率=\frac{滨海旅游人数}{地区旅游景点个数}\times 100\%$$

（9）工业废水直接入海量占排放总量的比重，是衡量沿海地区工业废水的处理情况的指标。其数值越大，则处理率越低；反之则越高。计算公式为：

$$工业废水直接入海量占排放总量的比重=\frac{工业废水直接入海量}{工业废水排放总量}\times 100\%$$

（10）沿海地区海滨观测台站数，能够在一定程度上反映一个沿海地区承受风暴潮灾害风险能力的大小。台站数越多，对风暴潮的预报、实时监测能力就越强，该沿海地区的防灾减灾能力就越强，相应的风暴潮灾害经济风险也就越低。海滨观测台包括海洋站、验潮站、气象台站和地震台站。[①]

（11）沿海地区海洋类型自然保护区，是指以保护海洋自然为目的，在海域、海岛、海岸带对选择的保护对象划出界线加以特殊保护和管理的区域[②]，其面积（平方千米）大小与当地自然环境质量呈正相关。

（12）沿海地区近岸及海岸湿地，是指天然或人工、长久或暂时性的沼泽地、泥炭地或水域地带，包括静止或流动淡水、半咸水、咸水体，低潮时水深不超过 6 米的水域以及海岸带的珊瑚滩和海草床、滩涂、红树林、河口、河流、淡水沼泽、沼泽森林、湖泊、盐沼及盐湖，[③]其面积（千公顷）大小与当地自然环境质量呈正相关。

（13）红树林各地类，是指生长在热带、亚热带低能海岸潮间带上部，受周期性潮水浸淹，以红树植物为主体的常绿灌木或乔木组成的潮滩湿地木本生物群落[④]，其面积（公顷）大小与当地自然环境质量呈正相关。

（四）开放发展指标

（1）进出口总额，能够衡量一个地区的进出口贸易水平的高低。计算公式为：

地区进出口总额 = 地区进口总额 + 地区出口总额[⑤]

（2）接待境外游客人数，能够衡量一个区域的开放水平。计算公式为：

---

① 王晓玲.我国风暴潮灾害经济风险区划[D].山东：中国海洋大学，2010.

② 陈琪，李仲山，王凤华.中国海洋类型自然保护区[J].海洋与海岸带开发，1991（3）:59-61.

③ 中国海洋年鉴编纂委员会.2017 中国海洋年鉴[Z].北京：海洋出版社，2018.

④ 中国海洋年鉴编纂委员会.2017 中国海洋年鉴[Z].北京：海洋出版社，2018.

⑤ 陈晓雪，时大红.我国30个省市社会经济高质量发展的综合评价及差异性研究[J].济南大学学报（社会科学版），2019，29（4）:100-113.

接待境外游客人数 = 接待入境过夜游客人数 – 接待港澳台入境过夜游客人数

（3）海洋货物周转量，指实际运送的货物与其运送距离的乘积。

（4）海洋旅客周转量，指实际运送的旅客人数与其运送距离的乘积。

（5）接待国内游客人数，指一个地区在报告期内接待国内游客人数（人/天数）。

（6）国内知名度，反映的是区域的国内旅游知名度。计算公式为：

$$国内知名度 = \frac{国内旅游总支出}{地区生产总值}$$

（五）共享发展指标

（1）人均消费海产品量，能够衡量沿海地区居民人均海产品消费水平，反映了海洋经济发展对人类生活质量提高的作用。

（2）沿海地区恩格尔系数，是衡量沿海地区居民生活水平高低程度的指标。恩格尔系数越小，则沿海地区居民生活水平越高；反之就越低。计算公式为：

$$沿海地区恩格尔系数 = \frac{食品支出总额}{家庭或个人消费支出总额} \times 100\%$$

（3）涉海就业人员数占地区就业人员数比重，是衡量一个地区的涉海就业水平的指标。计算公式为：

$$涉海就业人员数占地区就业人员数比重 = \frac{涉海就业人员数}{地区就业人员总数} \times 100\%$$

第三节 适用于海洋经济高质量发展评价的定量模型和方法

海洋高质量发展的评价方法包括两类。一类是多指标评价方法，这类方法首先构建指标体系，其关键是确定指标权重。确定权重的方法主要包括层次分析法、熵值法、多元统计分析法、灰色关联分析法等。另一类是单指标评价方法，这类方法用海洋经济效率从一定角度上评估海洋经济高质量发展程度。常用的方法主要包括数据包络分析法、随机前沿分析法以及基于非期望产出的SMB模型等。

一、多指标评价方法

（一）层次分析法

层次分析法把复杂的问题分解为多个影响因素，并按影响因素之间的支配关系分组，形成一个从低到高的层次结构。在此基础上，通过指标两两比较确定其相对重要性，再综合研究者的主观判断，确定诸因素的相对重要性总排序。这里介绍改进三标度层次分析法，其权重计算步骤如下。

①构造主观比较矩阵：$B=[B_{ij}]_{n\times n}$，式中：

$$B_{ij}=\begin{cases}1，指标i比指标j重要\\0，指标i与指标j同等重要\\-1，指标i不如指标j重要\end{cases}$$

②建立判断矩阵$T=[T_{ij}]_{n\times n}$，式中，$e_{ij}=\sum B_{ij}$。

③计算客观判断矩阵：$Z=[Z_{ij}]_{n\times n}$，式中$Z_{ij}=q^{(S_{ij}/S_m)}$，$T_m=\max T_{ij}=\max(T_i)-\min(T_j)$，$q$为使用者定义的标度扩展值范围。客观判断矩阵$Z$

任意一列的归一化即为n个指标的权重向量$[w_1, w_2, w_3, \cdots, w_n]^T$。[1]

（二）熵值法

熵值法确定指标权重的原理是：假设有m项指标乘n个待评方案，形成原始指标数据矩阵$Y=(y_{ij})_{m\times n}$，对于某项指标y_j，如果指标值y_{ij}的差距越大，则该指标所起作用越大；如果某项指标的指标值都相等，则该指标不起作用。信息熵$H(x)=-\sum_{i=1}^{n}p(x_i)\ln p(x_i)$用来度量系统无序程度，信息用来度量系统有序程度，两者绝对值相等，而符号相反。某指标的值变异程度越大，则其信息熵越小、信息量越大，故权重就越大，反之则权重越小。因此，可根据各项指标值的变异程度，采用信息熵计算各指标权重，为多指标综合评价提供依据。熵值法的计算步骤如下。[2]

①对正指标和逆指标数据采用相应的无量纲标准化方法处理。

对正指标数据处理的公式为：

$$q_{ij}=\frac{y_{ij}-\min\limits_{j} y_{ij}}{\max\limits_{j} y_{ij}-\min\limits_{j} y_{ij}}$$

对逆指标数据处理的公式为：

$$q_{ij}=\frac{\max\limits_{j} y_{ij}-y_{ij}}{\max\limits_{j} y_{ij}-\min\limits_{j} y_{ij}}$$

为避免得到的数值结果无意义，对标准化的值进行以下处理：

$$h_{ij}=y_{ij}+0.01$$

① 刘明.区域海洋经济可持续发展的能力评价[J].中国统计，2008（3）：51-53.

② 刘明，吴姗姗，刘堃，朱璇.中国滨海旅游业低碳化发展途径与政策研究——基于碳足迹理论的视角[M].北京：社会科学文献出版社，2017.

②第 i 项指标的熵值 t_i 的计算公式为：

$$t_i = -k\sum_{j=1}^{n} f_{ij} \ln f_{ij}$$

其中 $f_{ij} = \frac{h_{ij}}{\sum_{j=1}^{n} h_{ij}}$， $k = \frac{1}{\ln n}$（n 为样本数）

③第 i 项指标的权重 w_i 的计算公式为：

$$w_i = \frac{1-t_i}{m}$$

且满足 $0 \leqslant w_i \leqslant 1$， $\sum_{i=1}^{m} w_i = 1$

（三）多元统计分析法

多元统计分析法主要包括聚类分析法、判别分析法、主成分分析法等。

（四）灰色关联分析法

灰色关联分析法由我国邓聚龙教授于 1982 年创立。灰色关联分析法属于客观赋权法，其基本步骤如下。

①运用灰色关联法确定指标权重，第一步需选取各指标的最优集 Y_0，$Y_0 =（Y_{01},\cdots,Y_{0j},\cdots,Y_{0n}）$，对应得到以下矩阵：

$$Y = \begin{bmatrix} Y_{11}, Y_{12}, \cdots, Y_{1n} \\ Y_{21}, Y_{22}, \cdots, Y_{2n} \\ \cdots \\ Y_{l1}, Y_{l2}, \cdots, Y_{ln} \end{bmatrix}$$

上式 Y_{ij} 表示第 i 个评价对象的第 j 个评价指标对应的原始数据，其中 i=1, 2, 3, $\cdots$, l; j=1, 2, 3, $\cdots$, n。

②运用公式 $C_{ij} = \frac{y_{ij}}{y_{0j}}$ 将最优集和原始数据标准化，得到如下矩阵：

$$C_{l\times n}=\begin{bmatrix} c_{11},c_{12},\cdots,c_{1n} \\ c_{21},c_{22},\cdots,c_{2n} \\ \cdots \\ c_{l1},c_{l2},\cdots,c_{ln} \end{bmatrix}$$

③通过下式可计算灰色关联系数。先确定参考序列 C_0，比较序列 C_{ij}，关联系数可表达为：

$$\theta_{ij}=\frac{\min_i \min_j \left|C_0-C_{ij}\right|+\mu \max_i \max_j \left|C_0-C_{ij}\right|}{\left|C_0-C_{ij}\right|+\mu \max_i \max_j \left|C_0-C_{ij}\right|}$$

上式中，μ表示分辨系数，其取值不影响关联系数，一般取 0.5。

④计算各指标的因子关联度，归一化处理得到各指标灰色关联权重值：

$$W=\frac{\theta_{ij}}{\sum_{i=1}^{t}\theta_{ij}}$$

二、单指标评价方法

(一)数据包络分析

数据包络分析不需要确定权重就能够计算多输入、多输出系统的相对效率。第一个数据包络分析模型CCR模型是 1978 年由著名运筹学家 Charnes 和 Cooper 提出的[①]。随着数据包络分析的深入应用，数据包络分析模型产生了如BCC模型、FC模型等一系列经典模型。在海洋经济领域，数据包络分析主要用于评价海洋经济效率。

---

① Charnes A, Cooper W W, Rhodes E. Measuring the efficiency of decision making units[J]. European journal of operational research, 1978, 2 (6): 429-444.

（二）随机前沿分析

在测算经济系统效率的方法选择上，数据包络分析最常用，但它存在三个方面的缺点：其一是固定的生产函数边界致使其无法分离出随机扰动项的影响，其二是评价结果易受极端值影响，其三是效率值对投入产出灵敏性较高。

测算经济系统效率的常用方法，包括非参数型的数据包络分析和参数型的随机前沿分析。相比于数据包络分析，随机前沿分析模型引入了随机扰动项，能更准确地阐释生产者行为，并可以利用估计结果对模型本身进行检验（LR检验），使结果更加严谨。

（三）基于非期望产出的SMB模型

传统的随机前沿分析主要应用于CCR、BCC等传统模型，这些模型的产出多是基于期望的产出，没有充分考虑投入、产出冗余和松弛型问题，也未能准确度量存在非期望产出时的效率值。①托恩（Tone）于2003年提出了一种数据包络分析改进的模型，即SMB模型，SMB是一种考虑松弛变量和非期望产出的效率测量方法，能够提高经济系统效率测算的准确性。

（四）马姆奎斯特（Malmquist）生产率指数模型

该模型是在数据包络分析的基础上发展出来的，用于测算全要素生产率（Total Factor Productivity，TFP），最早由马姆奎斯特于1953年提出。法尔（Fare）等人将该方法与数据包络分析相结合，可测算决策单元不同时全要素生产率的变动情况。该方法弥补了传统数据包络分析模型无法对效率的变化进行动态分析的问题。通过该方法的分析，可以找出生产

① 赵林，张宇硕，焦新颖，等. 基于SBM和Malmquist生产率指数的中国海洋经济效率评价研究[J]. 资源科学，2016，38（3）：461-475.

率增长或下降的根源，从而为生产实践提供指导。

三、评价方法的评述

海洋经济高质量发展表现在很多方面，其内涵十分丰富。海洋经济高效率是海洋经济高质量发展的一种表现或一个方面，但并不等同于海洋经济高质量。以上单指标评价方法，国内外学界都用于评价决策单元的效率的模型，以测算经济效率或全要素生产率。多指标评价法则在科学选择指标的基础上，较为全面地定量评价海洋经济高质量发展水平和程度。根据上述对海洋经济高质量发展的文献综述及以上分析，本项目拟选用多指标评价法中的层次分析法和熵值法来评价我国海洋经济高质量发展水平。

第四节　我国海洋经济高质量发展水平评价及演进特征分析

本节采用已构建的海洋经济高质量发展评价指标体系，在参阅公开统计数据及实地调研收集数据资料的基础上，运用已选定的评估模型和方法，对2010—2019年我国海洋经济高质量发展水平及演进特征进行分析。

一、海洋经济高质量发展水平定量评价

海洋经济高质量发展指标体系原始数据主要源自《中国海洋统计年鉴》（2011—2020年）、《中国统计年鉴》（2011—2020年）、《中国旅游统计年鉴》（2011—2020年）等相关资料，能够保证指标原始数据的客观、合理和真实（表3.2）。

计算海洋经济高质量发展评价指标体系中各项指标的权重，可先选用熵值法、等权重法分别得到各自方法的权重，最终权重由两种方法的算术平均加权获得（表3.3）。

海洋经济高质量发展指数可采用综合指数法进行测算。首先针对指标原始数据进行无量纲化处理，再根据准则层五个方面的数据进行加权，综合测算各维度指数及海洋经济高质量发展综合指数。海洋经济高质量发展指数的计算公式为：

$$G=\sum w_i Y_i$$

公式中，G为评估年海洋经济高质量发展指数，w_i为指标层评价指标的权重（设定各指标权重相同），Y_i为指标层评价指标标准化值。

表 3.2　2010—2019 年我国海洋经济高质量发展评价指标原始数据

目标层	准则层	要素层	指标层	2010年	2011年	2012年	2013年	2014年	2015年	2016年	2017年	2018年	2019年
海洋经济高质量发展(T)	创新发展(A)	创新能力（A_1）	A_{11}	0.240	0.240	0.245	0.263	0.258	0.254	0.189	0.185	0.239	0.260
			A_{12}	0.81	1.16	1.31	1.42	1.50	1.60	1.70	1.79	1.79	1.90
		海洋科技成果（A_2）	A_{21}	6750	8009	10695	11564	13966	20518	8332	10352	18792	14316
			A_{22}	14296	15547	16713	16284	16908	17257	16016	15872	18882	18915
			A_{23}	254	278	338	384	314	353	369	388	409	437
		海洋科技人才（A_3）	A_{31}	679	601	615	673	672	630	712	733	783	824
			A_{32}	25076	25077	26151	27424	28243	29088	26347	26056	33892	33776
			A_{33}	37.333	38.424	39.254	38.270	41.438	41.001	43.274	43.944	43.944	57.196
			A_{34}	181	179	177	175	189	192	160	159	176	170
	协调发展(B)	海洋经济结构（B_1）	B_{11}	16.10	15.70	15.70	15.80	16.30	16.80	16.40	16.60	16.80	16.15
			B_{12}	47.8	47.7	46.9	45.9	43.9	42.2	39.7	37.7	37.0	33.3
			B_{13}	47.1	47.1	47.8	48.8	51.0	52.7	55.2	57.5	58.6	62.2
			B_{14}	1.406	1.519	1.434	1.421	2.124	1.665	1.695	2.150	1.600	1.650
	绿色发展(C)	海洋经济增长水平（C_1）	C_{11}	39572.7	45496.0	50045.2	54313.2	60699.1	65534.4	69693.7	76749.0	83414.8	84292.1
			C_{12}	14.70	9.89	8.06	7.60	7.90	7.00	6.70	6.90	6.70	6.40
			C_{13}	2.452	2.116	1.377	1.312	1.121	0.979	0.947	0.952	0.738	0.738
		海洋资源利用水平（C_2）	C_{21}	1.237	1.422	1.564	1.697	1.897	2.048	2.178	2.398	2.607	2.634
			C_{22}	2.139	2.235	2.158	2.031	1.991	1.985	1.983	2.084	2.202	2.153
			C_{23}	7.123	7.365	7.537	7.511	7.862	8.092	9.060	9.599	9.942	10.367
			C_{24}	0.948	1.030	1.062	1.130	1.146	1.108	1.110	1.132	1.183	1.106
			C_{25}	95.197	132.657	126.359	122.972	135.881	123.073	109.490	107.140	115.829	129.438

续表

目标层	准则层	要素层	指标层	2010年	2011年	2012年	2013年	2014年	2015年	2016年	2017年	2018年	2019年
海洋经济高质量发展(T)	绿色发展(C)	海洋环境治理能力（C_3）	C_{31}	8.343	13.120	8.361	8.989	9.435	8.660	8.660	8.660	8.660	8.660
			C_{32}	975	868	711	1200	1321	1353	1195	1117	1285	1471
		海洋自然资源保护水平（C_4）	C_{41}	158400	462611	49035	48503	48455	250182	51791	123026	29684	69642
			C_{42}	5941.7	5941.7	5941.7	/	5795.9	5795.9	5795.9	5795.9	5795.9	5795.9
			C_{43}	82757.2	82757.2	82757.2	82757.2	82757.2	82757.2	82757.2	82757.2	82757.2	82757.2
	开放发展(D)	国际开放（D_1）	D_{11}	17732.77	21203.77	23281.83	25167.05	25864.82	23922.05	25939.34	26029.64	28150.13	25636.87
			D_{12}	42116767	43507371	45489008	37796504	38866147	40640543	/	47585633	45745849	89767105
			D_{13}	62892	67551	72396	66845	78427	78460	83247	83663	83687	87661
			D_{14}	42.73	41.15	42.05	35.72	41.10	40.80	40.90	43.40	44.80	45.70
		国内开放（D_2）	D_{21}	107019	135467	117625	157217	173179	220242	246728	276681	309589	349736
			D_{22}	0.0440	0.0590	0.0500	0.0620	0.0660	0.0810	0.0870	0.0630	0.0590	0.1079
	共享发展(E)	沿海地区生活质量（E_1）	E_{11}	9.293	9.220	9.622	9.503	9.869	10.234	10.351	10.650	10.421	7.804
			E_{12}	0.340	0.346	0.334	0.358	0.311	0.307	0.302	0.297	0.287	0.284
		涉海就业水平（E_2）	E_{21}	25.674	23.740	22.767	19.407	19.443	19.867	20.055	19.726	20.163	20.163

表 3.3 我国海洋经济高质量发展评价指标权重

准则层	要素层	指标层	熵值法确定的指标层权重	等权重法确定的指标层权重	指标层最终权重
创新发展（A）	创新能力（A_1）	R&D经费内部支出占地区海洋生产总值比重（A_{11}）	0.0327802	0.028571	0.03067560
		海洋新兴产业增加值占地区海洋生产总值比重（A_{12}）	0.0320572	0.028571	0.03031410
	海洋科技成果（A_2）	拥有发明专利数（A_{21}）	0.0264081	0.028571	0.02748955
		发表科技论文数（A_{22}）	0.0321686	0.028571	0.03036980
		出版科技著作数（A_{23}）	0.0306497	0.028571	0.02961035
	海洋科技人才（A_3）	海洋专业博士研究生毕业生数（A_{31}）	0.0294104	0.028571	0.02899070
		R&D人员数（A_{32}）	0.0261846	0.028571	0.02737780
		高级职称人员占科技活动人员比重（A_{33}）	0.0285169	0.028571	0.02854395
		海洋科研机构数（A_{34}）	0.0321351	0.028571	0.03035305
协调发展（B）	海洋经济结构（B_1）	海洋生产总值占沿海地区生产总值比重（B_{11}）	0.0245773	0.028571	0.02657415
		海洋第二产业增加值占海洋生产总值比重（B_{12}）	0.0314508	0.028571	0.03001090
		海洋第三产业增加值占海洋生产总值比重（B_{13}）	0.0232271	0.028571	0.02589905
		海洋第三产业增长弹性系数（B_{14}）	0.0218148	0.028571	0.02519290
绿色发展（C）	海洋经济增长水平（C_1）	海洋生产总值（C_{11}）	0.0302012	0.028571	0.02938610
		海洋生产总值增长速度（C_{12}）	0.0223909	0.028571	0.02548095
		海洋从业人员增长速度（C_{13}）	0.0237134	0.028571	0.02614220
	海洋资源利用水平（C_2）	海洋生产总值岸线密度（C_{21}）	0.0302012	0.028571	0.02938610
		单位确权海域面积海洋生产总值（C_{22}）	0.0223766	0.028571	0.02547380
		单位海水养殖面积的海水养殖产量（C_{23}）	0.0275121	0.028571	0.02804155
		单位岸线港口吞吐量（C_{24}）	0.0321228	0.028571	0.03034690
		旅游资源利用率（C_{25}）	0.0319854	0.028571	0.03027820
	海洋环境治理能力（C_3）	工业废水直接入海量占排放总量的比重（C_{31}）	0.0329301	0.028571	0.03075055
		沿海地区海滨观测台站数（C_{32}）	0.0308730	0.028571	0.02972200
	海洋自然资源保护水平（C_4）	沿海地区海洋类型自然保护区面积（C_{41}）	0.0150663	0.028571	0.02181865
		沿海地区近岸及海岸湿地面积（C_{42}）	0.0330087	0.028571	0.03078985
		红树林各地类总面积（C_{43}）	0.0367244	0.028571	0.03264770

续表

准则层	要素层	指标层	熵值法确定的指标层权重	等权重法确定的指标层权重	指标层最终权重
开放发展（D）	国际开放（D_1）	进出口总额（D_{11}）	0.0321674	0.028571	0.0303692
		接待境外游客人数（D_{12}）	0.0298730	0.028571	0.029222
		海洋货物周转量（D_{13}）	0.0295370	0.028571	0.029054
		海洋旅客周转量（D_{14}）	0.0328699	0.028571	0.03072045
	国内开放（D_2）	接待国内游客人数（D_{21}）	0.0274292	0.028571	0.0280001
		国内知名度（D_{22}）	0.0292419	0.028571	0.02890645
共享发展（E）	沿海地区生活质量（E_1）	人均消费海产品量（E_{11}）	0.0275273	0.028571	0.02804915
		沿海地区恩格尔系数（E_{12}）	0.0297333	0.028571	0.02915215
	涉海就业水平（E_2）	涉海就业人员数占地区就业人员数比重（E_{21}）	0.0211340	0.028571	0.0248525

采用功效系数法可对表 3.2 中指标数据进行无量纲化处理，从而得到个体指数。功效系数法计算公式如下。其中，正指标无量纲化功效系数法计算公式为：

$$Q_i = \frac{Y_i - Y_{\min i}}{Y_{\max i} - Y_{\min i}} \times 40 + 60$$

逆指标无量纲化功效系数法计算公式为：

$$Q_i = \frac{Y_{\max i} - Y_i}{Y_{\max i} - Y_{\min i}} \times 40 + 60$$

上述计算中，Q_i 为第 i 个指标无量纲化后的数值，Y_i 为该指标在评价期内的原始数据。$Y_{\max i}$ 为该指标在评价期内的最大值，$Y_{\min i}$ 为该指标在评价期内的最小值。根据功效系数法和表 3.3 中的指标数值，可得到 2010—2019 年我国海洋经济高质量发展评价指标原始数据的无量纲数值（表 3.4）。

表 3.4　2010—2019 年我国海洋经济高质量发展评价指标无量纲数值

目标层	准则层	要素层	指标层	2010年	2011年	2012年	2013年	2014年	2015年	2016年	2017年	2018年	2019年
海洋经济高质量发展（T）	创新发展（A）	创新能力（A_1）	A_{11}	96.18	96.18	97.03	100.00	99.15	98.51	87.81	60.00	96.04	99.44
			A_{12}	60.00	72.84	78.35	82.39	85.32	88.99	92.66	95.96	95.96	100.00
		海洋科技成果（A_2）	A_{21}	60.00	63.66	71.46	73.99	80.96	100.00	64.60	70.46	94.99	81.98
			A_{22}	60.00	70.83	80.93	77.22	82.62	85.64	74.89	73.65	99.71	100.00
			A_{23}	60.00	65.25	78.36	88.42	73.11	81.64	85.14	89.29	93.88	100.00
		海洋科技人才（A_3）	A_{31}	73.99	60.00	62.51	72.91	72.74	65.20	79.91	83.68	92.65	100.00
			A_{32}	60.00	60.00	64.88	70.65	74.37	78.20	65.77	64.45	100.00	99.47
			A_{33}	60.00	62.20	63.87	61.89	68.27	67.39	71.96	73.31	73.31	100.00
			A_{34}	86.67	84.24	81.82	79.39	96.36	100.00	61.21	60.00	80.61	73.33
	协调发展（B）	海洋经济结构（B_1）	B_{11}	74.55	60.00	60.00	63.64	81.82	100.00	85.45	92.73	100.00	76.36
			B_{12}	100.00	99.72	97.52	94.76	89.24	84.55	77.66	72.14	70.21	60.00
			B_{13}	60.00	60.00	61.85	64.50	70.33	74.83	81.46	87.55	90.46	100.00
			B_{14}	60.00	66.07	61.50	60.81	98.43	73.89	75.47	100.00	70.62	73.34
	绿色发展（C）	海洋经济增长水平（C_1）	C_{11}	60.00	65.30	69.37	73.18	78.90	83.22	86.94	93.25	99.22	100.00
			C_{12}	100.00	75.95	66.80	64.50	66.00	61.50	60.00	61.00	60.00	58.50
			C_{13}	100.00	92.15	74.90	73.38	68.93	65.62	64.88	65.00	60.00	60.00

续表

目标层	准则层	要素层	指标层	2010年	2011年	2012年	2013年	2014年	2015年	2016年	2017年	2018年	2019年
海洋经济高质量发展（T）	绿色发展（C）	海洋资源利用水平（C_2）	C_{21}	60.00	65.30	69.37	73.18	78.90	83.22	86.94	93.25	99.22	100.00
			C_{22}	84.85	100.00	87.80	67.69	61.37	60.34	60.00	76.02	94.78	87.01
			C_{23}	60.00	62.98	65.10	64.78	69.11	71.95	83.89	90.54	94.76	100.00
			C_{24}	60.00	73.90	79.50	90.93	93.64	87.32	87.65	91.36	100.00	86.85
			C_{25}	60.00	96.83	90.64	87.31	100.00	87.41	74.05	71.74	80.29	93.67
		海洋环境治理能力（C_3）	C_{31}	100.00	60.00	99.85	94.59	90.86	97.35	97.35	97.35	97.35	97.35
			C_{32}	73.89	68.26	60.00	85.74	92.11	93.79	85.47	81.37	90.21	100.00
		海洋自然资源保护水平（C_4）	C_{41}	70.62	100.00	60.06	60.00	60.00	79.48	60.32	67.20	58.19	62.05
			C_{42}	100.00	100.00	100.00	60.00	98.91	98.91	98.91	98.91	98.91	98.91
			C_{43}	100.00	60.00	60.00	60.00	60.00	60.00	64.00	60.00	60.00	60.00
	开放发展（D）	国际开放（D_1）	D_{11}	60.00	73.33	81.31	88.55	91.22	83.77	91.51	91.86	100.00	90.35
			D_{12}	63.33	64.40	65.92	60.00	60.82	62.19	65.06	67.53	66.12	100.00
			D_{13}	60.00	67.52	75.35	66.38	85.09	85.14	92.87	93.54	93.58	100.00
			D_{14}	88.11	81.77	85.38	60.00	81.57	80.37	80.77	90.79	96.41	100.00
		国内开放（D_2）	D_{21}	60.00	64.69	61.75	68.27	70.90	78.66	83.02	87.96	93.38	100.00
			D_{22}	60.00	68.94	63.62	71.11	73.62	82.83	87.08	71.81	69.05	100.00
	共享发展（E）	沿海地区生活质量（E_1）	E_{11}	62.04	60.00	71.25	67.92	78.15	88.37	91.65	100.00	93.60	20.40
			E_{12}	69.39	66.26	72.58	60.00	85.21	87.37	89.96	92.93	98.31	100.00
		涉海就业水平（E_2）	E_{21}	100.00	87.66	81.44	60.00	60.23	62.94	64.14	62.03	64.83	64.83

海洋经济高质量发展评价指标体系中五个分维度的指数计算公式为：

$$G_j = \frac{\sum_{i=m_j}^{n_j} W_i Q_i}{\sum_{i=m_j}^{n_j} W_i}, (j = 1,2,3,4,5)$$

其中，G_j为第j个维度指数，Q_i为第i个指标的无量纲化后数值，W_i为第j个指标Y_i的权重数值，m_j为第j个维度中第一个评价指标在整个评价体系中的序号，n_j为第j个维度中最后一个评价指标在整个评价指标体系中的序号。根据公式、表3.3和表3.4，可得到2010—2019年我国海洋经济高质量发展的创新发展、协调发展、绿色发展、开放发展、共享发展五个分维度的指数（表3.5）。

表3.5　2010—2019年我国海洋经济高质量发展分维度评价指数

准则层（分维度）	2010年	2011年	2012年	2013年	2014年	2015年	2016年	2017年	2018年	2019年
创新发展	68.815	70.930	75.794	78.818	81.698	85.228	76.227	74.590	91.903	94.933
协调发展	74.735	72.487	71.251	71.856	85.010	83.532	79.984	87.447	82.530	76.783
绿色发展	79.250	77.873	76.145	73.891	79.080	79.629	78.442	81.078	84.924	85.765
开放发展	65.449	70.270	72.476	69.106	77.375	78.858	83.404	84.010	86.572	98.338
共享发展	76.155	70.604	74.809	62.709	75.227	80.310	82.713	85.987	86.557	86.679

将海洋经济高质量发展评价指标体系中五个维度的指数按其权重加总，计算得到海洋经济高质量发展综合评价指数。其计算公式为：

$$G = \frac{\sum_{j=1}^{5}(G_j \times \sum_{i=m_j}^{n_j} W_i)}{\sum_{i=1}^{35} W_i}$$

上式中，G为海洋经济高质量发展综合评价指数。

根据以上公式，可以得到2010—2019年我国海洋经济高质量发展综合评价指数（表3.6）。

表3.6　2010—2019年我国海洋经济高质量发展综合评价指数

年份	2010年	2011年	2012年	2013年	2014年	2015年	2016年	2017年	2018年	2019年
我国海洋经济高质量发展指数	73.343	73.539	74.773	73.212	79.790	81.440	79.246	80.973	86.924	87.486

二、海洋经济高质量发展水平演进特征分析

将表3.5和表3.6数据绘制成为评价结果图（图3.3和图3.4）。根据图3.3和图3.4，可看出2010—2019年我国海洋经济高质量发展各分维度和综合指数的整体变化情况。

创新发展维度总体呈现显著的增长态势：从2010年的68.815增长到2015年的85.228，2016年到2017年略有下降，2017年为74.590，2019年又上升为94.933。该组数据说明，在21世纪第二个10年里，我国海洋科技创新水平总体飞速发展。

协调发展维度总体呈现波动态势：从2010年开始负向发展，2012年协调发展水平达到最低点，协调发展指数值为71.251，相较于2010年下降了3.484；该指数2014年上升到85.010，2016年到79.984，2017年为87.447，但2019年下降为76.783。该组数据说明，在我国海洋经济的发展进程中，协调水平成为高质量发展的显著制约因素。

绿色发展维度总体呈快速增长态势，略有波动：从2010的79.250下降到2013年的73.891（最低点）；2013—2019年有较大提升，2019年绿色发展指数达到最大值85.765。

开放发展维度总体水平持续上升，符合我国目前围绕“一带一路”区域建设形成的陆海内外联动、东西双向互济的开放格局的发展趋势。海

洋是沟通世界各国的蓝色桥梁，开放发展对推动我国未来海洋经济高质量发展具有重要意义。

共享发展维度总体表现为“W”形增长：2010—2013 年该指数值呈波动下降趋势；自 2013 年起，国家愈发重视提高全民福利，尤其是近年来实施的脱贫攻坚、分配制度改革等措施效果显著，至 2019 年，该指数值已达 86.679，较 2010 年增长了 10.524。

从综合评价指数总体走势看，2010—2019 年我国海洋经济高质量呈现持续、稳定的增长态势。但从各维度看，我国海洋经济高质量发展水平有效提高仍受到分项维度的制约。

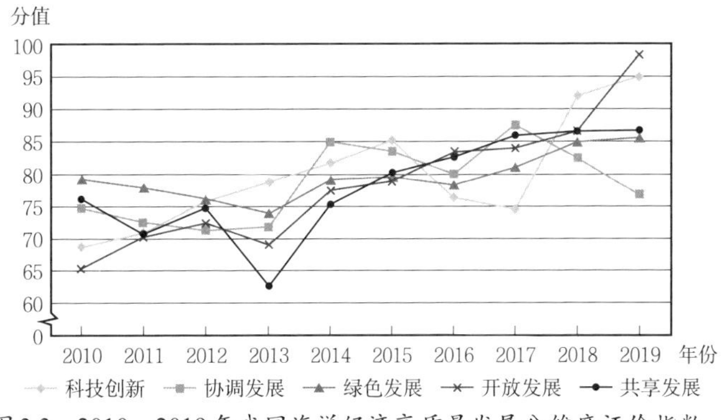

图 3.3 2010—2019 年我国海洋经济高质量发展分维度评价指数

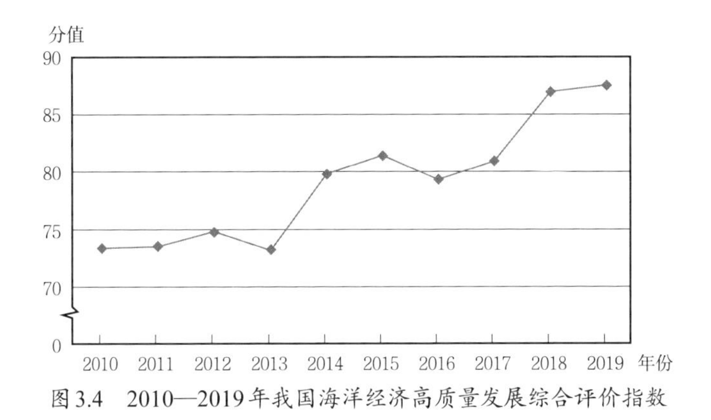

图 3.4 2010—2019 年我国海洋经济高质量发展综合评价指数

三、海洋经济高质量发展评价指标体系的有效性检验

指标体系有效性检验涉及指标体系有效性的内涵、评价方法、检验方法以及相关应用。

(一)指标体系有效性的内涵

指标体系的有效性是指标体系的冗余程度和灵敏程度，即指标体系中是否存在冗余指标，指标体系在不同时间和不同空间是否均适用(若干个指标值或权值的变化将产生何种影响)。评价指标体系有效性的标准包括完备性、精简性和普适性。

指标体系的完备性。这是指标体系应能够全面反映评价对象的各方面特征。构建指标体系时，应深入挖掘评价对象的特征，尽可能列出所有影响评价结果的指标，从而建立完备的指标库。

指标体系的精简性。为保证指标体系的完备性，需将指标库中所有指标纳入指标体系，但这是不科学、不经济的：一方面会增加获取指标数据的成本，另一方面所列指标之间可能存在相关性，从而使得部分指标成为冗余指标。因此，构建指标体系时，需要用尽可能少的指标反映尽可能多的信息。

指标体系的普适性。同类评价对象之间存在时空上的差异，用同一指标体系评价会出现系统误差，因此所构建指标体系的灵敏度应满足一定范围要求，以确保其具有普适性。

(二)指标体系有效性的评价方法

根据以上论述，检验指标体系的有效性需检验指标体系的精简性和普适性。精简性检验可通过指标体系的冗余度 *RD*(Redundancy Degree)来衡量，空间普适性检验需用指标体系的灵敏度 *SD*(Sensitivity Degree)

衡量。[1]

1. 指标体系冗余度的计算方法

设指标体系 Y_p 的相关系数矩阵为 Q_p，$p=1,2,\cdots,n$ 表示第 p 种指标体系。

$$Q_p=\begin{bmatrix} 1,q_{12},q_{13},\cdots,q_{1n_p} \\ q_{21},1,q_{23},\cdots,q_{2n_p} \\ \cdots \\ q_{n_p1},q_{n_p2},q_{n_p3},\cdots,1 \end{bmatrix}$$

采用 Q_p 的平均相关系数衡量所评价指标体系的冗余度 RD 可表示为：

$$RD=\frac{\sum_{i=1}^{n_p}\sum_{j=1}^{n_p}\left|q_{ij}\right|-n_p}{{n_p}^2-n_p}$$

可以看出 $0\leqslant RD\leqslant 1$，RD 值越小表示冗余度越小，说明指标体系的冗余信息越少。一般认为当 $RD\leqslant 0.5$ 时，指标体系的冗余度可以接受，即可以认为指标体系的指标之间低相关。

2. 指标体系灵敏度的计算方法

评价结论是在多种因素共同作用下得出的，敏感性分析就是检验评价过程中指标体系的误差对评价结果影响程度的方法，用于衡量所构建的指标体系对不同评价对象的适用性，是检验评价结果可靠性的主要依据。这里主要分析指标的微小变化对评价结果的影响程度，如果对评价结果影响较小，则说明评价结果对误差不敏感；反之则需要调整指标。指标体系得到的评价结果对指标 Y_i 的灵敏度 SD_i 可表示为：

① 付允，刘怡君. 指标体系有效性的RST评价方法及应用[J]. 管理评论，2009，21（7）：91-95，112.

$$SD_i = \frac{\Delta V(Y_i)/V}{\Delta Y_i / Y_i} = \frac{Y_i \cdot \Delta V(Y_i)}{V \cdot \Delta Y_i}$$

指标体系的灵敏度 SD 表示为：

$$SD = \frac{1}{n_p} \sum_{i=1}^{n_p} SD_i$$

指标体系灵敏度表示指标体系中的单个或多个指标每单位相对变化量（比如 1%）所引起的评价结果的相对变化量。SD 是无量纲的数值，因此两个指标体系 Y_{p1} 和 Y_{p2} 的灵敏度可进行比较（$p1=1, 2, \cdots$；$p2=1, 2, \cdots$；$p1 \neq p2$）。由上述 SD_i 和 SD 的公式可知，灵敏度 SD 的绝对值越大，指标体系越灵敏，其适用性越差。一般情况下，要求 $|SD|$ 值不超过 5，即当指标体系的指标值变化为 1% 时，允许存在不超过 5% 的系统误差。

衡量指标体系有效性时，只要该指标体系满足 $RD \leqslant 0.5$ 和 $|SD| \leqslant 5$，就可认为该指标体系有效。若指标体系冗余度 $RD>0.5$，则说明各指标的相关性太高，指标体系中存在冗余指标，应在保证指标体系能够涵盖评价对象各方面特征的情况下，通过依次剔除或用其他指标反复替换相关性较高的指标来降低冗余度，直到指标之间相关系数的平均数 $RD \leqslant 0.5$ 为止。同样，当指标体系不符合灵敏度标准时，也可以采用指标剔除或替换的方法来降低指标体系的灵敏度，直到满足 $|SD| \leqslant 5$ 为止。

（三）海洋经济高质量发展评价指标体系的冗余度检验

根据表 3.2 的 2010—2019 年我国海洋经济高质量发展评价指标原始数据，可以得到指标体系的相关系数矩阵（表 3.7）。

表 3.7 海洋经济高质量发展评价指标体系的相关系数矩阵

1	0.999976	0.999996	0.999995	0.999994	0.999993	0.997791
0.999976	1	0.999954	0.999955	0.999954	0.999987	0.997814
0.999996	0.999954	1	0.999999	0.999998	0.999984	0.997782
0.999995	0.999955	0.999999	1	1	0.999988	0.997873
0.999994	0.999954	0.999998	1	1	0.999988	0.99789
0.999993	0.999987	0.999984	0.999988	0.999988	1	0.997951
0.997791	0.997814	0.997782	0.997873	0.99789	0.997951	1

采用公式计算Q^p的平均相关系数，得到指标体系的冗余度RD=0.333021≤0.5，说明指标体系具备精简性。

(四)海洋经济高质量发展评价指标体系的灵敏度检验

这一检验过程包括指标值的灵敏度分析和指标权重的灵敏度分析。

1. 指标值的灵敏度分析

指标值灵敏度分析既可以考察所有指标值都按照某个百分比同时变化时引起的系统误差，也可以仅对某个指标值进行考察。其公式如下。

设有n个评价指标，分别为$Y_1,Y_2,\cdots,Y_n$，每个指标的权重分别为w_1，$w_2,\cdots,w_n$，则评价值为：

$$G = w_1Y_1 + w_2Y_2 + \cdots + w_nY_n$$

这里对海洋经济高质量发展评价指标体系中2019年所有指标值整体变化进行灵敏度分析。考虑所有评价对象指标值全部按照某个百分比变动，设变动幅度为q，则变动后评价值为：

$$G = w_1Y_1(1+q) + w_2Y_2(1+q) + \cdots + w_nY_n(1+q)$$

设定指标值的微小变化q=0.01。根据上述两个公式，对表3.2海洋经济高质量发展评价指标体系中2019年每个评价指标原始数据增加0.01

进行灵敏度分析，得到灵敏度值SD=1≤5。由此可认为该指标体系普适性较强，指标体系有效。

2. 指标权重的灵敏度分析

指标权重的灵敏度指的是指标权重增加一个微小值ψ影响评价结果的程度。由于指标权重和为1，因此一个指标权重的微小增大必然会导致其他指标权重的减小。指标Y_{ij}的权重为w_j，若该权重增加ψ_j，则新权重为$w_j+\psi_j$。为保证权重和为1，需使其他（$n-1$）个指标均减去$\frac{\psi_j}{n-1}$，因此权重调整后评价值为：

$$G_i^{'}=(w_1-\frac{\psi_j}{n-1})Y_{i1}+(w_2-\frac{\psi_j}{n-1})Y_{i2}+\cdots+(w_j+\psi_j)Y_{ij}+\cdots+(w_n-\frac{\psi_j}{n-1})Y_{in}$$

其中w_j为指标Y_{ij}的权重。

根据权重调整后评价值的公式，对表3.3中的我国海洋经济高质量发展评价指标权重进行灵敏度分析。此处设定权重的微小变化为ψ_j=0.001，采用2019年我国海洋经济高质量发展指标体系数据进行测试计算。表3.8给出了指标“R&D经费内部支出占地区海洋生产总值比重（A_{11}）”权重的灵敏度分析的计算过程。根据表3.8第8列给出的每个权重的灵敏度，采用指标体系灵敏度SD公式，可得到指标“A_{11}”权重的SD=1。以此类推，可得到我国海洋经济高质量发展评价指标体系所有权重的灵敏度值（表3.9）。由表3.9第5列可看出，指标体系每个权重$|SD|$≤5，可以认为指标体系的权重有效。

表 3.8 我国海洋经济高质量发展评价指标体系中 A_{11} 指标权重灵敏度分析

准则层	要素层	指标层	指标层最终权重	指标层最终权重未变化时的 2019年评价值	权重的微小变化	指标层最终权重发生微小变化时的 2019年评价值	权重的灵敏度
科技创新（A）	创新能力（A_1）	A_{11}	0.0306756	3.050381664	0.001	3.149821664	1
		A_{12}	0.0303141	3.031410000	-2.94×10^{-5}	3.028468824	–1
	海洋科技成果（A_2）	A_{21}	0.0274896	2.253593309	-2.94×10^{-5}	2.251182133	–1
		A_{22}	0.0303698	3.036980000	-2.94×10^{-5}	3.034038824	–1
		A_{23}	0.0296106	2.961035000	-2.94×10^{-5}	2.958093824	–1
	海洋科技人才（A_3）	A_{31}	0.0289907	2.899070000	-2.94×10^{-5}	2.896128824	–1
		A_{32}	0.0273778	2.723269766	-2.94×10^{-5}	2.720344178	–1
		A_{33}	0.0285440	2.854395000	-2.94×10^{-5}	2.851453824	–1
		A_{34}	0.0303531	2.225789157	-2.94×10^{-5}	2.223632392	–1
协调发展（B）	海洋经济结构（B_1）	B_{11}	0.0265742	2.029202094	-2.94×10^{-5}	2.026956212	–1
		B_{12}	0.0300109	1.800654000	-2.94×10^{-5}	1.798889294	–1
		B_{13}	0.0258991	2.589905000	-2.94×10^{-5}	2.586963824	–1
		B_{14}	0.0251929	1.847647286	-2.94×10^{-5}	1.845490227	–1
绿色发展（C）	海洋经济增长水平（C_1）	C_{11}	0.0293861	2.938610000	-2.94×10^{-5}	2.935668824	–1
		C_{12}	0.0254810	1.490635575	-2.94×10^{-5}	1.488914987	–1
		C_{13}	0.0261422	1.568532000	-2.94×10^{-5}	1.566767294	–1
	海洋资源利用水平（C_2）	C_{21}	0.0293861	2.938610000	-2.94×10^{-5}	2.935668824	–1
		C_{22}	0.0254738	2.216475338	-2.94×10^{-5}	2.213916220	–1

续表

准则层	要素层	指标层	指标层最终权重	指标层最终权重未变化时的2019年评价值	权重的微小变化	指标层最终权重发生微小变化时的2019年评价值	权重的灵敏度
绿色发展（C）	海洋资源利用水平（C_2）	C_{23}	0.0280416	2.804155000	-2.94×10^{-5}	2.801213824	–1
		C_{24}	0.0303469	2.635628265	-2.94×10^{-5}	2.633073853	–1
		C_{25}	0.0302782	2.836158994	-2.94×10^{-5}	2.833403994	–1
	海洋环境治理能力（C_3）	C_{31}	0.0307506	2.993566043	-2.94×10^{-5}	2.990702807	–1
		C_{32}	0.0297220	2.972200000	-2.94×10^{-5}	2.969258824	–1
	海洋自然资源保护水平（C_4）	C_{41}	0.0218187	1.353847233	-2.94×10^{-5}	1.352022233	–1
		C_{42}	0.0307899	3.045424064	-2.94×10^{-5}	3.042514946	–1
		C_{43}	0.0326477	1.958862000	-2.94×10^{-5}	1.957097294	–1
开放发展（D）	国际开放（D_1）	D_{11}	0.0303692	2.743857220	-2.94×10^{-5}	2.741199867	–1
		D_{12}	0.0292220	2.922200000	-2.94×10^{-5}	2.919258824	–1
		D_{13}	0.0290540	2.905400000	-2.94×10^{-5}	2.902458824	–1
		D_{14}	0.0307205	3.072045000	-2.94×10^{-5}	3.069103824	–1
	国内开放（D_2）	D_{21}	0.0280001	2.800010000	-2.94×10^{-5}	2.797068824	–1
		D_{22}	0.0289065	2.890645000	-2.94×10^{-5}	2.887703824	–1
共享发展（E）	沿海地区生活质量（E_1）	E_{11}	0.0280492	0.572202660	-2.94×10^{-5}	0.571602660	–1
		E_{12}	0.0291522	2.915215000	-2.94×10^{-5}	2.912273824	–1
	涉海就业水平（E_2）	E_{21}	0.0248525	1.611187575	-2.94×10^{-5}	1.609280810	–1

注：本表中第五列为本表第四列与表3.4中第14列相乘结果。

表 3.9 我国海洋经济高质量发展评价指标体系各指标权重灵敏度分析

准则层	要素层	指标层	指标层最终权重	指标权重的灵敏度
科技创新（A）	创新能力（A_1）	A_{11}	0.0306756	–0.942857143
		A_{12}	0.0303141	0.885714286
	海洋科技成果（A_2）	A_{21}	0.0274896	–0.942857143
		A_{22}	0.0303698	–0.942857143
		A_{23}	0.0296104	0.942857143
	海洋科技人才（A_3）	A_{31}	0.0289907	0.885714286
		A_{32}	0.0273778	0.885714286
		A_{33}	0.0285440	0.885714286
		A_{34}	0.0303531	0.885714286
协调发展（B）	海洋经济结构（B_1）	B_{11}	0.0265742	0.885714286
		B_{12}	0.0300109	0.885714286
		B_{13}	0.0258991	0.885714286
		B_{14}	0.0251929	0.885714286
绿色发展（C）	海洋经济增长水平（C_1）	C_{11}	0.0293861	0.885714286
		C_{12}	0.0254810	0.885714286
		C_{13}	0.0261422	0.885714286
	海洋资源利用水平（C_2）	C_{21}	0.0293861	0.885714286
		C_{22}	0.0254738	0.885714286
		C_{23}	0.0280416	0.885714286
		C_{24}	0.0303469	0.885714286
		C_{25}	0.0302782	0.885714286
	海洋环境治理能力（C_3）	C_{31}	0.0307506	0.885714286
		C_{32}	0.0297220	0.885714286
	海洋自然资源保护水平（C_4）	C_{41}	0.0218187	0.885714286
		C_{42}	0.0307899	0.885714286
		C_{43}	0.0326477	0.885714286
开放发展（D）	国际开放（D_1）	D_{11}	0.0303692	0.885714286
		D_{12}	0.0292220	0.885714286
		D_{13}	0.0290540	0.885714286
		D_{14}	0.0307205	0.885714286
	国内开放（D_2）	D_{21}	0.0280001	0.885714286
		D_{22}	0.0289065	0.885714286
共享发展（E）	沿海地区生活质量（E_1）	E_{11}	0.0280492	0.885714286
		E_{12}	0.0291522	0.885714286
	涉海就业水平（E_2）	E_{21}	0.0248525	0.885714286

第五节　我国海洋经济高质量发展空间分布差异性分析

根据已构建的我国海洋经济高质量发展评价指标体系，结合 11 个沿海省级行政区海洋经济高质量发展的相关数据，对我国 2010—2019 年沿海 11 个省级行政区海洋经济高质量发展水平进行综合性评价，得出对我国沿海地区海洋经济高质量发展水平空间分布差异的初步判断和分析。根据实证结果，比较沿海各地区在海洋经济高质量发展方面所存在的共性、特性、优势，分析新时代各地区海洋经济高质量发展的主要推动力及存在的主要问题。

一、沿海省级行政区海洋经济高质量发展水平定量评价

（一）数据来源

指标原始数据主要源自《中国海洋统计年鉴》（2011—2020 年）、《中国统计年鉴》（2011—2020 年）、《中国渔业统计年鉴》（2011—2020 年）、《中国旅游统计年鉴》（2011—2020 年）等相关资料，能够保证指标数据的客观、合理和真实（表 3.10—表 3.19）。

（二）指标数据的处理和综合指标法计算得分

结合已获得的我国海洋经济高质量发展评价指标权重（表 3.3），采用功效系数法处理指标数据可获得 2010—2019 年我国沿海地区海洋经济高质量发展评价指标原始数据（表 3.10—表 3.19）。

表 3.10　2010 年我国沿海地区海洋经济高质量发展评价指标原始数据

要素层	指标层	天津	河北	辽宁	上海	江苏	浙江	福建	山东	广东	广西	海南
创新能力（A_1）	A_{11}	0.173	0.029	0.123	0.246	0.164	0.082	0.060	0.215	0.104	0.049	0.016
	A_{12}	0.089	0.034	0.077	0.153	0.104	0.114	0.108	0.207	0.242	0.016	0.016
海洋科技成果（A_2）	A_{21}	74	7	930	1052	71	36	72	254	580	0	0
	A_{22}	668	90	316	1032	1070	452	349	1651	1685	105	36
	A_{23}	13	1	2	7	18	5	13	25	12	0	0
海洋科技人才（A_3）	A_{31}	10	0	43	42	87	0	21	245	61	0	0
	A_{32}	1249	247	667	2294	1473	589	455	2655	3000	164	34
	A_{33}	32.250	39.357	35.155	32.819	30.769	39.199	27.721	35.680	37.582	17.470	9.884
	A_{34}	14	5	17	15	12	17	12	22	25	9	3
海洋经济结构（B_1）	B_{11}	32.8	5.7	14.2	30.4	8.6	14.0	25.0	18.1	17.9	5.7	27.1
	B_{12}	65.5	56.7	43.4	39.4	54.3	45.4	43.5	50.2	47.5	40.7	20.8
	B_{13}	34.3	39.2	44.5	60.5	41.2	47.2	47.9	43.5	50.2	41.0	56.0
	B_{14}	0.00	0.01	0.02	0.00	0.01	0.01	0.02	0.01	0.01	0.02	0.02
海洋经济增长水平（C_1）	C_{11}	3021.5	1152.9	2619.6	5224.5	3550.9	3883.5	3682.9	7074.5	8253.7	548.7	560.0
	C_{12}	40.007	24.921	14.834	24.260	30.673	14.470	14.986	21.555	23.911	23.637	18.318
	C_{13}	2.483	2.444	2.433	2.425	2.481	2.438	2.457	2.458	2.461	2.432	2.398
海洋资源利用水平（C_2）	C_{21}	19.651	1.680	0.879	9.846	3.475	0.551	0.562	1.858	1.226	0.286	0.305
	C_{22}	0.100	0.016	0.005	0.357	0.008	0.037	0.026	0.020	0.068	0.029	0.037
	C_{23}	3.569	2.660	3.033	0.000	4.080	8.793	22.080	7.910	17.518	17.108	12.675
	C_{24}	1.352	2.021	1.187	0.776	1.363	0.754	0.543	1.781	0.727	0.483	0.767
	C_{25}	259.330	50.098	119.330	289.796	70.374	92.877	121.497	63.985	148.390	87.340	83.009

续表

要素层	指标层	天津	河北	辽宁	上海	江苏	浙江	福建	山东	广东	广西	海南
海洋环境治理能力（C_3）	C_{31}	5.528	1.355	67.192	9.436	0.212	10.252	68.738	16.160	4.589	10.923	0.000
	C_{32}	15	42	68	95	56	131	120	133	221	33	61
海洋自然资源保护水平（C_4）	C_{41}	359	339	9370	941	833	1356	197	5350	5491	110	/
	C_{42}	58.1	278.8	738.1	305.4	834.5	574.3	370.6	1210.9	1017.8	348.4	190.0
	C_{43}	0.0	0.0	0.0	0.0	0.0	5452.3	13410.1	0.0	32325.9	18029.2	13539.7
国际开放（D_1）	D_{11}	822.0100	145.7600	621.0000	4777.3950	301.2700	2299.1900	1049.1900	1528.8300	7182.0520	54.8000	39.9797
	D_{12}	1660682	242337	1166020	7337216	471796	4100414	2268398	1925180	22322900	73008	548816
	D_{13}	9324	441	5696	18588	3402	5098	2207	3896	3360	479	848
	D_{14}	0.18	0.10	6.39	5.42	0.82	5.27	1.77	11.63	7.91	0.70	2.65
国内开放（D_2）	D_{21}	6118	3968	11655	21463	4255	26371	8262	16055	13612	1958	1564
	D_{22}	0.099	0.016	0.051	0.102	0.008	0.078	0.046	0.033	0.024	0.017	0.061
沿海地区生活质量（E_1）	E_{11}	2.843	2.823	10.263	11.992	4.493	17.976	20.470	8.460	10.689	4.812	19.238
	E_{12}	0.359	0.323	0.351	0.335	0.365	0.343	0.393	0.321	0.365	0.381	0.448
涉海就业水平（E_2）	E_{21}	19.289	2.194	12.161	14.843	3.905	10.974	15.590	7.698	12.993	3.918	23.587

表 3.11 2011 年我国沿海地区海洋经济高质量发展评价指标原始数据

要素层	指标层	天津	河北	辽宁	上海	江苏	浙江	福建	山东	广东	广西	海南
创新能力（A_1）	A_{11}	0.148	0.023	0.096	0.229	0.137	0.070	0.051	0.189	0.093	0.043	0.014
	A_{12}	0.090	0.037	0.085	0.143	0.108	0.116	0.109	0.205	0.234	0.016	0.017
海洋科技成果（A_2）	A_{21}	100	8	1055	1204	55	61	105	432	544	2	2
	A_{22}	765	555	446	1103	1005	497	406	1879	1552	142	56
	A_{23}	14	38	0	17	22	13	11	28	14	0	1
海洋科技人才（A_3）	A_{31}	1	0	40	48	47	4	23	207	58	0	0
	A_{32}	1302	258	696	2392	1536	614	475	2769	3128	171	35
	A_{33}	34.58	39.07	33.17	33.38	37.73	36.30	29.55	36.50	34.24	34.24	9.09
	A_{34}	14	5	17	15	11	17	12	22	25	9	3
海洋经济结构（B_1）	B_{11}	31.1	5.9	15.1	29.3	8.7	14.0	24.4	17.7	17.3	5.2	25.9
	B_{12}	68.5	56.1	43.2	39.1	54.0	44.6	43.6	49.3	46.9	37.6	19.9
	B_{13}	31.3	39.7	43.7	60.8	42.8	47.7	48.0	43.9	50.6	41.8	59.9
	B_{14}	0.00	0.01	0.01	0.01	0.01	0.01	0.02	0.02	0.02	0.03	0.03
海洋经济增长水平（C_1）	C_{11}	3519.3	1451.4	3345.5	5618.5	4253.1	4536.8	4284.0	8029.0	9191.1	613.8	653.5
	C_{12}	16.475	25.891	27.710	7.541	19.775	16.822	16.321	13.492	11.357	11.864	16.696
	C_{13}	2.069	2.169	2.118	2.121	2.098	2.134	2.107	2.123	2.116	2.192	2.186
海洋资源利用水平（C_2）	C_{21}	22.888	2.115	1.123	10.588	4.163	0.644	0.653	2.109	1.366	0.320	0.356
	C_{22}	0.112	0.015	0.005	0.376	0.009	0.040	0.029	0.022	0.072	0.025	0.039
	C_{23}	3.237	2.320	3.241	0.000	4.190	9.302	22.215	8.074	13.056	17.693	12.981
	C_{24}	1.445	2.111	1.319	0.858	1.748	0.803	0.646	1.891	0.767	0.565	0.866
	C_{25}	338.669	66.931	142.744	336.574	101.551	115.527	144.561	84.677	330.130	117.854	81.117

续表

要素层	指标层	天津	河北	辽宁	上海	江苏	浙江	福建	山东	广东	广西	海南
海洋环境治理能力（C_3）	C_{31}	0.005	12.204	63.630	33.287	4.051	11.983	78.070	10.844	2.336	35.600	53.907
	C_{32}	13	33	64	92	71	99	117	114	184	33	47
海洋自然资源保护水平（C_4）	C_{41}	359	342	9022	941	833	691	1018	4074	/	460	24997
	C_{42}	58.1	278.8	738.1	305.4	843.5	574.3	370.6	1210.9	1017.8	348.4	190.0
	C_{43}	0.0	0.0	0.0	0.0	0.0	5452.3	13410.0	0.0	32325.0	18029.0	13539.0
国际开放（D_1）	D_{11}	1033.9	173.6	729.29	4777.4	379.87	2794.9	1379.5	1861.8	8348.1	88	40.397
	D_{12}	730615	264372	1170035	6686144	537141	4607516	3700987	2120038	22931700	83073	675750
	D_{13}	9550	495	6529	19953	4489	6460	2546	4246	4070	615	1238
	D_{14}	0.17	0.10	7.04	1.02	0.86	5.52	2.00	11.61	9.02	0.87	3.02
国内开放（D_2）	D_{21}	10605	4790	13585	23079	5090	30547	9280	18807	15538	2347	1799
	D_{22}	0.139	0.016	0.050	0.097	0.008	0.077	0.043	0.033	0.024	0.016	0.058
沿海地区生活质量（E_1）	E_{11}	2.821	2.801	10.182	11.898	4.458	17.835	20.309	8.394	10.605	4.774	19.087
	E_{12}	0.362	0.338	0.355	0.355	0.361	0.346	0.392	0.332	0.369	0.395	0.449
涉海就业水平（E_2）	E_{21}	19.688	2.241	12.419	15.158	3.987	11.208	15.918	7.862	13.268	4.004	24.102

表 3.12　2012 年我国沿海地区海洋经济高质量发展评价指标原始数据

要素层	指标层	天津	河北	辽宁	上海	江苏	浙江	福建	山东	广东	广西	海南
创新能力（A_1）	A_{11}	0.166	0.023	0.117	0.241	0.105	0.068	0.057	0.193	0.097	0.053	0.000
	A_{12}	0.112	0.046	0.096	0.169	0.134	0.140	0.127	0.255	0.298	0.022	0.021
海洋科技成果（A_2）	A_{21}	145	4	1268	1472	204	116	121	553	1065	21	5
	A_{22}	851	448	478	1223	1040	509	350	2023	2104	105	69
	A_{23}	15	40	8	14	16	14	13	38	22	0	3
海洋科技人才（A_3）	A_{31}	6	0	41	35	49	4	19	231	62	0	0
	A_{32}	1501	251	865	2578	1597	610	478	2879	3167	202	4
	A_{33}	33.93	37.66	33.87	33.71	40.86	36.46	29.85	34.75	36.28	20.39	9.50
	A_{34}	14	5	17	14	11	18	12	21	24	9	3
海洋经济结构（B_1）	B_{11}	30.6	6.1	13.7	29.5	8.7	14.3	22.8	17.9	18.4	5.8	26.4
	B_{12}	66.7	54.0	39.5	37.8	51.6	44.1	40.5	48.6	48.9	39.7	19.2
	B_{13}	33.1	41.6	47.3	62.1	43.7	48.4	50.2	44.2	49.4	41.6	59.2
	B_{14}	0.02	0.01	0.07	0.01	0.01	0.01	0.03	0.01	0.01	0.01	0.01
海洋经济增长水平（C_1）	C_{11}	3939.2	1622.0	3391.7	5946.3	4722.9	4947.5	4482.8	8972.1	10506.0	761.0	752.9
	C_{12}	11.931	11.754	1.381	5.834	11.046	9.053	4.641	11.746	14.313	23.982	15.210
	C_{13}	1.390	1.380	1.383	1.353	1.370	1.369	1.376	1.367	1.365	1.340	1.375
海洋资源利用水平（C_2）	C_{21}	25.619	2.364	1.138	11.206	4.622	0.702	0.684	2.357	1.561	0.396	0.410
	C_{22}	0.121	0.017	0.004	0.396	0.009	0.042	0.029	0.020	0.077	0.027	0.040
	C_{23}	3.578	2.837	3.242	0.000	4.540	9.598	22.865	8.330	13.662	18.354	13.638
	C_{24}	1.462	2.063	1.365	0.856	1.825	0.835	0.625	1.943	0.793	0.569	0.999
	C_{25}	167.590	78.940	152.830	336.280	91.034	122.970	172.200	64.844	324.040	128.820	83.009

续表

要素层	指标层	天津	河北	辽宁	上海	江苏	浙江	福建	山东	广东	广西	海南
海洋环境治理能力（C_3）	C_{31}	0.455	0.000	63.098	32.062	3.762	11.104	56.212	10.255	2.618	28.962	0.000
	C_{32}	14	21	61	84	68	85	85	92	143	33	25
海洋自然资源保护水平（C_4）	C_{41}	359	743	9860	941	724	691	692	5537	4031	460	24997
	C_{42}	58.1	278.8	738.1	305.4	843.5	574.3	370.6	1210.9	1017.8	348.4	190.0
	C_{43}	0.0	0.0	0.0	0.0	0.0	5452.3	13410.1	0.0	32325.9	18029.2	13539.7
国际开放（D_1）	D_{11}	1156.23	172.28	796.90	4777.40	400.81	3765.21	1473.54	1970.15	9028.47	107.43	43.23
	D_{12}	737481	286401	1284176	6512347	585472	5048710	4257584	2256854	23760046	98759	661178
	D_{13}	7012	510	7483	20018	5229	6956	2912	2239	6344	787	1373
	D_{14}	0.15	0.10	7.50	0.99	0.63	5.18	2.27	12.17	9.18	0.92	3.06
国内开放（D_2）	D_{21}	12000	5911	15225	25094	5839	35048	11665	21660	17411	2811	1989
	D_{22}	0.137	0.018	0.049	0.101	0.009	0.082	0.048	0.035	0.025	0.017	0.056
沿海地区生活质量（E_1）	E_{11}	2.944	2.923	10.626	12.417	4.652	18.612	21.195	8.760	11.068	4.982	19.919
	E_{12}	0.366	0.337	0.355	0.370	0.349	0.355	0.408	0.333	0.386	0.400	0.466
涉海就业水平（E_2）	E_{21}	19.961	2.272	12.591	15.363	4.041	11.362	16.137	7.969	13.449	4.057	24.434

表 3.13　2013 年我国沿海地区海洋经济高质量发展评价指标原始数据

要素层	指标层	天津	河北	辽宁	上海	江苏	浙江	福建	山东	广东	广西	海南
创新能力（A_1）	A_{11}	0.153	0.024	0.170	0.121	0.132	0.063	0.048	0.198	0.099	0.043	0.000
	A_{12}	0.119	0.046	0.098	0.165	0.129	0.137	0.131	0.254	0.295	0.024	0.023
海洋科技成果（A_2）	A_{21}	153	8	1544	1882	201	131	224	678	527	36	2
	A_{22}	888	426	418	1105	969	588	331	2094	1889	89	63
	A_{23}	30	43	14	39	15	16	3	39	32	2	0
海洋科技人才（A_3）	A_{31}	6	0	48	43	60	5	28	220	49	0	0
	A_{32}	1549	249	939	2727	1695	642	790	2954	3281	177	0
	A_{33}	35.54	41.33	35.40	29.26	44.68	36.07	29.66	36.03	38.52	21.83	13.14
	A_{34}	14	5	17	14	10	18	12	21	24	9	3
海洋经济结构（B_1）	B_{11}	31.7	6.2	13.8	29.2	8.3	14.0	23.1	17.7	18.2	6.3	28.1
	B_{12}	67.3	52.3	37.5	36.8	49.4	42.9	40.3	47.4	47.4	41.9	19.4
	B_{13}	32.5	43.2	49.2	63.2	46.0	49.9	50.7	45.2	50.9	41.0	56.7
	B_{14}	0.01	0.02	0.01	0.01	0.02	0.01	0.01	0.01	0.01	0.01	0.01
海洋经济增长水平（C_1）	C_{11}	4554.1	1741.8	3741.9	6305.7	4921.2	5257.9	5028.0	9696.2	11283.6	899.4	883.5
	C_{12}	15.61	7.39	10.33	6.04	4.20	6.27	12.16	8.07	7.40	18.19	17.35
	C_{13}	1.31	1.26	1.30	1.33	1.30	1.30	1.31	1.31	1.32	1.32	1.28
海洋资源利用水平（C_2）	C_{21}	29.62	2.54	1.26	11.88	4.82	0.75	0.77	2.55	1.68	0.47	0.48
	C_{22}	0.13	0.02	0.00	0.42	0.01	0.04	0.03	0.02	0.08	0.03	0.04
	C_{23}	3.87	3.84	3.00	0.00	4.84	9.76	22.98	8.35	14.55	19.56	0.07
	C_{24}	1.45	2.13	1.47	0.92	2.04	0.89	0.66	2.13	0.82	0.60	1.00
	C_{25}	211.44	90.15	112.14	322.27	97.19	134.96	180.67	40.29	318.61	129.09	89.57

续表

要素层	指标层	天津	河北	辽宁	上海	江苏	浙江	福建	山东	广东	广西	海南
海洋环境治理能力（C_3）	C_{31}	0.48	0.36	59.77	32.65	3.38	10.81	57.92	11.58	2.43	53.36	0.00
	C_{32}	26	34	103	93	90	139	213	153	212	43	94
海洋自然资源保护水平（C_4）	C_{41}	359	339	9860	941	724	721	1089	5543	3820	110	24997
	C_{42}	104.0	232.0	713.0	387.0	1088.0	693.0	576.0	729.0	81.5	259.0	202.0
	C_{43}	0.0	0.0	0.0	0.0	0.0	5452.3	13410.0	0.0	32325.9	18029.2	13539.7
国际开放（D_1）	D_{11}	1285.3	196.1	866.9	4777.4	429.8	3972.6	1625.4	2150.5	10068.0	105.3	52.5
	D_{12}	758594	188041	734605	6140911	241172	1776953	2501786	1389507	23346426	80026	638483
	D_{13}	2268	863	7837	13925	6416	7009	2942	997	5452	716	532
	D_{14}	0.10	0.10	6.52	0.62	1.83	4.22	2.42	10.73	6.60	0.69	2.09
国内开放（D_2）	D_{21}	13769	6304	16898	25991	6606	39788	12709	24114	19338	3260	2209
	D_{22}	0.14	0.02	0.05	0.10	0.01	0.09	0.05	0.04	0.03	0.02	0.06
沿海地区生活质量（E_1）	E_{11}	2.91	2.89	10.49	12.26	4.60	18.38	20.93	8.65	10.93	4.92	19.67
	E_{12}	0.37	0.32	0.32	0.35	0.35	0.34	0.37	0.33	0.37	0.38	0.45
涉海就业水平（E_2）	E_{21}	20.22	2.30	12.75	15.57	4.09	11.51	16.35	8.07	13.63	4.11	24.75

表 3.14　2014 年我国沿海地区海洋经济高质量发展评价指标原始数据

要素层	指标层	天津	河北	辽宁	上海	江苏	浙江	福建	山东	广东	广西	海南
创新能力（A_1）	A_{11}	0.16	0.04	0.14	0.31	0.20	0.07	0.06	0.18	0.11	0.10	0.00
	A_{12}	0.12	0.05	0.10	0.17	0.13	0.14	0.14	0.26	0.31	0.02	0.02
海洋科技成果（A_2）	A_{21}	191	13	1954	2224	271	124	273	777	695	51	13
	A_{22}	1038	494	442	1058	1196	525	304	2275	2152	190	78
	A_{23}	14	48	14	21	17	16	7	29	23	0	2
海洋科技人才（A_3）	A_{31}	7	0	39	56	51	1	17	165	23	0	0
	A_{32}	1682	268	822	2659	2070	723	762	3211	3597	382	0
	A_{33}	39.18	41.36	38.02	36.28	43.60	36.57	33.18	36.49	37.45	30.30	23.33
	A_{34}	14	5	22	15	11	20	14	21	25	11	3
海洋经济结构（B_1）	B_{11}	31.97	6.53	14.74	26.39	8.34	14.45	27.02	17.50	19.91	5.91	28.28
	B_{12}	62.1	49.1	36.0	36.5	51.8	36.9	38.4	45.1	45.3	36.6	20.0
	B_{13}	37.6	47.2	53.3	63.5	42.6	55.3	53.5	47.9	53.2	46.2	57.8
	B_{14}	0.03	0.03	0.01	0.00	0.00	0.01	0.01	0.03	0.01	0.09	0.00
海洋经济增长水平（C_1）	C_{11}	5025.56	1922.12	4129.27	6958.49	5430.66	5802.22	5548.52	10699.98	12451.72	992.51	974.96
	C_{12}	10.38	10.35	12.75	-1.41	10.35	10.35	29.28	7.26	19.64	2.96	12.05
	C_{13}	67.98	17.86	-25.08	94.08	65.22	-19.52	-24.02	18.95	-12.37	-48.78	-56.99
海洋资源利用水平（C_2）	C_{21}	32.68	2.80	1.39	13.11	5.32	0.82	0.85	2.81	1.85	0.52	0.53
	C_{22}	0.14	0.01	0.00	0.45	0.01	0.04	0.03	0.01	0.08	0.02	0.04
	C_{23}	3.66	4.02	3.11	0.00	4.96	10.18	23.51	8.75	15.20	20.12	16.18
	C_{24}	1.56	1.96	1.49	0.89	1.79	0.90	0.69	2.25	0.87	0.60	0.93
	C_{25}	188.72	96.09	172.98	317.35	95.18	129.18	139.48	92.20	282.78	129.40	108.84

续表

要素层	指标层	天津	河北	辽宁	上海	江苏	浙江	福建	山东	广东	广西	海南
海洋环境治理能力（C_3）	C_{31}	0.50	0.06	52.47	33.86	3.23	10.60	58.61	12.43	0.93	52.08	0.00
	C_{32}	26	34	165	149	90	140	216	153	212	43	93
海洋自然资源保护水平（C_4）	C_{41}	359	344	9860	941	724	726	1089	5755	3820	110	24727
	C_{42}	104.3	231.9	713.2	386.6	1087.5	692.5	575.6	728.5	815.1	259.0	201.7
	C_{43}	0.0	0.0	0.0	0.0	0.0	5452.3	13410.1	0.0	32325.9	18029.2	13539.7
国际开放（D_1）	D_{11}	1339.10	241.79	824.90	4777.30	472.00	4102.20	1964.30	2222.50	9854.20	143.03	34.41
	D_{12}	766326	184355	965615	6396150	210157	1985240	2685825	1496097	23576323	74512	525547
	D_{13}	2734	1482	7980	18274	6582	7603	3634	1009	10771	680	1334
	D_{14}	0.1	0.3	6.5	1.1	0.7	4.6	2.4	11.6	9.5	1.2	3.3
国内开放（D_2）	D_{21}	15600.00	6882.03	18592.30	26818.11	8092.00	44971.09	18510.25	26485.54	26905.67	3757.71	2430.89
	D_{22}	0.15	0.05	0.11	0.10	0.06	0.11	0.08	0.08	0.04	0.14	0.14
沿海地区生活质量（E_1）	E_{11}	3.02	3.00	10.90	12.74	4.77	19.09	21.74	8.98	11.35	5.11	20.43
	E_{12}	0.33	0.27	0.28	0.27	0.29	0.29	0.34	0.30	0.34	0.36	0.39
涉海就业水平（E_2）	E_{21}	20.45	2.33	12.90	15.74	4.14	11.64	16.53	8.16	13.78	4.16	25.02

表 3.15　2015 年我国沿海地区海洋经济高质量发展评价指标原始数据

要素层	指标层	天津	河北	辽宁	上海	江苏	浙江	福建	山东	广东	广西	海南
创新能力（A_1）	A_{11}	0.18	0.04	0.29	0.34	0.14	0.09	0.05	0.15	0.12	0.08	0.00
	A_{12}	0.12	0.05	0.09	0.17	0.15	0.15	0.17	0.30	0.35	0.03	0.02
海洋科技成果（A_2）	A_{21}	199	0	3093	2882	349	202	106	1136	3771	74	8
	A_{22}	886	421	775	826	1132	554	381	2009	2929	167	97
	A_{23}	22	45	14	7	21	15	6	45	39	0	1
海洋科技人才（A_3）	A_{31}	4	0	30	51	35	7	28	124	23	0	0
	A_{32}	1775	293	1659	3067	1480	818	809	2471	4465	413	26
	A_{33}	39.75	43.45	38.13	38.82	43.04	37.93	33.75	37.33	30.73	32.98	20.81
	A_{34}	16	5	22	15	10	21	14	22	26	11	3
海洋经济结构（B_1）	B_{11}	29.80	7.10	15.50	26.90	8.70	14.00	27.20	19.70	19.80	6.70	27.10
	B_{12}	56.9	46.4	35.0	36.0	50.3	36.0	37.1	44.5	43.1	35.8	19.7
	B_{13}	42.8	50.0	53.5	63.9	43.0	56.4	55.6	49.2	55.2	48.0	58.8
	B_{14}	–0.06	0.01	0.01	–0.03	0.01	0.03	0.01	0.01	0.01	0.01	0.04
海洋经济增长水平（C_1）	C_{11}	4923.5	2127.7	3529.2	6759.7	6101.7	6016.6	7075.6	12422.0	14443.0	1130.2	1004.7
	C_{12}	–2.030	10.690	–14.530	–2.850	12.350	3.694	27.522	16.096	15.992	13.873	3.050
	C_{13}	–64.29	–49.11	–19.95	–69.10	–63.69	–25.47	–21.06	–49.58	–31.56	17.07	39.42
海洋资源利用水平（C_2）	C_{21}	32.0200	3.1010	1.1840	12.7300	5.9710	0.8538	1.0792	3.2628	2.1459	0.5886	0.5469
	C_{22}	0.1318	0.0138	0.0031	0.4185	0.0095	0.0447	0.0408	0.0152	0.0955	0.0239	0.0411
	C_{23}	3.3311	4.3092	3.1530	0.0000	4.9140	10.8680	24.3340	8.8701	15.5610	20.7610	15.1140
	C_{24}	1.4819	1.7854	1.4552	0.8635	1.1350	0.8868	0.6815	2.2127	0.8565	0.5795	0.9106
	C_{25}	155.350	109.550	146.420	283.690	99.741	109.650	134.940	71.661	289.470	114.080	97.012

续表

要素层	指标层	天津	河北	辽宁	上海	江苏	浙江	福建	山东	广东	广西	海南
海洋环境治理能力（C_3）	C_{31}	25.8950	1.3980	0.0000	20.9310	0.6748	5.3392	40.0370	4.2602	1.9323	5.0204	47.2610
	C_{32}	25	37	170	148	94	158	227	151	213	41	89
海洋自然资源保护水平（C_4）	C_{41}	359	344	9860	941	19517	726	183753	5755	3820	110	24997
	C_{42}	104.3	231.9	713.2	386.6	1087.5	692.5	575.6	728.5	815.1	259.0	201.7
	C_{43}	0.0	0.0	0.0	0.0	0.0	5452.3	13410.0	0.0	32325.0	18029.0	13539.0
国际开放（D_1）	D_{11}	1143.40	212.69	692.51	4777.30	477.45	3413.00	1611.70	1941.80	9522.90	182.18	47.51
	D_{12}	784766	157140	984647	6535887	193344	2623445	2781000	1576702	24394400	129053	480159
	D_{13}	1729	1553	7963	19149	4016	7858	4284	1171	10894	727	1068
	D_{14}	0.1	0.3	6.0	0.8	0.6	4.9	2.4	11.4	9.5	1.4	3.4
国内开放（D_2）	D_{21}	17085	7800	18289	27569	8665	52271	21168	28524	30326	4188	2672
	D_{22}	0.1677	0.0626	0.1158	0.0940	0.0593	0.1272	0.0858	0.0778	0.0407	0.1460	0.1433
沿海地区生活质量（E_1）	E_{11}	3.1313	3.1092	11.3020	13.2060	4.9484	19.7960	22.5430	9.3169	11.7720	5.2992	21.1860
	E_{12}	0.3190	0.2697	0.2824	0.2665	0.2887	0.2892	0.3416	0.2857	0.3450	0.3474	0.3951
涉海就业水平（E_2）	E_{21}	20.21	2.35	13.85	15.95	4.18	11.69	15.97	8.21	13.83	4.16	24.69

表 3.16 2016 年我国沿海地区海洋经济高质量发展评价指标原始数据

要素层	指标层	天津	河北	辽宁	上海	江苏	浙江	福建	山东	广东	广西	海南
创新能力（A_1）	A_{11}	0.19	0.04	0.32	0.29	0.12	0.07	0.05	0.10	0.12	0.03	0.01
	A_{12}	0.10	0.05	0.08	0.18	0.16	0.16	0.20	0.32	0.39	0.03	0.03
海洋科技成果（A_2）	A_{21}	123	5	350	357	156	241	57	443	1326	26	10
	A_{22}	538	383	609	1092	1118	519	412	1945	3072	69	57
	A_{23}	33	31	10	23	25	13	11	33	49	2	0
海洋科技人才（A_3）	A_{31}	1	0	42	57	54	10	26	173	30	0	1
	A_{32}	1437	265	1601	1839	1405	898	808	3126	4619	167	143
	A_{33}	41.55	55.16	38.78	40.04	57.16	40.13	34.72	36.67	36.87	29.16	23.28
	A_{34}	11	5	17	11	8	19	14	20	22	8	3
海洋经济结构（B_1）	B_{11}	22.6	6.2	15.0	26.5	8.5	14.0	27.8	19.5	19.8	6.8	28.4
	B_{12}	45.4	37.1	35.7	34.4	49.8	34.7	35.7	43.2	40.7	34.7	19.5
	B_{13}	54.2	58.5	51.6	65.5	43.6	57.7	57.0	51.0	57.6	49.0	57.4
	B_{14}	0.00	–0.01	0.02	0.01	0.01	0.01	0.01	0.02	0.01	0.01	0.01
海洋经济增长水平（C_1）	C_{11}	4045.8	1992.5	3338.3	7463.4	6606.6	6597.8	7999.7	13280.0	15968.0	1251.0	1149.7
	C_{12}	–17.83	–6.35	–5.41	10.41	8.27	9.66	13.06	6.91	10.56	10.69	14.43
	C_{13}	71.90	71.90	71.89	71.84	71.86	71.88	71.89	71.87	71.88	71.84	71.84
海洋资源利用水平（C_2）	C_{21}	26.31	2.90	1.12	14.07	6.47	0.94	1.22	3.49	2.37	0.65	0.63
	C_{22}	0.10	0.01	0.00	0.45	0.01	0.05	0.04	0.01	0.10	0.02	0.04
	C_{23}	3.55	4.43	4.03	0.00	4.88	11.46	24.77	9.13	16.01	22.20	15.69
	C_{24}	1.48	1.79	1.48	0.87	1.15	0.90	0.67	2.22	0.85	0.77	0.84
	C_{25}	170.54	129.17	110.65	314.17	106.76	102.13	146.72	67.55	126.09	116.14	113.65

续表

要素层	指标层	天津	河北	辽宁	上海	江苏	浙江	福建	山东	广东	广西	海南
海洋环境治理能力（C_3）	C_{31}	0.00	1.40	25.90	20.93	0.67	5.34	40.04	4.26	1.93	5.02	47.26
	C_{32}	22	30	156	137	89	121	196	133	190	37	84
海洋自然资源保护水平（C_4）	C_{41}	393	344	10240	941	577	2872	1422	6423	3389	170	25020
	C_{42}	104.3	231.9	713.2	386.6	1087.5	692.5	575.6	728.5	815.1	259.0	201.7
	C_{43}	0.0	0.0	0.0	0.0	0.0	5452.3	13410.0	0.0	32325.0	18029.0	13539.0
国际开放（D_1）	D_{11}	1026.50	782.83	708.87	4777.30	489.10	3873.40	1633.00	2514.50	9951.00	133.85	48.65
	D_{12}	824313	145700	1044100	6904270	202780	2941157	5185487	1667062	24738800	135536	585335
	D_{13}	1530	1334	8276	18986	3361	7657	4830	1421	17512	736	973
	D_{14}	0.1	0.4	6.0	0.7	0.4	4.9	2.3	11.7	9.6	1.4	3.4
国内开放（D_2）	D_{21}	18765	9715.0	20566	29620	9383.1	61321	24579	30394	34318	5141	2922
	D_{22}	0.16	0.08	0.16	0.10	0.06	0.14	0.09	0.08	0.04	0.16	0.15
沿海地区生活质量（E_1）	E_{11}	2.99	3.54	12.03	12.31	5.06	18.90	23.05	9.79	11.74	5.44	20.99
	E_{12}	0.31	0.27	0.27	0.26	0.28	0.29	0.34	0.28	0.34	0.34	0.40
涉海就业水平（E_2）	E_{21}	20.27	2.36	14.64	16.05	4.22	11.72	15.96	8.27	13.83	4.17	24.82

表 3.17 2017 年我国沿海地区海洋经济高质量发展评价指标原始数据

要素层	指标层	天津	河北	辽宁	上海	江苏	浙江	福建	山东	广东	广西	海南
创新能力（A_1）	A_{11}	0.16	0.05	0.34	0.21	0.12	0.08	0.05	0.11	0.14	0.02	0.01
	A_{12}	0.11	0.06	0.08	0.20	0.16	0.16	0.22	0.33	0.41	0.03	0.03
海洋科技成果（A_2）	A_{21}	213	44	580	639	462	325	184	1554	3437	108	49
	A_{22}	585	345	578	954	1120	579	328	2000	3072	58	89
	A_{23}	31	57	5	12	31	19	5	43	38	0	3
海洋科技人才（A_3）	A_{31}	3	0	28	59	62	25	35	167	26	1	3
	A_{32}	1388	296	1630	1855	1218	1028	840	3206	3817	134	62
	A_{33}	40.99	39.96	38.68	40.02	58.64	36.47	37.01	39.38	37.89	28.85	28.02
	A_{34}	11	5	17	11	8	19	14	19	22	8	3
海洋经济结构（B_1）	B_{11}	25.1	7.0	14.0	27.7	8.1	13.6	29.2	19.5	19.8	7.4	28.8
	B_{12}	46.4	34.7	31.8	33.6	45.6	31.3	33.9	42.6	38.2	33.5	18.5
	B_{13}	53.4	61.7	54.5	66.3	48.0	61.4	59.7	52.3	60.0	50.5	60.8
	B_{14}	0.01	0.01	–0.02	0.01	0.03	0.02	0.01	0.01	0.01	0.01	0.02
海洋经济增长水平（C_1）	C_{11}	4646.6	2385.5	3284.1	8494.7	6933.4	7041.4	9384.0	14191.1	17725.0	1377.0	1286.3
	C_{12}	14.85	19.72	–1.62	13.82	4.95	6.72	17.30	6.86	11.00	10.07	11.88
	C_{13}	0.04	0.04	0.04	0.04	0.04	0.04	0.04	0.04	0.04	0.04	0.04
海洋资源利用水平（C_2）	C_{21}	30.22	3.48	1.10	16.01	6.79	1.00	1.43	3.73	2.63	0.72	0.70
	C_{22}	0.12	0.01	0.00	0.50	0.01	0.05	0.05	0.02	0.11	0.03	0.05
	C_{23}	2.86	4.92	4.41	0.00	4.84	15.31	28.59	8.50	18.73	27.63	10.14
	C_{24}	1.41	1.98	1.52	0.97	1.21	0.96	0.40	1.59	0.93	0.59	0.90
	C_{25}	194.84	141.84	111.45	330.49	118.50	91.43	136.82	49.19	130.43	123.96	124.91

续表

要素层	指标层	天津	河北	辽宁	上海	江苏	浙江	福建	山东	广东	广西	海南
海洋环境治理能力（C_3）	C_{31}	0.00	1.40	25.90	20.93	0.67	5.34	40.04	4.26	1.93	5.02	47.26
	C_{32}	27	46	149	131	89	113	178	125	148	40	71
海洋自然资源保护水平（C_4）	C_{41}	393	344	7342	941	57701	2342	1828	6423	3387	16996	25020
	C_{42}	104.3	231.9	713.2	386.6	1087.5	692.5	575.6	728.5	815.1	259.0	201.7
	C_{43}	0.0	0.0	0.0	0.0	0.0	5452.3	13410.1	0.0	32325.9	18029.2	13539.7
国际开放（D_1）	D_{11}	1251.59	196.85	893.64	5270.08	585.01	5231.08	1817.76	2488.86	10155.93	196.73	62.62
	D_{12}	792094	153307	1063938	7193302	211885	3516830	5801845	2250737	25581600	145410	874685
	D_{13}	1291	1204	8609	24657	4356	7736	5413	1586	23380	792	771
	D_{14}	0.0	0.1	6.1	0.8	1.1	5.3	2.4	11.8	10.0	2.0	3.8
国内开放（D_2）	D_{21}	20698.00	12643.87	22637.31	31845.27	10546.04	71554.06	25559.92	33532.74	35734.68	7758.33	4171.16
	D_{22}	0.18	0.03	0.09	0.14	0.01	0.13	0.08	0.04	0.05	0.03	0.09
沿海地区生活质量（E_1）	E_{11}	2.54	3.97	11.85	13.51	5.30	18.83	22.95	9.85	12.36	6.34	20.52
	E_{12}	0.31	0.25	0.27	0.25	0.28	0.29	0.34	0.27	0.34	0.33	0.39
涉海就业水平（E_2）	E_{21}	0.20	0.02	0.15	0.16	0.04	0.12	0.16	0.08	0.14	0.04	0.24

表 3.18　2018 年我国沿海地区海洋经济高质量发展评价指标原始数据

要素层	指标层	天津	河北	辽宁	上海	江苏	浙江	福建	山东	广东	广西	海南
创新能力（A_1）	A_{11}	0.15	0.24	0.44	0.23	0.13	0.13	0.05	0.17	0.18	0.26	0.37
	A_{12}	0.11	0.05	0.07	0.20	0.16	0.12	0.23	0.33	0.41	0.03	0.03
海洋科技成果（A_2）	A_{21}	195	156	916	638	668	738	226	2341	8923	167	267
	A_{22}	614	543	683	978	1574	723	384	2917	4052	1179	363
	A_{23}	19	18	18	15	53	27	13	38	37	35	10
海洋科技人才（A_3）	A_{31}	9	0	37	78	53	33	40	154	37	0	0
	A_{32}	1343	1088	1834	2534	1642	1355	1065	5240	5582	546	668
	A_{33}	40.99	39.96	38.68	40.02	58.64	36.47	37.01	39.38	37.89	28.85	28.02
	A_{34}	10	9	5	14	11	17	18	27	27	10	7
海洋经济结构（B_1）	B_{11}	26.7	7.1	12.4	28.1	8.2	13.4	29.8	20.3	19.9	7.4	29.9
	B_{12}	47.5	32.5	29.7	32.7	46.0	29.7	32.7	42.6	37.1	32.4	17.9
	B_{13}	52.3	63.9	60.1	67.3	48.0	63.3	61.1	52.8	61.2	52.3	62.2
	B_{14}	0.73	1.55	–1.23	1.19	1.00	–0.55	1.19	1.10	1.24	1.43	1.20
海洋经济增长水平（C_1）	C_{11}	5028.2	2548.5	3140.4	9182.5	7554.7	5732.9	10659.9	15502.1	19325.6	1501.7	1447.2
	C_{12}	8.21	6.83	4.38	8.10	8.96	18.58	13.60	9.24	9.03	9.06	12.51
	C_{13}	0.02	0.02	0.02	0.02	0.02	0.02	0.02	0.02	0.02	0.02	0.02
海洋资源利用水平（C_2）	C_{21}	32.70	3.71	1.05	17.30	7.39	0.81	1.63	4.07	2.87	0.78	0.79
	C_{22}	0.13	0.01	0.00	0.53	0.01	0.04	0.06	0.02	0.12	0.03	0.05
	C_{23}	2.77	4.40	4.13	0.00	4.92	14.94	29.47	9.13	19.12	28.49	13.77
	C_{24}	1.38	1.96	1.52	0.93	1.24	0.99	0.69	1.67	0.99	1.00	0.88
	C_{25}	220.18	162.32	124.45	308.59	129.88	85.61	135.02	66.95	128.74	134.84	143.91

续表

要素层	指标层	天津	河北	辽宁	上海	江苏	浙江	福建	山东	广东	广西	海南
海洋环境治理能力（C_3）	C_{31}	0.00	1.40	25.90	20.93	0.67	5.34	40.04	4.26	1.93	5.02	47.26
	C_{32}	38	88	167	130	135	119	192	133	158	49	76
海洋自然资源保护水平（C_4）	C_{41}	399	379	843	10	91	686	514	1052	1479	110	24160
	C_{42}	104.3	231.9	713.2	386.6	1087.5	692.5	575.6	728.5	815.1	259.0	201.7
	C_{43}	0.0	0.0	0.0	0.0	0.0	5452.3	13410.1	0.0	32325.9	18029.2	13539.7
国际开放（D_1）	D_{11}	1251.59	196.85	893.64	5270.08	585.01	5231.08	1817.76	2488.86	10155.93	196.73	62.62
	D_{12}	589644	164910	1103100	7420398	224166	2467031	4355505	2299791	25992206	160644	977454
	D_{13}	1303	491	6318	27945	4059	8979	6194	1641	23534	822	774
	D_{14}	0.0	0.2	6.0	0.8	1.3	5.2	2.4	12.5	10.2	1.9	4.1
国内开放（D_2）	D_{21}	22700.00	14982.12	25194.08	33976.87	11905.83	81448.30	30365.67	36925.71	39874.79	7410.82	4805.61
	D_{22}	0.20	0.03	0.08	0.09	0.01	0.12	0.07	0.04	0.05	0.03	0.08
沿海地区生活质量（E_1）	E_{11}	2.49	4.13	11.15	15.55	5.07	17.99	21.25	10.34	11.73	5.80	21.16
	E_{12}	0.29	0.26	0.27	0.25	0.26	0.28	0.33	0.27	0.33	0.30	0.37
涉海就业水平（E_2）	E_{21}	0.21	0.02	0.15	0.16	0.04	0.12	0.16	0.09	0.14	0.04	0.23

表 3.19　2019 年我国沿海地区海洋经济高质量发展评价指标原始数据

要素层	指标层	天津	河北	辽宁	上海	江苏	浙江	福建	山东	广东	广西	海南
创新能力（A_1）	A_{11}	0.15	0.24	0.46	0.25	0.14	0.12	0.06	0.19	0.20	0.14	0.33
	A_{12}	0.11	0.06	0.07	0.22	0.17	0.18	0.24	0.29	0.40	0.03	0.03
海洋科技成果（A_2）	A_{21}	217	77	1112	341	776	921	283	2689	4470	184	261
	A_{22}	434	674	630	1027	1680	752	422	3228	4236	1056	417
	A_{23}	32	44	4	22	44	18	11	48	41	42	13
海洋科技人才（A_3）	A_{31}	3	0	40	75	66	16	42	193	39	0	0
	A_{32}	1318	1125	1842	2344	1726	1349	1010	5117	7334	550	580
	A_{33}	40.99	39.96	38.68	40.02	58.64	36.47	37.01	39.38	37.89	28.85	28.02
	A_{34}	9	9	5	14	11	16	17	27	25	10	7
海洋经济结构（B_1）	B_{11}	37.4	7.5	13.7	27.3	7.7	13.1	26.9	18.9	17.3	7.6	29.7
	B_{12}	48.1	32.4	27.8	30.7	47.6	28.9	31.7	36.7	27.9	29.9	16.1
	B_{13}	51.7	63.7	62.4	69.2	46.7	63.9	62.4	58.2	69.6	55.2	67.1
	B_{14}	0.73	0.92	1.48	1.24	–0.22	0.23	1.32	0.33	–2.44	1.79	1.98
海洋经济增长水平（C_1）	C_{11}	5268.0	2650.0	3422.9	10406.4	7721.4	8194.0	11409.3	13444.9	18588.2	1612.5	1574.5
	C_{12}	4.77	3.98	9.00	13.33	2.21	42.93	7.03	–13.27	–3.82	7.38	8.80
	C_{13}	0.02	0.02	0.02	0.02	0.02	0.02	0.02	0.02	0.02	0.02	0.02
海洋资源利用水平（C_2）	C_{21}	34.26	3.86	1.15	19.61	7.56	1.16	1.74	3.53	2.76	0.84	0.86
	C_{22}	0.13	0.01	0.00	0.60	0.01	0.06	0.06	0.01	0.11	0.03	0.06
	C_{23}	5155	448802	2947318	0	915258	1270357	5107162	4970985	3291325	1425970	270955
	C_{24}	1.34	1.97	1.17	0.88	1.19	0.97	0.74	1.62	0.95	0.65	0.92
	C_{25}	220.18	186.16	141.34	327.77	140.32	90.57	157.35	72.61	139.56	172.83	156.82

续表

要素层	指标层	天津	河北	辽宁	上海	江苏	浙江	福建	山东	广东	广西	海南
海洋环境治理能力（C_3）	C_{31}	0.00	1.40	25.90	20.93	0.67	5.34	40.04	4.26	1.93	5.02	47.26
	C_{32}	34	74	117	80	120	238	209	111	378	39	71
海洋自然资源保护水平（C_4）	C_{41}	359	379	867	10	34	686	315	1427	1464	160	63941
	C_{42}	104.3	231.9	713.2	386.6	1087.5	692.5	575.6	728.5	815.1	259.0	201.7
	C_{43}	0.0	0.0	0.0	0.0	0.0	5452.3	13410.1	0.0	32325.9	18029.2	13539.7
国际开放（D_1）	D_{11}	1138.32	230.94	855.32	5275.80	579.78	2656.51	1951.76	2215.84	10464.22	201.95	66.44
	D_{12}	561038	138159	1144020	7346862	232342	2479059	4687532	2284924	69518833	176872	9297464
	D_{13}	1546.01	599.04	5927.27	29417.15	4258.68	9713.74	7119.60	1742.33	23821.14	868.19	1590.46
	D_{14}	0.01	0.09	6.01	0.77	1.76	5.59	2.32	14.14	8.88	2.09	4.05
国内开放（D_2）	D_{21}	22700.00	17948.01	27365.66	36140.51	12784.46	91965.50	38988.24	39200.51	39605.56	13918.57	5126.09
	D_{22}	0.17	0.14	0.20	0.09	0.07	0.16	0.11	0.11	0.05	0.40	0.21
沿海地区生活质量（E_1）	E_{11}	2.83	11.03	10.65	8.59	3.20	7.08	8.08	15.01	4.42	3.67	3.84
	E_{12}	0.28	0.26	0.27	0.24	0.26	0.28	0.32	0.27	0.32	0.31	0.36
涉海就业水平（E_2）	E_{21}	0.21	0.02	0.15	0.16	0.04	0.12	0.16	0.09	0.14	0.04	0.23

根据聚类分析结果，将沿海 11 个省级行政区分为海洋经济高质量发展的发达区、发展区和潜在上升区三类。广东、山东、上海水平较高，属于海洋经济高质量发展的发达区，其中广东始终居于首位。浙江、福建、江苏、天津、辽宁水平中等，属于海洋经济高质量发展的发展区。河北、广西、海南属于海洋经济高质量发展的潜在上升区。以下对各省级行政区海洋经济高质量发展的各个指标进行具体分析（表 3.20、3.21）。

表 3.20　2010—2014 年我国沿海地区海洋经济高质量发展评价结果

排名	2010年评价结果		2011年评价结果		2012年评价结果		2013年评价结果		2014年评价结果	
1	广东	84.95301	广东	85.86042	广东	85.59474	广东	84.42495	广东	85.23508
2	上海	82.79988	山东	82.74015	山东	81.91632	山东	82.16637	上海	82.30825
3	山东	82.40721	上海	81.75564	上海	81.47811	上海	81.27666	山东	82.26170
4	天津	77.29035	浙江	76.37201	浙江	76.05033	天津	76.94359	天津	77.13403
5	浙江	75.92694	天津	76.22346	天津	75.52098	浙江	76.71975	浙江	76.40952
6	江苏	73.97707	辽宁	74.14660	辽宁	74.26975	辽宁	75.78276	江苏	76.00894
7	福建	73.76191	江苏	73.91235	江苏	73.35243	江苏	75.61119	福建	75.14848
8	辽宁	73.52083	福建	73.79463	福建	73.26012	福建	74.76207	辽宁	74.34794
9	海南	70.08695	河北	71.08961	海南	69.70346	河北	69.40720	海南	71.07677
10	河北	68.75204	海南	69.62143	河北	69.52195	海南	69.09232	河北	69.87525
11	广西	67.59231	广西	68.98397	广西	68.10179	广西	67.44450	广西	69.65048

二、海洋经济高质量发展的发达区指标分析

广东省、山东省、上海市的海洋经济高质量发展水平在本文研究的 11 个沿海省级行政区中处于第一梯队，属于海洋经济高质量发展的发达区。

表 3.21　2015—2019 年我国沿海地区海洋经济高质量发展评价结果

排名	2015年评价结果		2016年评价结果		2017年评价结果		2018年评价结果		2019年评价结果	
1	广东	85.10895	广东	86.29772	广东	84.36014	广东	84.73840	广东	83.61540
2	福建	82.61181	山东	80.07241	上海	80.05985	山东	79.77470	山东	80.39351
3	上海	79.26882	上海	79.93048	山东	79.36173	上海	78.30357	上海	77.57399
4	山东	79.21262	浙江	76.98160	浙江	76.17899	浙江	74.76053	浙江	74.36141
5	浙江	75.52570	福建	75.92355	福建	75.09174	福建	74.05902	福建	73.11277
6	辽宁	75.22121	辽宁	75.83572	辽宁	74.99983	辽宁	73.84679	江苏	73.04933
7	天津	73.19591	天津	74.03793	天津	74.80309	江苏	73.42786	天津	72.74552
8	江苏	71.80381	江苏	72.69361	江苏	74.24173	天津	73.40881	辽宁	72.66861
9	海南	71.32472	海南	69.40726	河北	70.95230	河北	70.28998	河北	71.49931
10	河北	68.26787	河北	69.32482	海南	69.21805	海南	69.15967	广西	69.66659
11	广西	68.11765	广西	68.05320	广西	67.62865	广西	68.85426	海南	68.40479

（一）广东省

广东省海洋经济高质量发展水平始终居于首位，其海洋经济发展水平、海洋科技实力及国际开放程度在全国沿海地区中处于突出地位。以2019 年为例，广东省二级指标中的“创新发展”“绿色发展”“开放发展”均居 11 个省级行政区首位，四级指标中的“海洋新兴产业增加值占地区海洋生产总值比重”“拥有发明专利数”“发表科技论文数”“R&D 人员数”“海洋科研机构数”“海洋生产总值”“红树林各地类总面积”“接待境外游客人数”“接待国内游客人数”在全国领先（表 3.22）。广东省海洋生产总值已连续 20 多年领跑 11 个沿海省级行政区，开放和发展程度居 11 个沿海省级行政区首位，这充分体现了广东省作为改革开放前沿阵地的属性。但同时应看到，广东省海洋经济发展仍存在诸多问题。一是海洋传统产业比重大，海洋新兴产业仍较为薄弱。涉海中小企业大多为传统产业，核心竞争力不足。二是区域间海洋经济发展不平衡。广东省珠三角地区与粤东、粤西两翼的海洋经济发展差距悬殊；近岸海域开发利用强度较大，深远海开发利用明显不足。三是海洋资源生态环境压力增大。近年来，广东省海洋经济发展面临着海洋资源不足、海洋环境污染加重、海洋生态系统退化、海洋灾害频发等压力，此外，沿海城镇化和临港工业发展导致海洋环境风险上升。四是海洋科技创新不足。广东省仍有较多涉海关键技术领域的核心产品和关键零部件依赖进口，海洋高端装备制造技术和深海勘探技术仍处于起步阶段；海洋能利用和海洋生物医药领域的基础研究薄弱，缺乏海洋高技术创新平台。

（二）山东省

山东省海洋经济高质量发展水平 2019 年总体上在 11 个省级行政区中居第二位，其海洋科技创新能力名列前茅。2019 年在 11 个省级行政区中，山东省二级指标中的“创新发展”处于第二，四级指标中“海洋专业博士研究生毕业生数”“单位岸线港口吞吐量”“海洋旅客周转量”等均处于领先地位（表 3.23）。

山东省海岸线长度占全国总长度的六分之一，浅海油气在全国占有重要地位，海洋风能开发潜力大，潮汐能和波浪能储量丰富。全国近一半海洋科技人才、约三分之一海洋领域院士在山东省工作。山东省有 40 多家省级以上涉海科研院所，海洋生产总值占地方生产总值的 20%、占全国海洋生产总值的 20%，是全国唯一拥有 3 个超 4 亿吨吞吐量大港的省级行政区。山东省发展海洋经济尽管拥有诸多优势，但仍存在诸多不足。一是海洋产业优势仍未完全发挥。山东省海洋经济许多方面处于全国领先地位，但并未全部转化为产业优势，如中国海洋大学研发了治疗阿尔茨海默病的海洋Ⅰ类新药甘露寡糖二酸（GV–971），但由于没有本省企业能够承接转化，最终产品生产落地于上海。二是传统海洋产业多，新兴海洋产业发展仍不足。以海洋新材料、海洋生物医药业等为代表的新兴海洋产业仍处于起步阶段；涉海金融保险、海洋科技信息服务等海洋服务业规模较小、层次较低。三是港口同质化严重。山东省的港口开发出现了重复建设问题，降低了海洋资源利用效率，如青岛港、烟台港、日照港这三大港在建设模式、货品种类、输出方向等方面存在很大的相似性，引发同业竞争，进而导致山东省港口群未形成合力，在全国港口竞争中不占优势。此外，港口的辐射能力仍有待增强，尤其是港口与内陆腹地仍未实现有效衔接，影响港口效益提升。

（三）上海市

上海市海洋经济高质量发展水平 2019 年总体上位于全国第三位。其“创新发展”“协调发展”“绿色发展”“开放发展”“共享发展”历来都名列前茅。以 2019 年为例，在 11 个省级行政区中，上海市二级指标中的“创新发展”处于全国第四位，“绿色发展”“开放发展”均处于全国第三位，“协调发展”“共享发展”均处于全国第一位；四级指标中的“海洋第三产业增加值占海洋生产总值比重”“单位确权海域面积海洋生产总值”“旅游资源利用率”“海洋货物周转量”“沿海地区恩格尔系数”均在全国领先（表 3.24）。上海市已初步形成了以海洋交通运输业、海工装备制造业、滨海旅游业为代表的现代海洋产业体系。上海市发展海洋经济有诸多优势，但仍要解决诸多不足：海洋经济规模与其他海洋经济大省仍有较大差距；产业门类虽较为齐全，但除了港航物流业和造船业，其他产业未做到技术水平领先。

三、海洋经济高质量发展的发展区指标分析

浙江省、福建省、江苏省、天津市、辽宁省的海洋经济高质量发展水平在全国处于第二梯队，属于海洋经济高质量发展的发展区。

（一）浙江省

浙江省海洋经济高质量发展水平 2019 年总体处于 11 个省级行政区中的第四位。2019 年，浙江省“接待国内游客人数”居首位（表 3.25）。浙江省海域面积 26 万平方千米，是陆域面积的 2.5 倍。海岸线长达 6715 千米，居全国第一。面积大于 500 平方米的海岛 2878 个，是全国岛屿最多的省份。近年来，浙江省海洋经济年均增长率为 8.5%，占地区生产总值比重的 14%。浙江发展海洋经济拥有诸多优势，但仍有诸多问题亟待解决。一是海洋新兴产业较为薄弱，海洋高技术储备不足，海洋科技成果转化能力不强，海工装备制造业发展速度慢，高端海水养殖规模小。二是海洋科技创新能力仍需进一步提升。浙江省海洋科研力量与山东省、广东省相比仍较为薄弱，海洋产业的技术创新能力不强，制约了海洋经济高质量发展。

（二）福建省

福建省海洋经济高质量发展水平 2019 年总体处于 11 个省级行政区中的第五位。2019 年福建省“海洋新兴产业增加值占地区海洋生产总值比重”“海洋科研机构数”“海洋生产总值占沿海地区生产总值比重”“海洋生产总值”“海洋生产总值增长速度”“涉海就业人员增长速度”“单位海水养殖面积的海水养殖产量”“沿海地区海滨观测台站数”“人均消费海产品量”均位居全国前列（表 3.26）。福建省拥有海域面积 13.6 万平方千米，海岸线曲折率为全国之最，天然良港众多；海岸线总长和面积在 500 平方米以上的海岛数量都居 11 个省级行政区中的第二位；水产品总产量和人均占有量分别居全国第三位和第二位。2019 年，海洋生产总值 11409.3 亿元，海洋经济规模居 11 个省级行政区中的第三位，占全省地区生产总值的 26.9%。但也应该看到，福建省海洋经济发展仍面临着一些问题。一是海洋经济总量较小，与广东省相比，海洋经济发展相对不足，海洋资源优势仍未很好地转化为产业优势，产业链较短，深加工产品不足，产业附加值不高。二是海洋经济增长方式仍较为粗放，新兴海洋产业和现代海洋服务业规模较小，滨海旅游资源仍未得到充分开发。三是海洋科技创新人才短缺。福建省涉海科研机构数量较少，海洋科技创新人才仍较为短缺，海洋科技创新能力不足。四是海洋生态环境保护形势依然严峻。随着城镇化和临港工业发展，陆域入海污染物不断增加，而沿海地区海洋环境保护队伍和能力建设则相对滞后。

（三）江苏省

江苏省海洋经济高质量发展水平 2019 年总体处于 11 个省级行政区中的第六位。2019 年江苏省"海洋专业博士研究生毕业人数""高级职称人员占科技活动人员比重""海洋第二产业增加值占海洋生产总值比重""工业废水直接入海量占排放总量的比重""海洋生产总值岸线密度""沿海地区近岸及海岸湿地面积""沿海地区恩格尔系数"等数据均居全国前列（表 3.27）。江苏省海涂面积 50 万公顷，占全国海涂面积的四分之一。条件较好的港址有 14 处。江苏省海岸带风功率密度较大，适合建设大型海上风电场，潮汐能、波浪能也十分丰富。海洋新兴产业发展势头良好。2019 年，海洋可再生能源利用业、海洋生物医药业增加值同比分别增长 32.0% 和 16.7%。海上风电发电量达到 61.9 亿千瓦时，同比增长 89.9%，位居全国前列。海工装备制造业在全国名列前茅，产量约占全国的三分之一、全球的十分之一。同时也应看到，江苏省与其他海洋经济强省相比尚有较大差距。一是江苏省海洋生产总值明显落后于广东、山东等沿海省级行政区，这与江苏经济强省的地位不相称。二是江苏省海洋三次产业产值比为 6.4：48.9：44.7，海洋服务业占比不到

50%，低于全国平均水平。三是科技对海洋经济的支撑力度不足。江苏省在涉海人力投入、海洋科技经费投入和海洋科技产出等方面仍落后于广东、山东、浙江等省级行政区。四是海洋生态环境问题依然严峻。根据《2017 年江苏海洋环境质量公报》，江苏省 61 条主要入海河流 95.6% 的监测结果未达到地表水第Ⅲ类水质标准，4 个入海排污口 81% 的监测结果未达到综合排放标准的水质要求，重点排污口邻近海域环境污染依然严重。此外，苏北浅滩生态监控区总体处于亚健康状态。

（四）天津市

天津市海洋经济高质量发展水平 2019 年总体处于 11 个省级行政区的第七位。2019 年天津市“高级职称人员占科技活动人员比重”“海洋第二产业增加值占海洋生产总值比重”“涉海就业人员增长速度”“海洋生产总值岸线密度”“单位确权海域面积海洋生产总值”“工业废水直接入海量占排放总量的比重”“国内知名度”等数据处于全国前列（表 3.28）。天津市是中蒙俄经济走廊的主要节点和海上合作战略支点，便捷的交通为海洋产业“走出去”提供了重要通道，更好地助力“一带一路”建设。天津市海洋装备制造业、海水盐业和盐化工业等海洋第二产业处于国内领先地位。但同时也应看到，天津在海洋经济增长方式、海洋开发与保护协调、海洋科技与教育领域仍存在短板。一是海洋经济结构有待优化。2017 年天津市海洋三次产业产值比为 0.3∶46.2∶53.5，海洋第二产业中海洋油气业、海工装备制造业等传统产业仍占主导地位，而海洋生物医药业、海洋可再生能源利用业等海洋新兴产业规模较小。二是海洋资源开发与保护失衡。海洋生物资源、港口等资源的开发强度较大，对海洋生态环境造成一定损害。三是海洋科技教育仍需加强，海洋新兴产业领域的关键核心技术研发能力仍有待提升。海洋教育体系仍有待加强，尤其是高校涉海专业建设力度不足，海洋基础教育、职业教育与海洋经济发展匹配程度仍需提高。

（五）辽宁省

辽宁省海洋经济高质量发展水平 2019 年总体处于 11 个省级行政区第八位。2019 年辽宁省“拥有发明专利数”“沿海地区海滨观测台站数”“海洋旅客周转量”的数据处于全国前列（表 3.29）。辽宁省陆地海岸线长 2292.4 千米，居 11 个省级行政区中的第五位。深度 10 米以内的浅海面积 77.3 万公顷，大连港和营口港的港口吞吐量和集装箱吞吐量位列 11 个省级行政区中所有港口的前十。辽宁省发展海洋经济具有诸多优势，但也存在诸多问题。一是海洋经济规模与广东、山东、上海、浙江、福建等沿海省级行政区相比仍然较低。二是辽宁省海洋经济的现代产业体系尚未形成，传统海洋产业产值占海洋经济总产值的 60% 以上，而海水利用业、海洋电力业以及海洋生物医药业等海洋新兴产业还未形成规模。三是辽宁省近岸海域污染比较严重，海域功能严重受损。根据辽宁海洋与渔业厅发布的《辽宁省海洋生态环境状况公报》，2017 年大辽河口和普兰店湾海域出现劣于第四类海水水质的情况。由鸭绿江、大辽河等河流排海的主要污染物量较上年明显增大，重点排污口对邻近海域海洋功能区生态环境产生了较为明显的影响。双台子河口和锦州湾的典型海洋生态系统处于亚健康乃至不健康状态。四是海洋科技创新能力和海洋科技人才不足。辽宁省拥有 17 家海洋科研机构，拥有多家涉海高校，海水养殖、远洋渔业等领域的研究水平在全国名列前茅，但海洋科技创新能力处于中游，落后于山东、广东、上海、江苏、天津。海洋科技创新能力不足，难以为海洋新兴产业培育和海洋传统产业升级提供有效支撑。

四、海洋经济高质量发展的潜在上升区指标分析

河北省、广西壮族自治区、海南省的海洋经济高质量发展水平在全国处于第三梯队，属于海洋经济高质量发展的潜在上升区，大多数指标均仍有较大提升空间。

（一）河北省

河北省拥有深水岸线 44.5 千米，其中可建 25 万吨级超深水泊位的岸线 8 千米。“十三五”时期，河北省海洋经济平稳运行，传统海洋产业规模不断扩大，海洋新兴产业快速发展，但仍存在突出问题。第一，海洋经济规模较小。河北省海洋经济规模在全国排名较为落后，对地区经济的贡献也较低。与环渤海经济区的其他省市相比，河北省海洋渔业比重低，海洋第三产业发展落后。海洋产业结构影响了海洋产品和服务的数量与质量，难以充分满足市场需求，如河北省的海洋生物医药业基本为空白，滨海旅游业仍以观光旅游为主，海洋船舶业仍以修船为主。第二，海洋科技创新能力不足，海洋科技人才较少，难以满足海洋经济发展需要。河北省涉海科研机构和科技从业人员数量排名靠后。海洋科技水平落后导致海洋产业科技含量低，海洋产品品种少。第三，海洋生态环境压力大。近年来，河北省重化工业向沿海转移、海水养殖业扩大发展，导致各类废弃物排放量增加，近岸海域污染严重；海洋石油开采、港口建设等对海洋生态环境造成较大影响；近海过度捕捞导致海洋渔业资源数量和质量下降；各类海洋灾害时有发生。总体而言，海洋资源和海洋生态环境问题已成为制约河北省海洋经济高质量发展的重要因素。

（二）广西壮族自治区

广西壮族自治区拥有丰富的海洋资源，北部湾海域是我国四大渔场之一，红树林面积居全国第二位。广西壮族自治区沿海建港条件优越，

素有“天然优良港群”之称，是古代“海上丝绸之路”的重要始发地之一。同时也应该看到，广西壮族自治区海洋经济发展仍存在诸多短板。一是海洋经济发展水平较低，与海洋经济发达地区仍有较大差距。海洋第一产业在海洋经济中仍占有较大比重，海洋第二产业所占比重相对不足，海洋风电、潮汐电、海洋生物医药、海洋生物工程等海洋新兴产业尚处于起步阶段；涉海金融、海洋信息等现代海洋服务业有待拓展；涉海基础设施建设较为滞后。二是海洋科技教育发展水平较为落后，海洋领域人才缺乏，海洋科研机构数量、海洋科技人员数量、项目数量等都难以支撑海洋高技术产业发展。

（三）海南省

海南省是我国海域面积最大的沿海省级行政区，海域面积约 200 万平方千米。全省海岸线总长 1928 千米，海岸线系数为 0.05453，位居全国第二。大于 10 平方千米的海湾共有 13 处，居全国第三位。海域油气资源总储量 200 多亿吨，居全国各海区之首，南海中北部海区蕴藏着丰富的天然气水合物资源。[①]尽管海南省海洋资源总量在全国沿海地区处于优势地位，但从总体上看，其海洋开发利用水平与成为海洋强省的目标仍有差距，具体表现在三个方面。一是海洋经济总量小，海洋生产总值远远落后于广东省、山东省、浙江省等。二是海洋第二产业发展缓慢，海洋第三产业中滨海旅游业占比较高、海洋产业结构较为单一。三是海洋基础研究和人才储备严重不足，远远落后于山东省、广东省、浙江省、上海市等。

---

① 齐美东.基于SWOT的海南海洋经济发展探讨[J].生产力研究，2011（1）：134-135，171.

表 3.22　2019 年广东省海洋经济高质量发展指标情况

二级指标	排名	备注说明	四级指标	排名	备注说明
创新发展	第一		R&D经费内部支出占地区海洋生产总值比重	第五	落后于辽宁、海南、上海、河北
			海洋新兴产业增加值占地区海洋生产总值比重	第一	
			拥有发明专利数	第一	
			发表科技论文数	第一	
			出版科技著作数	第五	落后于山东、江苏、河北、广西
			海洋专业博士研究生毕业生数	第六	落后于山东、上海、江苏、福建、辽宁
			R&D人员数	第一	
			高级职称人员占科技活动人员比重	第七	落后于江苏、天津、上海、河北、山东、辽宁
			海洋科研机构数	第二	落后于山东
协调发展	第六	落后于上海、天津、福建、浙江、辽宁	海洋生产总值占沿海地区生产总值比重	第六	落后于天津、海南、上海、福建、山东
			海洋第二产业增加值占海洋生产总值比重	第九	高于辽宁、海南
			海洋第三产业增加值占海洋生产总值比重	第一	
			海洋第三产业增长弹性系数	第十一	
绿色发展	第一		海洋生产总值	第一	
			海洋生产总值增长速度	第十	仅高于山东
			涉海就业人员增长速度	第三	落后于山东、辽宁
			海洋生产总值岸线密度	第六	落后于天津、上海、江苏、河北、山东
			单位确权海域面积海洋生产总值	第三	落后于上海、天津
			单位海水养殖面积的海水养殖产量	第三	落后于福建、山东

续表

二级指标	排名	备注说明	四级指标	排名	备注说明
绿色发展	第一		单位岸线港口吞吐量	第七	落后于河北、山东、天津、江苏、辽宁、浙江
			旅游资源利用率	第八	高于浙江、山东
			工业废水直接入海量占排放总量的比重	第四	高于天津、江苏、河北
			沿海地区海滨观测台站数	第一	
			沿海地区海洋类型自然保护区面积	第二	落后于海南
			沿海地区近岸及海岸湿地面积	第二	落后于江苏
			红树林各地类总面积	第一	
开放发展	第一		进出口总额	第一	
			接待境外游客人数	第一	
			海洋货物周转量	第二	落后于上海
			海洋旅客周转量	第二	落后于山东
			接待国内游客人数	第二	
			国内知名度	第十一	
共享发展	第八	高于江苏、河北、广西	人均消费海产品量	第七	高于海南、广西、江苏、天津
			沿海地区恩格尔系数	第十	高于海南
			涉海就业人员占地区就业人员比重	第六	落后于海南、天津、上海、福建、辽宁

表 3.23　2019 年山东省海洋经济高质量发展指标情况

二级指标	排名	备注说明	四级指标	排名	备注说明
创新发展	第二	落后于广东	R&D经费内部支出占地区海洋生产总值比重	第六	落后于辽宁、海南、上海、河北、广东
			海洋新兴产业增加值占地区海洋生产总值比重	第二	落后于广东
			拥有发明专利数	第二	落后于广东
			发表科技论文数	第二	落后于广东
			出版科技著作数	第一	
			海洋专业博士研究生毕业生数	第一	
			R&D人员数	第二	落后于广东
			高级职称人员占科技活动人员比重	第五	落后于江苏、天津、上海、河北
			海洋科研机构数	第一	
协调发展	第八	高于河北、江苏、广西	海洋生产总值占沿海地区生产总值比重	第五	落后于天津、海南、福建、上海
			海洋第二产业增加值占海洋生产总值比重	第三	落后于天津、江苏
			海洋第三产业增加值占海洋生产总值比重	第八	高于广西、天津、江苏
			海洋第三产业增长弹性系数	第八	高于浙江、江苏、广东
绿色发展	第二	落后于广东	海洋生产总值	第二	落后于广东
			海洋生产总值增长速度	第十一	
			涉海就业人员增长速度	第三	落后于福建、海南
			海洋生产总值岸线密度	第五	落后于天津、上海、江苏、河北
			单位确权海域面积海洋生产总值	第十	仅高于辽宁

续表

二级指标	排名	备注说明	四级指标	排名	备注说明
绿色发展	第二	落后于广东	单位海水养殖面积的海水养殖产量	第二	落后于福建
			单位岸线港口吞吐量	第二	落后于河北
			旅游资源利用率	第十一	
			工业废水直接入海量占排放总量的比重	第五	高于天津、江苏、河北、广东
			沿海地区海滨观测台站数	第六	落后于广东、浙江、福建、江苏、辽宁
			沿海地区海洋类型自然保护区面积	第三	落后于海南、广东
			沿海地区近岸及海岸湿地面积	第三	落后于江苏、广东
			红树林各地类总面积		没有红树林
开放发展	第四	落后于广东、浙江、上海	进出口总额	第四	落后于广东、上海、浙江
			接待境外游客人数	第六	落后于广东、海南、上海、福建、浙江、山东
			海洋货物周转量	第七	落后于上海、广东、浙江、福建、辽宁、江苏
			海洋旅客周转量	第一	
			接待国内游客人数	第三	落后于浙江、广东
			国内知名度	第八	高于上海、江苏、广东
共享发展	第六	落后于上海、浙江、福建、海南、辽宁	人均消费海产品量	第一	
			沿海地区恩格尔系数	第五	高于上海、河北、江苏
			涉海就业人员占地区就业人员比重	第八	高于江苏、广西、河北

表 3.24　2019 年上海市海洋经济高质量发展指标情况

二级指标	排名	备注说明	四级指标	排名	备注说明
创新发展	第四	落后于广东、山东、江苏	R&D经费内部支出占地区海洋生产总值比重	第三	落后于辽宁、海南
			海洋新兴产业增加值占地区海洋生产总值比重	第四	落后于广东、山东、福建
			拥有发明专利数	第六	落后于广东、山东、辽宁、浙江、江苏
			发表科技论文数	第五	落后于广东、山东、江苏、广西
			出版科技著作数	第七	落后于山东、河北、江苏、广西、广东、
			海洋专业博士研究生毕业生数	第二	落后于山东
			R&D人员数	第三	落后于广东、山东
			高级职称人员占科技活动人员比重	第三	落后于江苏、天津
			海洋科研机构数	第五	落后于山东、广东、福建、浙江
协调发展	第一		海洋生产总值占沿海地区生产总值比重	第三	落后于天津、海南
			海洋第二产业增加值占海洋生产总值比重	第六	落后于天津、江苏、山东、河北、福建
			海洋第三产业增加值占海洋生产总值比重	第二	仅落后于广东
			海洋第三产业增长弹性系数	第五	落后于海南、广西、辽宁、福建
绿色发展	第三	落后于广东、山东	海洋生产总值	第四	落后于广东、山东、福建
			海洋生产总值增长速度	第二	仅落后于浙江
			涉海就业人员增长速度	第七	落后于福建、山东、广西、广东、江苏、天津
			海洋生产总值岸线密度	第二	落后于天津

续表

二级指标	排名	备注说明	四级指标	排名	备注说明
绿色发展	第三	落后于广东、山东	单位确权海域面积海洋生产总值	第一	
			单位海水养殖面积的海水养殖产量	第十一	
			单位岸线港口吞吐量	第九	高于福建、广西
			旅游资源利用率	第一	
			工业废水直接入海量占排放总量的比重	第八	仅低于辽宁、福建、海南
			沿海地区海滨观测台站数	第七	落后于广东、浙江、福建、江苏、辽宁、山东
			沿海地区海洋类型自然保护区面积	第十一	
			沿海地区近岸及海岸湿地面积	第七	高于广西、河北、海南、天津
			红树林各地类总面积	/	没有红树林
开放发展	第三	落后于广东、浙江	进出口总额	第二	落后于广东
			接待境外游客人数	第三	落后于广东、海南
			海洋货物周转量	第一	
			海洋旅客周转量	第九	高于河北、天津
			接待国内游客人数	第五	落后于浙江、广东、山东、福建
			国内知名度	第九	高于江苏、广东
共享发展	第一		人均消费海产品量	第四	落后于山东、河北、辽宁
			沿海地区恩格尔系数	第一	沿海地区最低
			涉海就业人员占地区就业人员比重	第三	落后于海南、天津

表 3.25 2019 年浙江省海洋经济高质量发展指标情况

二级指标	排名	备注说明	四级指标	排名	备注说明
创新发展	第六	落后于广东、山东、江苏、上海、辽宁	R&D经费内部支出占地区海洋生产总值比重	第十	仅高于福建
			海洋新兴产业增加值占地区海洋生产总值比重	第五	落后于广东、山东、福建、上海
			拥有发明专利数	第四	落后于广东、山东、辽宁
			发表科技论文数	第六	落后于广东、山东、江苏、广西、上海
			出版科技著作数	第八	高于海南、福建、辽宁
			海洋专业博士研究生毕业生数	第七	落后于山东、上海、江苏、福建、辽宁、广东
			R&D人员数	第六	落后于广东、山东、上海、辽宁、江苏
			高级职称人员占科技活动人员比重	第九	高于广西、海南
			海洋科研机构数	第三	落后于广东、山东、福建
协调发展	第四	落后于上海、天津、福建	海洋生产总值占沿海地区生产总值比重	第八	高于江苏、广西、河北
			海洋第二产业增加值占海洋生产总值比重	第八	高于广东、辽宁、海南
			海洋第三产业增加值占海洋生产总值比重	第四	落后于广东、上海、海南
			海洋第三产业增长弹性系数	第九	高于江苏、广东
绿色发展	第十	仅高于海南	海洋生产总值	第五	落后于广东、山东、福建、上海
			海洋生产总值增长速度	第一	
			涉海就业人员增长速度	第五	落后于天津、河北、福建、辽宁
			海洋生产总值岸线密度	第八	高于辽宁、海南、广西
			单位确权海域面积海洋生产总值	第四	落后于上海、天津、广东

续表

二级指标	排名	备注说明	四级指标	排名	备注说明
绿色发展	第十	仅高于海南	单位海水养殖面积的海水养殖产量	第六	落后于福建、山东、广东、辽宁、广西
			单位岸线港口吞吐量	第六	落后于河北、山东、天津、江苏、辽宁
			旅游资源利用率	第十	仅高于山东
			工业废水直接入海量占排放总量的比重	第七	低于上海、辽宁、福建、海南
			沿海地区海滨观测台站数	第二	落后于广东
			沿海地区海洋类型自然保护区面积	第五	落后于海南、广东、山东、辽宁
			沿海地区近岸及海岸湿地面积	第五	落后于江苏、广东、山东、辽宁
			红树林各地类总面积	第五	落后于广东、广西、海南、福建
开放发展	第二	仅落后于广东	进出口总额	第三	落后于广东、上海
			接待境外游客人数	第五	落后于广东、海南、上海、福建
			海洋货物周转量	第三	落后于上海、广东
			海洋旅客周转量	第四	落后于山东、广东、辽宁
			接待国内游客人数	第一	
			国内知名度	第五	落后于广西、海南、辽宁、天津
共享发展	第二	仅落后于上海	人均消费海产品量	第六	落后于山东、河北、辽宁、上海、福建
			沿海地区恩格尔系数	第七	低于广西、福建、广东、海南
			涉海就业人员占地区就业人员比重	第七	落后于海南、天津、上海、福建、辽宁、广东

表 3.26　2019 年福建省海洋经济高质量发展指标情况

二级指标	排名	备注说明	四级指标	排名	备注说明
创新发展	第七	落后于广东、山东、江苏、上海、辽宁、浙江	R&D经费内部支出占地区海洋生产总值比重	第十一	
			海洋新兴产业增加值占地区海洋生产总值比重	第三	落后于广东、山东
			拥有发明专利数	第七	高于海南、天津、广西、河北
			发表科技论文数	第十	仅高于海南
			出版科技著作数	第十	仅高于辽宁
			海洋专业博士研究生毕业生数	第四	落后于山东、上海、江苏
			R&D人员数	第九	高于海南、广西
			高级职称人员占科技活动人员比重	第八	高于浙江、广西、海南
			海洋科研机构数	第三	落后于山东、广东
协调发展	第三	落后于上海、天津	海洋生产总值占沿海地区生产总值比重	第四	落后于天津、海南、上海
			海洋第二产业增加值占海洋生产总值比重	第五	落后于天津、江苏、山东、河北
			海洋第三产业增加值占海洋生产总值比重	第七	高于山东、广西、天津、江苏
			海洋第三产业增长弹性系数	第四	落后于海南、广西、辽宁
绿色发展	第六	落后于广东、山东、上海、江苏、天津	海洋生产总值	第三	落后于广东、山东
			海洋生产总值增长速度	第六	落后于浙江、上海、辽宁、海南、广西
			涉海就业人员增长速度	第三	落后于天津、河北
			海洋生产总值岸线密度	第七	落后于天津、上海、江苏、河北、山东、广东

续表

二级指标	排名	备注说明	四级指标	排名	备注说明
绿色发展	第六	落后于广东、山东、上海、江苏、天津	单位确权海域面积海洋生产总值	第五	落后于上海、天津、广东、浙江
			单位海水养殖面积的海水养殖产量	第一	
			单位岸线港口吞吐量	第十	仅高于广西
			旅游资源利用率	第五	落后于上海、天津、河北、广西
			工业废水直接入海量占排放总量的比重	第十	仅低于海南
			沿海地区海滨观测台站数	第三	落后于广东、浙江
			沿海地区海洋类型自然保护区面积	第八	高于广西、江苏、上海
			沿海地区近岸及海岸湿地面积	第六	落后于江苏、广东、山东、辽宁、浙江
			红树林各地类总面积	第四	落后于广东、广西、海南
开放发展	第七	落后于广东、浙江、上海、山东、辽宁、天津	进出口总额	第五	落后于广东、上海、浙江、山东
			接待境外游客人数	第四	落后于广东、海南、上海
			海洋货物周转量	第四	落后于上海、广东、浙江
			海洋旅客周转量	第六	落后于山东、广东、辽宁、浙江、海南
			接待国内游客人数	第四	落后于浙江、广东、山东
			国内知名度	第七	高于山东、上海、江苏、广东
共享发展	第三	落后于上海、浙江	人均消费海产品量	第五	落后于山东、河北、辽宁、上海
			沿海地区恩格尔系数	第九	低于广东、海南
			涉海就业人员占地区就业人员比重	第四	落后于海南、天津、上海

表 3.27　2019 年江苏省海洋经济高质量发展指标情况

二级指标	排名	备注说明	四级指标	排名	备注说明
创新发展	第三	落后于广东、山东	R&D经费内部支出占地区海洋生产总值比重	第八	同江苏，高于浙江、福建
			海洋新兴产业增加值占地区海洋生产总值比重	第六	落后于广东、山东、福建、上海、浙江
			拥有发明专利数	第五	落后于广东、山东、辽宁、浙江
			发表科技论文数	第三	落后于广东、山东
			出版科技著作数	第二	落后于山东，同河北
			海洋专业博士研究生毕业生数	第三	落后于山东、上海
			R&D人员数	第五	落后于广东、山东、上海、辽宁
			高级职称人员占科技活动人员比重	第一	
			海洋科研机构数	第六	落后于山东、广东、福建、浙江、上海
协调发展	第十	仅高于广西	海洋生产总值占沿海地区生产总值比重	第九	高于广西、河北
			海洋第二产业增加值占海洋生产总值比重	第二	仅落后于天津
			海洋第三产业增加值占海洋生产总值比重	第十一	
			海洋第三产业增长弹性系数	第十	仅高于广东
绿色发展	第四	落后于广东、山东、上海	海洋生产总值	第六	落后于广东、山东、福建、上海、浙江
			海洋生产总值增长速度	第九	仅高于广东、山东
			涉海就业人员增长速度	第八	高于广西、上海、海南
			海洋生产总值岸线密度	第三	落后于天津、上海
			单位确权海域面积海洋生产总值	第九	高于山东、辽宁
			单位海水养殖面积的海水养殖产量	第七	高于河北、海南、天津、上海

续表

二级指标	排名	备注说明	四级指标	排名	备注说明
绿色发展	第四	落后于广东、山东、上海	单位岸线港口吞吐量	第四	落后于河北、山东、天津
			旅游资源利用率	第八	高于广东、浙江、山东
			工业废水直接入海量占排放总量的比重	第二	仅高于天津
			沿海地区海滨观测台站数	第四	落后于广东、浙江、福建
			沿海地区海洋类型自然保护区面积	第十	仅高于上海
			沿海地区近岸及海岸湿地面积	第一	
			红树林各地类总面积		没有红树林
开放发展	第九	高于广西、河北	进出口总额	第八	高于河北、广西、海南
			接待境外游客人数	第九	高于广西、河北
			海洋货物周转量	第六	落后于上海、广东、浙江、福建、辽宁
			海洋旅客周转量	第八	高于上海、河北、天津
			接待国内游客人数	第十	仅高于海南
			国内知名度	第十	仅高于广东
共享发展	第九	高于河北、广西	人均消费海产品量	第十	仅高于天津
			沿海地区恩格尔系数	第三	高于上海、河北
			涉海就业人员占地区就业人员比重	第九	高于广西、河北

表 3.28　2019 年天津市海洋经济高质量发展指标情况

二级指标	排名	备注说明	四级指标	排名	备注说明
创新发展	第九	高于河北、海南	R&D经费内部支出占地区海洋生产总值比重	第七	高于广西、江苏、浙江、福建
			海洋新兴产业增加值占地区海洋生产总值比重	第七	落后于广东、山东、福建、上海、浙江、江苏
			拥有发明专利数	第九	高于广西、河北
			发表科技论文数	第九	高于福建、海南
			出版科技著作数	第六	落后于山东、江苏、广西、广东
			海洋专业博士研究生毕业生数	第八	高于广西、河北、海南
			R&D人员数	第七	落后于广东、山东、上海、辽宁、江苏、浙江
			高级职称人员占科技活动人员比重	第二	仅落后于江苏
			海洋科研机构数	第八	高于海南、辽宁、同河北
协调发展	第二	落后于上海	海洋生产总值占沿海地区生产总值比重	第一	
			海洋第二产业增加值占海洋生产总值比重	第一	
			海洋第三产业增加值占海洋生产总值比重	第九	仅高于江苏
			海洋第三产业增长弹性系数	第七	高于山东、浙江、江苏、广东
绿色发展	第五	落后于广东、山东、上海、江苏	海洋生产总值	第七	落后于广东、山东、福建、上海、浙江、江苏
			海洋生产总值增长速度	第七	落后于浙江、上海、辽宁、海南、广西、福建
			涉海就业人员增长速度	第一	
			海洋生产总值岸线密度	第一	
			单位确权海域面积海洋生产总值	第二	仅落后于上海
			单位海水养殖面积的海水养殖产量	第十	仅高于上海

续表

二级指标	排名	备注说明	四级指标	排名	备注说明
绿色发展	第五	落后于广东、山东、上海、江苏	单位岸线港口吞吐量	第三	落后于河北、山东
			旅游资源利用率	第二	仅落后于上海
			工业废水直接入海量占排放总量的比重	第一	
			沿海地区海滨观测台站数	第十一	
			沿海地区海洋类型自然保护区面积	第七	高于福建、广西、江苏、上海
			沿海地区近岸及海岸湿地面积	第十一	
			红树林各地类总面积		没有红树林
开放发展	第六	落后于广东、浙江、上海、山东、辽宁	进出口总额	第六	落后于广东、上海、浙江、山东、福建
			接待境外游客人数	第八	高于江苏、广西、河北
			海洋货物周转量	第九	高于广西、河北
			海洋旅客周转量	第十一	
			接待国内游客人数	第七	落后于浙江、广东、山东、福建、上海、辽宁
			国内知名度	第四	落后于广西、海南、辽宁
共享发展	第七	落后于上海、浙江、福建、海南、辽宁、山东	人均消费海产品量	第十一	
			沿海地区恩格尔系数	第六	高于上海、河北、江苏、辽宁、山东
			涉海就业人员占地区就业人员比重	第二	仅落后于海南

表 3.29　2019 年辽宁省海洋经济高质量发展指标情况

二级指标	排名	备注说明	四级指标	排名	备注说明
创新发展	第五	落后于广东、山东、江苏、上海	R&D经费内部支出占地区海洋生产总值比重	第一	
			海洋新兴产业增加值占地区海洋生产总值比重	第八	高于河北、广西、海南
			拥有发明专利数	第三	落后于广东、山东
			发表科技论文数	第八	落后于广东、山东、江苏、广西、上海、浙江、河北
			出版科技著作数	第十一	
			海洋专业博士研究生毕业生数	第五	落后于山东、上海、江苏、福建
			R&D人员数	第四	落后于广东、山东、上海
			高级职称人员占科技活动人员比重	第六	落后于江苏、天津、上海、河北、山东
			海洋科研机构数	第十一	
协调发展	第五	落后于上海、天津、福建、浙江	海洋生产总值占沿海地区生产总值比重	第七	落后于天津、海南、上海、福建、山东、广东
			海洋第二产业增加值占海洋生产总值比重	第十	仅高于海南
			海洋第三产业增加值占海洋生产总值比重	第六	高于福建、山东、广西、天津、江苏
			海洋第三产业增长弹性系数	第三	落后于海南、广西
绿色发展	第九	高于浙江、海南	海洋生产总值	第八	高于河北、广西、海南
			海洋生产总值增长速度	第三	落后于浙江、上海
			涉海就业人员增长速度	第四	落后于天津、河北、福建
			海洋生产总值岸线密度	第九	高于海南、广西

续表

二级指标	排名	备注说明	四级指标	排名	备注说明
绿色发展	第九	高于浙江、海南	单位确权海域面积海洋生产总值	第十一	
			单位海水养殖面积的海水养殖产量	第四	落后于福建、山东
			单位岸线港口吞吐量	第五	落后于河北、山东、天津、江苏
			旅游资源利用率	第七	高于江苏、广东、浙江、山东
			工业废水直接入海量占排放总量的比重	第九	低于福建、海南
			沿海地区海滨观测台站数	第五	落后于广东、浙江、福建、江苏
			沿海地区海洋类型自然保护区面积	第四	落后于海南、广东、山东
			沿海地区近岸及海岸湿地面积	第四	落后于江苏、广东、山东
			红树林各地类总面积	/	没有红树林
开放发展	第五	落后于广东、浙江、上海、山东	进出口总额	第七	落后于广东、上海、浙江、山东、福建、天津
			接待境外游客人数	第七	高于天津、江苏、广西、河北
			海洋货物周转量	第五	落后于上海、广东、浙江、福建
			海洋旅客周转量	第三	落后于山东、广东
			接待国内游客人数	第六	落后于浙江、广东、山东、福建、上海
			国内知名度	第三	落后于广西、海南
共享发展	第五	落后于上海、浙江、福建、海南	人均消费海产品量	第三	落后于山东、河北
			沿海地区恩格尔系数	第四	高于上海、河北、江苏
			涉海就业人员占地区就业人员比重	第五	落后于海南、天津、上海、福建

表 3.30　2019 年河北省海洋经济高质量发展指标情况

二级指标	排名	备注说明	四级指标	排名	备注说明
创新发展	第十	仅高于海南	R&D经费内部支出占地区海洋生产总值比重	第四	落后于辽宁、海南、上海
			海洋新兴产业增加值占地区海洋生产总值比重	第九	高于广西、海南
			拥有发明专利数	第十一	
			发表科技论文数	第七	高于辽宁、天津、福建、海南
			出版科技著作数	第二	仅落后于山东，同江苏
			海洋专业博士研究生毕业生数	第九	同广西、海南
			R&D人员数	第九	高于福建、海南、广西
			高级职称人员占科技活动人员比重	第四	落后于江苏、天津、上海
			海洋科研机构数	第八	高于海南、辽宁，同天津
协调发展	第九	高于江苏、广西	海洋生产总值占沿海地区生产总值比重	第十一	
			海洋第二产业增加值占海洋生产总值比重	第四	落后于天津、江苏、山东
			海洋第三产业增加值占海洋生产总值比重	第五	落后于广东、上海、海南、浙江
			海洋第三产业增长弹性系数	第六	落后于海南、广西、辽宁、福建、上海
绿色发展	第七	高于广西、辽宁、浙江、海南	海洋生产总值	第九	高于广西、海南
			海洋生产总值增长速度	第八	高于江苏、广东、山东
			涉海就业人员增长速度	第二	仅落后于天津
			海洋生产总值岸线密度	第四	落后于天津、上海、江苏
			单位确权海域面积海洋生产总值	第八	高于江苏、山东、辽宁

续表

二级指标	排名	备注说明	四级指标	排名	备注说明
绿色发展	第七	高于广西、辽宁、浙江、海南	单位海水养殖面积的海水养殖产量	第八	高于海南、天津、上海
			单位岸线港口吞吐量	第一	
			旅游资源利用率	第三	落后于上海、天津
			工业废水直接入海量占排放总量的比重	第三	高于天津、江苏
			沿海地区海滨观测台站数	第八	高于海南、广西、天津
			沿海地区海洋类型自然保护区面积	第六	落后于海南、广东、山东、辽宁、浙江
			沿海地区近岸及海岸湿地面积	第九	高于海南、天津
			红树林各地类总面积	/	没有红树林
开放发展	第十一		进出口总额	第九	高于广西、海南
			接待境外游客人数	第十一	
			海洋货物周转量	第十一	
			海洋旅客周转量	第十	仅高于天津
			接待国内游客人数	第八	高于广西、江苏、海南
			国内知名度	第六	落后于广西、海南、辽宁、天津、浙江
共享发展	第十	仅高于广西	人均消费海产品量	第二	仅落后于山东
			沿海地区恩格尔系数	第二	仅高于上海
			涉海就业人员占地区就业人员比重	第十一	

表 3.31　2019 年广西壮族自治区海洋经济高质量发展指标情况

二级指标	全国排名	备注说明	四级指标	全国排名	备注说明
创新发展	第八	高于天津、河北、海南	R&D经费内部支出占地区海洋生产总值比重	第八	高于浙江、福建，同江苏
			海洋新兴产业增加值占地区海洋生产总值比重	第十	同海南
			拥有发明专利数	第十	仅高于河北
			发表科技论文数	第四	落后于广东、山东、江苏
			出版科技著作数	第四	落后于山东、江苏、河北
			海洋专业博士研究生毕业生数	第九	同河北、海南
			R&D人员数	第十一	
			高级职称人员占科技活动人员比重	第十	仅高于海南
			海洋科研机构数	第七	高于天津、河北、海南、辽宁
协调发展	第十一		海洋生产总值占沿海地区生产总值比重	第十	仅高于河北
			海洋第二产业增加值占海洋生产总值比重	第七	高于浙江、广东、辽宁、海南
			海洋第三产业增加值占海洋生产总值比重	第十	高于天津、江苏
			海洋第三产业增长弹性系数	第二	仅落后于海南
绿色发展	第八	高于辽宁、浙江、海南	海洋生产总值	第十	仅高于海南
			海洋生产总值增长速度	第五	落后于浙江、上海、辽宁、海南
			涉海就业人员增长速度	第九	高于上海、海南
			海洋生产总值岸线密度	第十一	
			单位确权海域面积海洋生产总值	第七	落后于上海、天津、广东、浙江、福建、海南
			单位海水养殖面积的海水养殖产量	第五	落后于福建、山东、广东、辽宁

续表

二级指标	全国排名	备注说明	四级指标	全国排名	备注说明
绿色发展	第八	高于辽宁、浙江、海南	单位岸线港口吞吐量	第十一	
			旅游资源利用率	第四	落后于上海、天津、河北
			工业废水直接入海量占排放总量的比重	第六	低于浙江、上海、辽宁、福建、海南
			沿海地区海滨观测台站数	第十	仅高于天津
			沿海地区海洋类型自然保护区面积	第九	高于江苏、上海
			沿海地区近岸及海岸湿地面积	第八	高于河北、海南、天津
			红树林各地类总面积	第二	仅落后于广东
开放发展	第十	仅高于河北	进出口总额	第十	仅高于海南
			接待境外游客人数	第十	仅高于河北
			海洋货物周转量	第十	仅高于河北
			海洋旅客周转量	第七	落后于山东、广东、辽宁、浙江、海南、福建
			接待国内游客人数	第九	高于江苏、海南
			国内知名度	第一	
共享发展	第十一		人均消费海产品量	第九	高于江苏、天津
			沿海地区恩格尔系数	第八	低于福建、广东、海南
			涉海就业人员占地区就业人员比重	第十	仅高于河北

表 3.32 2019 年海南省海洋经济高质量发展指标情况

二级指标	排名	备注说明	四级指标	排名	备注说明
创新发展	第十一		R&D经费内部支出占地区海洋生产总值比重	第二	仅落后于辽宁
			海洋新兴产业增加值占地区海洋生产总值比重	第十	同广西
			拥有发明专利数	第七	高于天津、广西、河北
			发表科技论文数	第十一	
			出版科技著作数	第九	高于福建、辽宁
			海洋专业博士研究生毕业生数	第九	同广西、河北
			R&D人员数	第十	仅高于广西
			高级职称人员占科技活动人员比重	第十一	
			海洋科研机构数	第十	仅高于辽宁
协调发展	第七	落后于上海、天津、福建、浙江、辽宁、广东	海洋生产总值占沿海地区生产总值比重	第二	仅落后于天津
			海洋第二产业增加值占海洋生产总值比重	第十一	
			海洋第三产业增加值占海洋生产总值比重	第三	落后于广东、上海
			海洋第三产业增长弹性系数	第一	
绿色发展	第十一		海洋生产总值	第十一	
			海洋生产总值增长速度	第四	落后于浙江、上海、辽宁
			涉海就业人员增长速度	第十一	
			海洋生产总值岸线密度	第十	仅高于广西

续表

二级指标	排名	备注说明	四级指标	排名	备注说明
绿色发展	第十一		单位确权海域面积海洋生产总值	第四	落后于上海、天津、广东
			单位海水养殖面积的海水养殖产量	第九	高于天津、上海
			单位岸线港口吞吐量	第八	高于上海、福建、广西
			旅游资源利用率	第六	落后于上海、天津、河北、广西、福建
			工业废水直接入海量占排放总量的比重	第十一	
			沿海地区海滨观测台站数	第九	仅高于广西、天津
			沿海地区海洋类型自然保护区面积	第一	
			沿海地区近岸及海岸湿地面积	第十	仅高于天津
			红树林各地类总面积	第三	落后于广东、广西
开放发展	第八	高于江苏、广西、河北	进出口总额	第十一	
			接待境外游客人数	第二	仅落后于广东
			海洋货物周转量	第八	高于天津、广西、河北
			海洋旅客周转量	第五	落后于山东、广东、辽宁、浙江
			接待国内游客人数	第十一	
			国内知名度	第二	仅落后于广西
共享发展	第四	落后于上海、浙江、福建	人均消费海产品量	第八	高于广西、江苏、天津
			沿海地区恩格尔系数	第十一	
			涉海就业人员占地区就业人员比重	第一	

04 第四章

我国沿海地区海洋经济高质量发展的探索实践

本章根据我国海洋经济高质量发展的内涵、主要内容、目标和方向，运用前期获得的海洋经济调研资料，选择我国沿海省市海洋经济示范区，研究实现海洋经济高质量发展的途径，包括如何推动陆海统筹发展，促进产业转型升级，推动绿色发展，完善海洋法律法规体系，推动区域海洋经济协同发展和重大工程建设，等等。

第一节 广东省海洋经济高质量发展途径研究

一、新时代广东省海洋经济面临的新形势和新机遇

(一)新一轮机构改革为广东省海洋经济高质量发展提供重要机构支撑

自 2018 年 2 月党的十九届三次会议通过《中共中央关于深化党和国家机构改革的决定》《深化党和国家机构改革方案》后，从中央到地方开始有序推动机构改革，海洋管理职能部门也从上到下重新整合。在中央层面，国家海洋局主体职责并入自然资源部，海洋环境保护职责并入生态环境部，海警编入武警序列，不再保留国家海洋局，自然资源部对外保留国家海洋局牌子。在地方层面，省级的海南省、广东省、浙江省、河北省，与中央对标对表，组建自然资源(和规划)厅，加挂省海洋局牌子。广东省沿海市县组建两级自然资源局。

广东省自然资源厅的海洋管理职责包括：“履行全面所有……海洋等自然资源资产所有者职责和所有国土空间用途管制职责。”“负责监督实施海洋战略规划和发展海洋经济。组织海洋战略研究，提出优化海洋经济结构、调整产业布局、建设海洋强省的建议。拟订海洋发展战略并监督实施。会同有关部门拟订海洋经济发展、海岸带综合保护利用等规划和政策并监督实施。负责海洋经济运行监测评估工作。”

此次机构改革形成了较为统一、高效的海洋管理领导体制，表明中央、地方都高度重视海洋，无疑将为推动地方海洋经济高质量发展提供重要的机构支撑。广东省委、省政府抓住机会，精准把脉、精准施策，推动广东省海洋经济高质量发展进程，助力我国海洋强国建设。

（二）陆海统筹加快海洋强国建设，为广东省海洋经济发展创造新机遇

党的十九大报告提出："坚持陆海统筹，加快建设海洋强国。"党的二十大报告提出："发展海洋经济，保护海洋生态环境，加快建设海洋强国。"

2017 年 11 月，广东省人民政府和原国家海洋局联合印发《广东省海岸带综合保护与利用总体规划》。该规划是实施陆海统筹战略的重要抓手，是建设海洋经济强省的工作指南。

随着中央和地方新一轮机构改革的完成，沿海地方海洋管理相关规划的编制和实施仍需进一步跟进，应从三个方面进一步完善广东省海岸带管理：一是按照《中共中央、国务院关于建立国土空间规划体系并监督实施的若干意见》总体部署，启动广东省海岸带规划修订工作，实现与国土空间规划相衔接；二是认真贯彻落实党的十九届四中全会精神，从多规融合的角度，将海洋功能区划、海岛规划等相关规划中一些好的政策、制度、措施吸纳进来，对规划进行修改完善；三是在规划实施中进一步探索优化海洋总体格局，聚焦海岸带资源节约集约利用、海洋生态系统功能的保护和修复、海洋环境综合整治、海洋产业布局优化、海岸带人居环境提升、海岸带综合管理六个方面的内容。

《广东省海岸带综合保护与利用总体规划》的进一步贯彻落实，必将进一步推动广东海洋经济的高质量发展。

（三）"21 世纪海上丝绸之路"为广东省海洋经济高质量发展提供了新的突破口

建设"21 世纪海上丝绸之路"是国家主席习近平 2013 年 10 月在印度尼西亚国会发表题为"携手建设中国—东盟命运共同体"的重要演讲时

提出的倡议。随后，党的十八届三中全会、2014 年的《政府工作报告》都明确提出了建设“21 世纪海上丝绸之路”。2014 年 3 月，习近平总书记指出，中央提出了建设“21 世纪海上丝绸之路”的战略构想，广东要主动谋划、积极作为，加强同东盟及东南亚国家经贸往来，在实施这一战略决策中发挥重要作用。

广东省推进“海上丝绸之路”建设具有优势。第一，广东省与云南省、贵州省相比，具有海上交通通道和历史文化优势；广东省与广西壮族自治区、海南省相比，具有较强的产业基础和雄厚的资本优势；广东省与福建省相比，具有更优越的区位和较强的产业优势；广东省与江苏省、浙江省相比，具有地缘优势和交通优势。第二，广东省推进“21 世纪海上丝绸之路”基础较好。广东省历史上一直积极推进与“海上丝绸之路”沿线国家的经贸合作和往来。根据海关总署广东分署的数据显示，广东省与“海上丝绸之路”沿线国家的贸易保持着快速增长态势，2001—2014 年年均增速高达 15.3%，目前广东省占全国对“海上丝绸之路”沿线国家和地区贸易总值的 20%。广东省对“海上丝绸之路”沿线国家贸易的高速增长，反映“海上丝绸之路”沿线国家与广东省的贸易活跃度一直在上升。第三，广东省推进“海上丝绸之路”建设潜力巨大。“海上丝绸之路”沿线国家多为资源型的新兴工业化国家，又拥有快速增长的消费市场，而广东省具有雄厚的经济实力和诸多优势产业，如海洋经济、海洋生态修复、水生生物繁育和水产品加工等，同时，国家给予广东省多项海洋经济发展的优惠政策，为加强与“海上丝绸之路”沿线国家在海洋经济领域的合作提供了制度保障。

从参与共建“21 世纪海上丝绸之路”的角度看，目前广东省海洋经济面临几个突出问题。第一，近年来世界上多数国家经济发展仍处于缓慢复苏阶段，同时，利率、汇率、劳动力成本、原材料价格、环保支出等各项成本不断增加，挤压了广东省涉海企业的利润空间，产品的国际竞争力有所下滑。第二，广东省的现代海洋产业体系尚未形成。目前，广东省海洋产业总体上仍是以规模扩张为主要特征的传统经济发展模式，亟须加快转型升级，海洋新兴产业仍需发展壮大。第三，广东省海洋生产总值占地区生产总值的比重仍有待进一步提高，以更好地发挥对区域经济发展的带动作用。

共建“21 世纪海上丝绸之路”有多项战略任务，其中，中国与“海上丝绸之路”沿线国家发展海洋伙伴关系、共同发展海洋经济是重要内容之一。与“海上丝绸之路”沿线国家共建“21 世纪海上丝绸之路”是广东省海洋经济实现跨越发展的有效途径。

（四）粤港澳大湾区发展战略为广东省海洋经济提供新发展机遇

2019 年 2 月，中共中央、国务院印发《粤港澳大湾区发展规划纲要》，建设粤港澳大湾区上升成为国家战略。粤港澳大湾区建设，核心在“湾”字，海湾地区的重点建设为广东省海洋经济发展创造了新的发展机遇。《粤港澳大湾区发展规划纲要》提出：大力发展海洋经济；加强粤港澳合作，拓展蓝色经济空间，共同建设现代海洋产业基地。

（五）海洋经济仍是广东省经济的增长点和支柱

2019 年，广东省海洋生产总值 21059 亿元，已连续 25 年居全国首位，占地区生产总值的比重近 20%。2016—2019 年，广东省海洋生产总值年均增长率超过 10%，高于地区生产总值增长率。近年来，广东省海洋渔业稳定发展，海洋油气业增效提质，海洋高端装备制造业、海洋可再生能源电力业等千亿级海洋新兴产业集群基本形成，可燃冰勘探开发处于国际先进水平。2019 年，广东省海洋三次产业结构比为

1.9∶36.4∶61.7，海洋第三产业比重持续上升，海洋现代服务业对海洋经济的贡献持续加大，基本形成了现代海洋产业体系。[①]“十四五”期间，广东省将重点发展海洋电子信息、海洋工程装备、海上风电、天然气水合物、海洋生物、海洋公共服务六大海洋产业，推动海洋产业优化升级。

二、广东省推动海洋经济高质量发展的举措

（一）搭建海洋科技创新平台，推动海洋经济新旧动能转换

2018 年，广东省财政支持海洋创新专项 48 个，全省共建成涉海涉渔科研机构 24 个，启动南方海洋科学与工程广东省实验室建设；联合中央驻粤相关单位和省内海洋龙头企业成立全国首家省级海洋创新联盟——广东海洋创新联盟。在推动传统渔业转型方面，设立鲜活水产品产销对接试点，推动京粤两地食药监、渔业部门签署水产品产销对接监管合作框架协议，建立全国首个跨部门、跨省区加强水产品质量安全联合监管机制。

（二）加快海洋产业结构优化，构建现代海洋产业体系

2019 年 12 月，广东省出台《广东省加快发展海洋六大产业行动方案（2019—2021 年）》，加快海洋电子信息、海上风电、海洋工程装备、海洋生物、天然气水合物、海洋公共服务六大海洋产业发展。《广东省海洋经济地图》于 2012 年 5 月正式出版，该书系统解读了广东省各阶段、各地区构建海洋经济新发展格局的举措。广东全省 14 个沿海地级以上城市，从区域上分为珠三角海洋经济优化发展区、粤东海洋经济重点发展区和粤西海洋经济重点发展区。海洋经济的区域发展布局和已上升为国家战略的粤港澳大湾区建设，与广东省“一核一带一区”的区域发展新格

① 广东省海洋经济“十三五”中期发展评估报告课题组. 广东省海洋经济“十三五”中期发展成就评估报告[J]. 新经济，2018（12）：8-18.

局高度契合。前海、南沙、横琴三大自贸区全部位于珠三角沿海城市，粤东、粤西地区则具备显著海洋资源和生态优势。

（三）完善海洋经济高质量发展的政策体系

2020年6月，广东省印发《广东省美丽海湾规划（2019—2035年）》，率先启动美丽海湾建设，开展“蓝色海湾”综合整治行动。2017年，广东省联合原国家海洋局颁布全国首个省级海岸带综合保护与利用总体规划——《广东省海岸带综合保护与利用总体规划》和《广东省沿海经济带综合发展规划（2017—2030年）》，规划提出建设一批海岸带综合示范区。目前，汕头华侨试验区、东莞滨海湾新区、湛江海东新区三个海岸带综合示范区试点已取得成效，启动包括潮州、揭阳等五市海岸带综合示范区建设，计划在广东省八大湾区建成一批各具特色的海岸带综合示范区，并探索在全省开展“湾长制”。广东省政府积极编制海洋经济、现代渔业、科技兴海、生态文明系列规划，发布全国首个市场化无居民海岛使用权价值评估省级地方标准。建成全国首个以“精细化”预报为目标的地方海洋专题预报室、惠州大亚湾国家海洋减灾综合示范区。率先建设领海基点海岛监视监测系统。

三、广东省海洋经济发展存在的主要问题

（一）海洋经济总体发展仍存在诸多不平衡问题

1. 海洋经济的质与量不平衡

广东省海洋经济体量大，增长速度较快，但高耗能产业所占比重较大，低能耗产业所占比重较小。如果从海洋经济规模、海洋科技及教育实力、海洋生态环境保护三个方面综合评价广东省海洋经济发展质量，那么广东省在全国沿海地区排名较为靠后。例如，广东省单位海岸线海洋生产总值从2010年的1.226亿增加至2016年的2.37亿元，虽逐年提

高，但仍落后于天津、上海、江苏、山东、河北，仅位居11个沿海省级行政区中的第六名。从海洋经济发展的科教支撑来看，2016年广东省海洋科研机构数和R&D人员数均位居沿海省级行政区第一，但是在当年度的3047项科技课题中，仅105项成果得到了应用，处于沿海省市中下游水平，[①]说明广东省海洋经济发展科技成果转化率有待提高。从海洋生态环境状况来看，2016年广东省沿海工业废水排放量为16.15亿吨，仅次于江苏的20.6亿吨和山东的18.6亿吨[②]，在11个沿海省级行政区中排名第三，说明广东省沿海工业的节能减排压力仍然较大。

2. 近远海资源开发利用不均衡

过去20年，广东省为增加城市发展空间，近岸围填海开发利用强度较大。近海捕捞强度过大，近海渔业捕捞量占捕捞总量的90%以上，渔业资源日趋枯竭。深远海资源开发受到技术、人才等方面制约，进程缓慢。深海环境认识及资源勘探开发起步较晚，深海勘探开发装备落后，也缺乏相关科技力量，导致深海资源勘探开发能力不足。

3. 利用国内资源和市场与利用国外资源和市场程度不均衡

广东省海洋经济发展主要依赖国内资源和市场，而国外海洋资源和市场利用不足，海洋产业“走出去”面临着区域性争端和摩擦多发、发达国家垄断海洋高新技术、自然灾害严重等共性风险和制约因素。此外，远洋渔业发展存在着高端装备依赖进口、捕捞渔船偏小、从业人员国际法律意识不强、国际渔业资源竞争加剧等困境。

4. 海洋经济主体发展不平衡，民营经济体较少、较弱

从产业分布来看，大多数民营涉海企业主要依托经营方式灵活、劳

---

① 中国海洋年鉴编纂委员会. 2017中国海洋统计年鉴[Z]. 北京：海洋出版社，2018.

② 国家统计局，生态环境部. 2019中国环境统计年鉴[Z]. 北京：中国统计出版社，2021.

动力廉价等优势，但产品科技含量、生产管理水平普遍较低，且缺乏核心技术。根据第一次海洋经济调查结果显示，民营涉海企业多集中在海洋旅游业、海洋交通运输业、海洋渔业等海洋传统产业，较少参与海洋新兴产业，发展领域具有局限性。从区域布局来看，民营海洋经济主体呈现由珠江三角洲向东西两翼梯度递减的趋势，主要集中在珠三角，珠三角区域民营涉海单位占广东全省的76.64%，粤西区域次之，粤东区域水平更次之（见表4.1）。从企业规模来看，绝大部分民营企业是中小企业，主要从事低层次生产加工或服务，产品结构单一，技术含量低，市场竞争力弱。涉海民营"四上企业"数量位于前列的依次为海洋旅游业、海洋交通运输业、水产加工业、海洋技术服务业、海洋电子信息服务业、海洋化工业、海洋生物医药业和海洋船舶工业，累计占涉海民营"四上企业"总量的95.4%。

表4.1　2015年广东省各区域民营海洋经济主体情况

区域	珠三角	粤东	粤西	非沿海
私营企业（个）	10198	1160	1856	93
占比（%）	76.64	8.72	13.95	0.69

资料来源：第一次全国海洋经济调查

（二）海洋产业存在的主要问题

1. 海洋渔业高质量发展存在明显短板

目前，广东省海洋渔业高质量发展仍存在明显短板。具体表现在以下方面。

一是产业结构单一，技术装备落后，组织化程度低。海洋渔业产业链条短、产品附加值低、养殖密度高、量涨价跌的局面长期存在，可持续发展严重受限。水产品标准化建设滞后，生产方式分散，生产规模普遍较小，海洋渔业生产者素质较低，质量安全意识不强，生产技术装备落后，组织化及规范化程度不高。

二是捕捞结构调整不到位。根据《2020中国渔业统计年鉴》显示，广东省2019年24米以上的海洋机动渔船占全部海洋捕捞渔船的比重为61.71%，而12米以下的海洋机动渔船占全部海洋捕捞渔船的比重为12%。[①] 因海洋渔船更新改造推动不力，大部分渔船只能在近海渔场捕捞，导致渔业资源衰退。加之渔业生产成本增加，物流成本加速提高，休渔时间延长，海洋渔业捕捞经济效益降低。受渔业资源衰退影响，传统捕捞渔民仅靠补贴或违规作业为继，产业结构层次低、生产效益不高等问题仍然较为普遍。

三是远洋渔业企业普遍规模较小、基础较弱，没有真正的龙头企业，无法扩大生产规模和升级改造装备，不能形成产业链条。远洋渔船老旧。大部分远洋渔业项目集中在中西太平洋岛国、东南亚部分国家和印度洋沿岸的地区，基本上是过洋性合作项目，大洋性渔业资源开发较少。产业结构方面主要是海洋捕捞，第二、三产业发展滞后，总体上占比较低，海外养殖、水产品加工和物流等行业几乎是空白的。行业“用人荒”问题也相当严重。

四是水产品加工比例低。以2019年为例，广东省海水产品产量为455.49万吨，海水加工品产量为135.01万吨，加工比例为29.64%，落后于全国水产品加工比例54.11%。[②]

---

① 农业农村部渔业渔政管理局，全国水产技术推广总站，中国水产学会. 2020中国渔业统计年鉴[Z]. 北京：中国农业出版社，2020.

② 同①

2. 海洋旅游业仍在产业低水平层次上徘徊

广东省的海洋旅游业近年来虽投资规模不断加大，但产业发展质量没有明显提升，仅局限于海水浴场的层次。目前，广东省仅有深圳大梅沙、珠海海泉湾和横琴长隆、阳江大角湾和南海一号能够称得上拥有较为成熟的海洋旅游产业。喜来登等知名酒店进入广东省沿海地区，但对于滨海旅游市场的拉动作用并不明显。广东省具有丰富的海洋旅游资源，但广东海洋旅游业尚未具备应有的影响力，仍未形成产品品牌效益。从周边区域来看，广东省海滨旅游面临着强劲竞争，国内主要是海南省，国际主要是东南亚各国，这些地区气候条件优于广东省。因此，广东省海洋旅游业面临着同业替代竞争。

3. 海洋工程装备制造仍处于全球产业链的低端

广东省海工装备制造业尽管取得了长足发展，但受国内外市场环境及产业自身因素的影响，目前仍处于全球产业链的低端，自主研发能力较弱，高端技术人才和管理人才的缺口相当大。全国“海工热”导致行业内竞争不断加剧，随之而来的是人才争夺，企业技术层和管理层的薪资不断上涨，致使海工企业和行业的利润降低。

4. 海上风电产业链不完整

广东省海上风电装机容量目前落后于江苏、福建、上海等沿海省市，但未来可装机规模大，发展后劲足。在项目开发上，广东省海上风电项目审批时间长，影响整个工期；海上风电建设成本高，缺乏相应的补贴机制；海上风电公共服务保障投入不足，缺乏精度较高的地质、水文、气象等公共资源数据。在产业链发展上，广东省海上风电业有一定基础，但产业链体系不完整，主要表现在部分核心部件产业基础薄弱，储能上网、运维管理和港口码头服务等方面较薄弱，检测认证、融资、租赁、保险刚起步。从产业布局来看，广东省海上风电产业链在中山、阳江、粤东已有一定的布局。

（三）海洋科技支撑能力仍然不足

广东省基本形成了海洋经济稳步发展、产业门类完整、经济辐射能力强的开放型经济体系，但海洋科技创新能力仍比较薄弱，与广东省海洋经济高质量发展的要求仍有差距。

1. 高层次海洋科技人才仍存在严重缺口

广东省拥有的海洋科技从业人员数量和R&D人员数量居全国第一，但高层次涉海人才数量仍不及山东、上海。2019年，广东省海洋科研机构的高级职称人员占海洋科技活动人员的比重为37.45%，落后于江苏、河北、天津、上海、浙江和辽宁；海洋专业的博士授予点数在全国沿海地区排名第三，不及上海和山东。[①]造成这些问题的原因主要有三个方面：一是广东省缺乏一流的海洋综合性大学，二是广东省引进人才的优惠政策力度仍不足，三是广东省仍很缺乏大型涉海科研机构和涉海企业。这些因素直接导致高层次、高水平海洋科技人才外流，从而造成严重的人才缺口。

2. 海洋科研投入仍缺乏有效的投融资机制

海洋科技创新和海洋成果转化需要大规模的科研经费支持，并且需要高效率的使用作为保障。近年来，广东省海洋科研机构的研发经费虽有较大幅度提升，但仍不足。2019年广东省涉海科研机构R&D经费占地区R&D经费比重仍不足1%，仅为0.88%，而上海市为2.51%，山东

---

① 自然资源部海洋战略规划与经济司. 中国海洋经济统计年鉴2020[Z]. 北京：海洋出版社，2022.

省为1.59%，辽宁省为1.31%，与这三个省市相比，广东省仍有相当的差距。[①]广东省海洋科研投入不足不但导致科技创新能力较为薄弱，也导致高层次海洋人才流失严重。高层次海洋人才的缺失又造成了国家级海洋科技项目申请的限制。

3. 海洋新兴产业领域仍有诸多技术瓶颈需要突破

广东省海洋生物医药业规模较小，相关的技术研发仍处于起步阶段。海洋可再生能源利用装备的关键零部件仍主要依靠进口，高端海洋工程装备制造技术和深海探测技术刚起步。广东省海洋装备制造业主要集中于建造环节，在关键的设计研发、核心配套设备等高附加值领域鲜有亮点。造成这些问题的主要原因是高层次人才短缺问题仍然很突出，高端创新平台数量偏少，创新引领作用与先进地区存在明显差距。山东省青岛市拥有我国海洋领域唯一一所国家级实验室，拥有部委级重点实验室20多所，而广东省仍以省级重点实验室为主，与山东省相比有很大的差距。

4. 缺乏成果推广平台导致科技成果转化率较低

如果用成果应用课题数占课题总数的比重反映海洋科技成果转化率，则2016年广东省仅为3.45%，处于我国沿海省级行政区最末位。海洋科技成果转化率低的主要原因在于缺少高质量国家级的海洋科技成果推广应用平台，绝大多数海洋科技成果仅处于实验阶段或小规模生产阶段，远未达到大批量生产的目标。

---

① 自然资源部海洋战略规划与经济司. 中国海洋经济统计年鉴2020[Z]. 北京：海洋出版社，2022.

四、推动广东省海洋经济高质量发展的建议

（一）建设和不断完善现代化海洋产业体系

1. 以沿海“港口群”为中心推动港口物流基础设施建设

以沿海“港口群”为中心，加快推进疏港铁路和公路、粤东和粤西重要内河航道、西江和北江内河航道以及粤港澳大湾区航道建设，形成完善的集疏运体系。强化广州港、深圳港的国际门户枢纽港功能，打造粤港澳大湾区国际航运枢纽。加强沿海港口的深水航道、公共锚地、防波堤等配套设施建设，加快广州港出海航道、深圳港铜鼓航道、珠海港高栏港区黄茅海前道、湛江港出海航道、汕头港广澳港区航道等沿海航道建设，提升沿海港基础设施服务能力和水平。

2. 以滨海交通设施网串联滨海景区，构建“滨海旅游链”

整合粤港澳大湾区内的滨海旅游资源，利用旅游公路及其交通枢纽衔接网络，将粤港澳大湾区内各类滨海旅游资源串联起来，形成高端“滨海旅游链”，加快发展滨海休闲旅游、邮轮游艇旅游、海上休闲运动旅游和滨海文化旅游，构建国际一流的高品质滨海旅游带。

3. 推动高端海工装备制造业发展

重点支持高端海洋运载设备、海洋能开发设备、海陆关联工程设备、智能海洋渔业设备的研发与制造。推进信息化与工业化深度融合，突破海洋重大关键技术和现代工程技术瓶颈，支持海工装备制造业转型升级。以深化军民协同创新，引领产业链融合、延伸。

4. 发展具有国际竞争力的海洋生物医药业

依托广州、深圳、中山等生物产业基地，推进海洋生物技术中心、海洋药物研究中心建设，支持粤东海洋生物精细加工基地和粤西海洋科技创新成果转化基地建设，提高科技成果转化率，推动产、学、研深度

融合，大力开发新产品，形成以海洋药物、生物制品和保健品为主，拥有自主品牌和国际竞争力的海洋生物医药产业集群。

5. 推动完善海上风电产业链

海上风电是国际新能源发展的前沿领域，也是广东省可再生能源中发展最具规模化的领域。打造海上风电能源带，对于优化广东省能源结构、促进广东省经济高质量发展具有重要意义。科学布局广东省海上风电项目群。推动海上风电产业链延伸，不断做大、做强海上风电产业，带动风电技术研发设计，促进海上风电全产业体系包括海上风电场施工建设和运营维护、勘察设计、防腐材料、海洋环境保护、大型设备物流等的发展，力争形成国际一流的海上风电产业集群。到 2030 年，海上风电规划建成投产装机容量约 3000 万千瓦，减少碳排放量约 6920 万吨。

6. 推进天然气水合物产业发展

成立勘探开发企业，逐步推进南海神狐海域天然气水合物产业化，到 2030 年，神狐海域可燃冰先导试验区将至少形成年产 10 亿立方米气田，总产值约 300 亿元。加强天然气水合物开采、储运、环境监测等技术研究，重点支持天然气水合物钻采和储运关键装置研制、先导区建设与资源区块优选，推进开发环境原位测试、多元数据融合预警以及多功能钻探专用船型等关键技术研发，完善产业链上下游配套，突破产业化技术难点。

7. 加快推动现代海洋服务业发展

推动“智慧海洋”工程建设，助推海洋经济高质量发展，以海洋信息基础设施为依托，有效整合涉海信息资源，构建海洋信息体系，将海洋信息化与海洋产业发展、海洋生态环境保护、海洋管理等工作深度融合。重点发展以海洋信息服务、海洋高技术服务和海洋社会服务为代表的现代海洋服务业，以海上雷达、智能浮标、智能潜标等各类涉海高端传感器为代表的海洋探测设备产业。大力发展水面无人艇、水下机器人等涉海智能设备产业。建设海陆空天一体的立体化海洋综合观测监测网。

（二）完善发展海洋科技创新体系

1. 推动海洋科技人才培育机制不断完善

结合广东省重点海洋产业领域的发展需求，引导在粤高校整合涉海教育资源，构建并不断完善具有鲜明特色的海洋学科体系。依托广东省高校涉海重点学科和专业，创建一批硕士点、博士点和博士后流动站。加强重点海洋新兴产业领域的学科建设。大力培养涉海科技创新型人才和领军人才。发布广东省涉海紧缺人才和高端人才需求目录。大力引进海外涉海高层次人才。制定公平、公正的人才激励机制，以及海洋科技创新人才任用评价政策。

2. 建立和不断完善多元化的涉海投融资机制

建立以财政支出为主导，企业自筹为主体，金融机构和社会团体筹资为补充的多元化海洋产业发展投融资体系。设立海洋产业基金，引导金融机构、企业、社会团体和个人参与基金的筹资，重点促进海洋新兴产业发展。

3. 不断完善产、学、研合作

推动涉海科研机构、涉海高校和涉海企业建立海洋产业技术创新战略联盟，大力发展省内重点涉海实验室、科技创新平台、成果转化与推广平台，形成面向市场、符合实际应用场景的技术密集型创新成果，构建政、产、学、研、金、用紧密结合的海洋科技创新体系。充分发挥广州、湛江国家海洋高技术产业基地和广州南沙区科技兴海产业示范基地的海洋科技创新优势，满足不同类型涉海企业对海洋科技创新的需求，推动海洋科技成果产业化，促进海洋高技术产业在广州、深圳等地区集聚发展。围绕海洋产业中亟须攻克的核心、共性技术难题和有前景的涉海关键技术，优先支持并加大产、学、研、金、用联合攻关力度，打造一批具有自主知识产权和一定影响力的海洋科技创新成果。

4. 大力促进海洋科技领域的国际合作

利用粤港澳海洋科技创新联盟，积极吸收海洋科技发达国家的涉海科研机构和企业，建立以项目为纽带的跨国海洋科技合作机制，发展长期合作关系。通过制定优惠政策，吸引国外知名海洋科研机构和涉海企业在广东设立分支机构。通过定期举办国际海洋科技研讨会，加强与国内外海洋科技资源的联系。通过与“海上丝绸之路”沿线国家和地区建立“蓝色伙伴关系”，推动深度交流与合作。

（三）加强与“海上丝绸之路”沿线国家的海洋产业合作

1. 加大与东盟国家海洋渔业合作力度

（1）推动优势传统渔业“走出去”合作。依托在海水养殖、海水产品仓储和水产加工方面的优势，通过直接投资的方式与东盟国家开展网箱养殖和岸上设施养殖合作，加强在良种繁育和养殖生产等领域的全产业链合作，推动在饲料加工、渔药及疫病防治、产量与质量检测等方面的深度合作。

（2）积极发展远洋渔业合作。依托海上交通优势，扶持远洋渔业发展，加快建设远洋渔业综合基地，不断完善远洋渔业产业链。在境外渔业合作国积极投资建设陆上渔业基础设施和综合性的渔业基地，帮助解决渔业的加工、物流、销售问题及当地的就业问题，增强我国远洋渔业在渔船修造、后勤补给、加工销售等方面的能力。完善我国渔业企业与东南亚渔业合作国涉海企业建立捕捞、运输、国内外销售等一体化合作经营模式。加快优化调整远洋渔业区域结构，巩固已有作业渔场，建立东南亚沿海渔业合作国远洋渔业中心基地。

（3）加强与东盟在海洋渔业技术上的交流与合作。采取合作研究、技术入股或投资、专家交流等多种合作方式，与“海上丝绸之路”沿线国家和地区加强海洋渔业科技开发领域的合作。不断完善对外渔业科技服务体系，开展海水养殖领域的科技服务咨询。在东盟渔业合作国积极开展海洋渔业名贵品种的养殖培训。依托中国—东盟海洋科技合作论坛，不断深化与东南亚国家在海洋环境预报、防灾减灾、海洋濒危动物保护、气候变化、海洋生态修复等领域的合作，推动广东省与东盟国家在海洋渔业领域的科技合作交流和成果共享，以海洋渔业科技合作为载体推动“21 世纪海上丝绸之路”建设。

（4）加强与南海周边国家的海洋渔业资源养护合作。合作建立并不断完善南海渔业资源保护区规章制度，以保护南海自然生态系统、自然遗迹及珍稀、濒危物种。加强与南海周边国家在建立海洋生态环境保护区（包括海龟、珊瑚、海草、湿地及红树林群落等）和保护海洋生物多样性方面的合作，通过合作开展海洋渔业增养殖，保护海洋渔业资源。与南海周边国家加强合作，严格实施南海休渔制度，倡导海洋渔业生产采用生态友好型捕捞方式。与南海周边国家开展节能减排方面的海洋渔业合作，共同将“21 世纪海上丝绸之路”打造成生态良好之路、互利共赢之路。

2. 推动与“海上丝绸之路”沿线国家开展海上交通合作

（1）拓展与“海上丝绸之路”沿线国家港口之间的海运航线。根据 2017 年 6 月国家发展改革委和原国家海洋局联合发布的《“一带一路”建设海上合作设想》，“21 世纪海上丝绸之路”主要包括三条航线，即西线、东线和新线。广东省具有与“海上丝绸之路”沿线国家开展海上交通合作的优势。在广东港口群已开辟覆盖全球主要贸易区的300多条国际集装箱班轮航线的基础上，响应“海上丝绸之路”倡议，大力拓展海运航线，与更多的国际港口建立友好港关系。

（2）签订友好协议，建立国际港口联盟。广东港口可与“海上丝绸之路”国家的港口建立广泛的国际港口联盟，目前广州港已先后与20多个国外港口签订了友好合作协议，促进了班轮航线的开辟和商贸货物的流通。在此基础上，通过进一步重点增加东南亚、南亚、西亚及北非地区的友好港口，引导和推动国内企业“走出去”。

（3）与泛珠三角区域加强合作，拓展港口腹地。加强和内陆地区的交通联系，重点是加强广东省和珠江—西江经济带的联系，进而打通面向东南亚国家的通道。充分利用西江航运干线沟通右江、红水河、柳黔江等航道和港口，实现珠三角内河航运体系向江海联运跨越。重点建设广州至梧州段航道，建设高等级航道网络。加强珠江—西江经济带港口之间的合作。加快珠三角腹地“无水港”建设，积极拓展珠三角港口群的内陆腹地，将珠三角港口群打造成“21世纪海上丝绸之路”的战略枢纽。

3. 与“海上丝绸之路”沿线国家构建区域旅游合作联盟

充分利用“21世纪海上丝绸之路”倡议的发展机遇，依托广东省古代“海上丝绸之路”始发地优势，通过邮轮等各类海上、陆上交通工具，深度整合“海上丝绸之路”文化资源，将“海上丝绸之路”沿线的旅游景观资源联系起来，与“海上丝绸之路”沿线国家共同构建区域旅游合作联盟。通过区域旅游合作联盟，将城市、地区和国际旅游联系起来，制定“海上丝绸之路”文化旅游品牌策划方案。区域旅游合作联盟由广东省牵头，可联合广西等邻近省份及东南亚国家共同组建。通过构建区域旅游合作联盟促进广东省海洋旅游业转型升级。通过开通海上旅游航线，开发海洋潜水、海洋探险等海洋旅游精品项目，将山地旅游、红色旅游、节庆旅游、民俗旅游与海洋旅游融为一体，将传统的单一旅游模式转变为组合旅游。与东南亚各国密切合作，构建无障碍旅游区，将各方旅游业紧密联系起来，共同发展。

4. 与“海上丝绸之路”沿线国家共同打造南海海洋产业国际集聚区

依托环南海经济圈，共建跨区域合作的海洋产业体系，推动南海产业转移，推动广东省与南海周边国家共同打造南海海洋产业国际集聚区，形成全新的海洋经济合作开发格局。针对南海周边不同国家，开展不同重点领域的合作。深化与印度尼西亚等国在油气开发、远洋渔业等领域的合作，加强与新加坡等国共同发展深海技术，培育深海能源产业。共同打造港口物流园区和自贸园区。建设以广州港为核心、以珠三角水网港口和东盟港口为节点、覆盖“海上丝绸之路”沿线各国的海运大通道，与新加坡港、雅加达港、巴生港和迪拜港等共同构建区域港口服务网。

第二节　山东省海洋经济高质量发展途径研究

一、新时代山东省海洋经济面临的新形势和新机遇

（一）新一轮机构改革为山东省海洋经济高质量发展提供重要机构支撑

2018 年 10 月 1 日，中共中央、国务院批准《山东省机构改革方案》。10 月 8 日，山东省委十一届六次全会审议通过《关于山东省省级机构改革的实施意见》，标志着山东省机构改革进入全面实施阶段。

此次机构改革一方面对应中央和国家机关调整设置的党政机构和职能，另一方面突出山东特色，因地制宜地调整设置党政机构和职能，设置省委、省政府机构共计 60 个，其中省委机构 18 个、省政府机构 42 个。在涉海领域，为加强山东省委对海洋工作的领导和统筹协调、打造海洋高质量发展战略要地，组建中共山东省委海洋发展委员会，办公室设在山东省自然资源厅；组建山东省海洋局，作为山东省自然资源厅的部门管理机构。

山东省海洋局的职责主要有：承担中共山东省委海洋发展委员会办公室的具体工作；贯彻执行海洋方面法律法规和方针政策，负责研究并提出全省海洋发展战略和发展规划的建议；负责协调海洋事务，拟订全省海洋产业发展、产业布局和海洋资源高效利用规划；负责海域使用和海岛保护利用管理；负责拟订并组织实施全省海洋科技发展规划；负责组织开展对外海洋经济技术交流和合作；指导、监督海洋执法工作；贯彻落实中央关于经略海洋的决策部署，加强战略谋划和统筹协调，加强海域使用和海岛保护利用管理，促进海洋新兴产业发展，加快海洋强省建设；负责落实综合防灾减灾规划相关要求，组织编制海洋灾害防治规划

和防护标准并指导实施；负责海洋观测预报、预警监测和防灾工作，开展风险评估和隐患排查治理，发布警报，按照要求参与重大海洋灾害应急处置。

山东省在机构改革方案中组建省委海洋发展委员会，是在中央改革大框架下，结合山东省实际，围绕山东省经略海洋、建设海洋强省的重大战略，因地制宜设置机构和配置职能，注重彰显山东特色的重要举措，更有利于推动山东省海洋经济高质量发展，更有利于加快迈向海洋强省、建设海洋强国的步伐。

（二）中共中央和山东省委、省政府高度重视，为山东省建设海洋经济高质量发展创造机遇

山东省高度重视海洋经济发展，是我国较早提出海洋战略的沿海省级行政区之一。20 世纪 90 年代，山东省委、省政府就提出了加快实施“海上山东”建设和黄河三角洲开发两大跨世纪工程。

进入 21 世纪，山东省委、省政府相继提出建设胶东半岛制造业基地、山东半岛城市群、黄河三角洲高效生态经济区、鲁南临港产业带等规划，并开展了相关的区域发展规划编制工作，山东省的海洋经济发展战略逐步形成了区域发展格局，实现了由“点”到“线”再到“面”的深刻转变。2011 年 1 月，国务院批复《山东半岛蓝色经济区发展规划》，该规划是我国第一个以海洋经济为主题的区域发展战略，标志着山东半岛蓝色经济区建设正式上升为国家战略，成为国家层面海洋发展战略和区域协调发展战略的重要组成部分。2014 年，山东省委、省政府作出了建设“海上粮仓”的重大战略部署，山东省海洋经济的发展迎来了重大历史机遇。为进一步加快海洋经济发展，山东省先后出台一系列政策文件，如《山东省“十三五”海洋经济发展规划》《“海上山东”建设规划》《关于促

进海洋产业加快发展的指导意见（2009—2011 年）》《山东省海洋事业发展规划（2014—2020 年）》《山东海洋强省建设行动方案》。

进入新时代，中共中央高度重视山东省海洋经济发展。海洋是高质量发展战略要地，要加快建设世界一流的海洋港口、完善的现代海洋产业体系、绿色可持续的海洋生态环境，为海洋强国建设作出贡献。

科学的战略部署和及时有效的政策支持，为山东省海洋经济高质量发展提供了难得的机遇，成为山东省加快推进海洋经济高质量发展的重要依托。

（三）山东省“十三五”期间海洋经济强劲发展势头为未来海洋经济高质量发展奠定基础

“十三五”期间，山东省海洋经济综合实力稳居全国前列。2019 年，山东省实现海洋生产总值 1.46 万亿元，居全国第二位，占全省地区生产总值的比重由 2015 年的 19.7% 提高到 20.5%，占全国海洋生产总值的比重达到 16.3%。海洋经济增速高于同期地区生产总值增速。海洋渔业、海洋生物医药业、海洋交通运输业、海洋工程装备制造业、海洋盐业及盐化工业五个海洋产业规模居全国第一位。

海洋渔业连续 20 多年位居全国之首。“十三五”期间，山东省海洋牧场建设领跑全国。山东省是全国唯一的海洋牧场建设综合试点省份。到 2019 年底，山东省拥有省级以上海洋牧场示范区 105 处，其中，国家级海洋牧场 44 处，占全国的 40%，稳居全国首位。海洋牧场的建设，将山东省以往在沿海—5 米以下范围的传统养殖，推进到—15 米以下范围的近远海区域。日照市在黄海冷水团海域养殖三文鱼，将山东省的海洋牧场拓展至 130 海里。在远洋渔业方面，截至 2019 年底，山东省拥有农业农村部远洋渔业资格企业 42 家，投入作业的专业远洋渔船 487 艘，渔船总功率66万千瓦，年产量41.4万吨，产值49.9亿元，综合实力居全国第三。[①]

“十三五”期间，山东省沿海港口一体化改革取得实质性突破，组建了山东省港口集团有限公司，开启了山东港口一体化发展的格局。全省沿海港口基础设施建设全面推进，相继建成40万吨级矿石、30万吨级原油等一批专业化泊位，形成了以青岛、烟台、日照三大港为主要港口，威海、潍坊、东营、滨州等地区性重要港口为补充的沿海港口群发展格局。截至2019年底，全省20万吨级以上大型泊位22个，规模居全国沿海省级行政区首位。山东省沿海港口已形成集装箱、油品、矿石等多个客货运输体系，公路、铁路、管道、水水中转等多方式、立体化的集疏运系统逐步完善，全省港口运输服务的综合性、网络化格局已经形成。“十三五”时期，山东省矿石、原油、木材等货种吞吐量位居全国沿海省级行政区第一，外贸吞吐量位居全国沿海省级行政区第一，集装箱吞吐量位居全国沿海省级行政区第四。智慧绿色港口建设取得显著成效，青岛港集装箱码头设施智能化水平全球领先，“云港通”电商平台成功入选“全国智慧港口示范工程”。山东港口获批全国首个交通强国“智慧港口建设试点单位”。青岛港集装箱自动化码头在全国同行业率先应用氢能源卡车，自主研发全球首创氢动力自动化轨道吊车，实现完全零排放。日照港获得国家首批“四星级绿色港口”称号，集装箱场桥设备全部实现电力驱动。

海洋工程装备助力海洋开发迈向深海远海。“十三五”期间，山东省加快发展高端海工装备制造业，初步建成船舶修造、海洋重工、海洋石

---

① 农业农村部渔业渔政管理局，全国水产技术推广总站，中国水产学会. 2020年中国渔业统计年鉴[Z]北京：中国农业出版社，2020.

油装备制造三大海洋制造基地。“梦想号”“蛟龙号”“向阳红 1 号”“科学号”“三龙探海”“蓝鲸 1 号”“蓝鲸 2 号”“深蓝 1 号”等一批具有自主知识产权的深海远海装备投入使用，有效拓展了认识海洋、开发海洋的广度和深度。烟台船舶及海工装备基地成为全球四大深水半潜式平台建造基地之一、全国五大海洋工程装备建造基地之一，建造了占国内交付量 80% 的半潜式钻井平台。

山东省是海洋生物医药业大省，“十三五”期间，山东省加大海洋创新药物研发攻关力度。中国海洋大学自主研发的治疗阿尔茨海默病的国产新药 GV–971 获批上市，成为全球第 14 种（中国第 2 种）海洋药物；抗肿瘤药物 BG136 即将进行临床申报；一批海洋候选药物处于系统临床前研究和临床试验阶段。青岛市打造了全球规模最大的海藻生物制品产业基地，海藻酸盐产能全球第一。青岛正大海尔制药有限公司是国内唯一的国家级海洋药物中试基地。烟台东诚药业是全球最大的硫酸软骨素原料生产企业，也是国内唯一的注射剂硫酸软骨素供应商。

（四）海洋科技创新能力全国领先，为海洋经济高质量发展提供推动力

山东省是我国的海洋科技大省，海洋科学研究力量在全国处于领先地位。山东省汇聚了 15 家中央驻鲁海洋科研单位，拥有海洋领域两院院士 22 名，占全国海洋领域院士总数的 33.8%，拥有海洋科技活动人员 3019 名，占全国海洋科技活动人员总量的 40% 左右[①]。创立了国家自然科学基金委员会—山东省人民政府联合基金，吸引 45 家省内外涉海机构参与科研活动。山东区域创新体系建设不断完善，拥有国家级及省级涉海科研机构 42 家，占全国涉海科研机构的 32%，先后创建了国家级黄河

① 自然资源部. 中国海洋经济统计年鉴2018[Z]北京：海洋出版社，2019.

三角洲农业高新技术产业示范区和山东半岛国家自主创新示范区，构建了各具特色的区域发展模式和路径，基本形成了以青岛海洋科学与技术试点国家实验室、中国科学院海洋大科学研究中心、国家深海基地等为新发展龙头，“国字号”“中科系”“央企系”“国海系”四大海洋科研力量集聚的发展新格局。近年来，山东省海洋领域的源头科技创新能力不断增强，实施了“透明海洋”“蓝色药库”等海洋领域重大科技创新工程，催生出以智能浮标、深海Argo、水下无人航行器为代表的一批具有自主知识产权的高端装备，提高了海洋装备的国产化率，摆脱了海洋环境监测探测装备长期受制于人的局面。建设海洋智能超算与大数据中心，实现对海洋调查大数据、观测大数据、计算大数据和网络大数据的分析处理，打破了发达国家对海洋大数据的垄断。[①]在深海技术装备领域，“蛟龙号”“向阳红1号”“科学号”以及“海龙”“潜龙”等一批具有自主知识产权的深海设备投入使用，通过科技创新成功实现从“深海进入”时代到“深海探测开发”时代的跨越，“蛟龙号”载人潜水器研发与应用项目荣获2018年度国家科学技术进步一等奖。中集来福士自主设计建造超深水半潜式钻井平台——“蓝鲸1号”“蓝鲸2号”，承担了我国南海可燃冰试采任务，标志着我国深水油气资源勘探开发水平进入世界先进行列。由中国海洋大学研究团队发起的“屯鱼戍边”工程，自主研发深海远海养殖，构建深海远海养殖系统，推动海水养殖从近海走向深海远海。

（五）良好的区域发展环境为山东省海洋经济高质量发展提供了强有力的保障

山东省三面临海，向北与辽东半岛隔海相望，高速动车组列车与京

① 王宁，高倩，刘苗. 海洋国家实验室智能超算与大数据联合实验室启动[N]. 科技日报，2017-11-20（01）.

津冀相通，向东与朝鲜半岛、日本列岛隔海相望，向南连接世界级城市群——长三角城市群，向西则为黄河流域广阔腹地。因此，山东是环渤海地区与长三角地区的重要接合处，是黄河流域地区最便捷的出海通道，也是东北亚经济圈的重要组成部分。

山东省经济实力雄厚。2020 年，全省实现地区生产总值 73129 亿元，按可比价格计算，比 2019 年增长 3.6%。雄厚的经济实力为山东省促进海洋产业升级、提升产品附加值、扩大规模等创造了条件。山东省海洋经济发展一直走在全国前列。

山东省海洋基础设施水平稳步提升。2018 年，青岛港前湾港区迪拜环球集装箱码头自动化升级工程、烟台港西港区 30 万吨级矿石码头等 7 个项目建成投产，沿海港口新增万吨级以上泊位 15 个，新增通过能力 6693 万吨。京杭大运河复线船闸改建、湖西航道开发、支线航道建设积极推进。同时，山东省沿海港口生产实现重大突破。2018 年，山东省沿海港口年货物吞吐量突破 15 亿吨，同比增长 6%，位居全国第二。其中，外贸、金属矿石、液体散货分别完成 8 亿吨、3.6 亿吨、2.5 亿吨，均居全国第一位。集装箱完成 2560 万标箱，居全国第四位。青岛港年货物吞吐量突破 5 亿吨，日照港、烟台港突破 4 亿吨，山东省成为全国唯一拥有三个超 4 亿吨大港的省级行政区。这为山东海洋经济高质量发展提供了强有力的保障。

二、山东省推动海洋经济高质量发展的举措

（一）推动海洋特色产业园区优化布局

以青岛、烟台为核心，以威海、潍坊、日照、东营、滨州为节点的区域海洋产业集聚发展格局初步形成。地方特色产业集群快速发展，形成了青烟威的滨海旅游、青烟日的港口运输、青岛的海洋高新技术产业、

烟台的海洋工程装备制造、威海的远洋渔业与水产品加工、潍坊的盐化工及东营的海洋石油化工等产业链集聚、特色鲜明的海洋产业集群。威海、日照成功获批国家海洋经济发展示范区。截至 2017 年，山东省海洋产业特色园区达到 80 个，全省海洋特色产业园区总面积达到 2237 平方千米，涉海企业 6688 家，拥有省级以上科技平台 442 家，省级以上公共服务平台 182 家，特色产业服务体系基本完备。

（二）积极提升海洋科技创新能力

以济南、青岛、烟台等为中心的山东半岛国家自主创新示范区建设全面推进。青岛、烟台、威海三市被确定为国家级海洋高技术产业基地，先后建成青岛海洋科学与技术试点国家实验室、山东大学青岛校区等一批科技创新载体，现有约 50 家国家级海洋科技创新平台，参与深海空间站、透明海洋、深海钻探等一批国家重大科技工程。山东引进和培育了武船重工、中集来福士、明月海藻、东方海洋、双瑞科技等一批创新型海洋企业，形成以企业为主体的海洋产业技术创新体系。山东省还发布实施《关于做好人才支撑新旧动能转换工作的意见》，将海洋经济发展纳入泰山人才工程支持范围，积极培养引进海洋类高层次专家和团队。积极申报国家“千人计划”外专项目，组织实施“外专双百计划”，引进重点龙头企业急需的高端专业人才团队。同时开展博士后创新项目专项资金资助，以培养“高精尖缺”专业人才。以中国海洋人才市场（山东）为平台，构建国家级海洋专业人才市场。以青岛为主体，东营、烟台、潍坊、威海、日照、滨州等为分市场，共同打造集聚人才、服务示范、产学研对接、成果孵化、产业带动、信息共享、辐射发展的区域性人才流动服务平台。创新人才市场运行机制，打造专业化、网络化、国际化的海洋人才综合服务体系。

（三）积极融入“21 世纪海上丝绸之路”建设

加快装备制造业新旧动能转换，山东省培育了一批具有国际竞争力的海洋工程装备、涉海石油装备等制造业领域的骨干企业，并加大对东南亚、西亚、俄罗斯等新兴市场的开拓力度。相继举办中国·青岛海洋经济发展国际高峰论坛、东亚海洋合作平台青岛论坛，组织海工装备企业参加东营石油装备展、印度尼西亚机械展等，促进全省涉海产品的出口。规划建立了威海国际海洋商品交易中心，打造大宗海洋商品交易平台。全面加强与东盟各国等“一带一路”沿线国家在海洋产业领域的交流，引导涉海企业参与全球产能合作。蓬莱京鲁渔业、荣成市海洋渔业、青岛鲁海丰等一批渔业龙头企业成功“走出去”，开展远洋捕捞、水产加工、海水养殖育苗等境外生产。加快推进中国—上海合作组织地方经贸合作示范区、威海中韩自贸地方经济合作示范区等一批国际经贸合作产业园区建设，吸引了一批境外涉海企业落户山东。

（四）完善体制机制，提高海洋环境治理能力

山东省成立省委海洋发展委员会和省海洋局，全面优化海洋管理职能，理顺海洋规划、海域利用、海洋产业发展及海洋生态环境保护管理机制。以陆海“多规合一”改革为手段，协调海域利用和海洋环境保护矛盾，优化海洋空间开发利用与保护格局。初步建立基于生态系统的地方海洋综合管理模式，探索实行“河长制”“湾长制”“滩长制”等陆海一体环境管理模式。试点推行重点生态功能区补偿机制，建立完善海洋资源有偿使用和海洋生态损害补偿机制，将生态环境损害纳入海域海岛资源使用价格形成机制。探索实行海域使用金征收标准动态调整机制，适时调整海域使用金征收标准。推进海洋产权市场化交易，探索实施海岸线、滩涂、海岛、海域等有关海洋产权的挂牌交易。青岛、烟台、日照、威

海入选国家“蓝色海湾”整治行动城市，“蓝色海湾”综合整治工程加快推进，确立了“治湾先治河、治河先治污”模式，胶州湾、丁字湾、莱州湾等生态环境整治工程取得良好成效。强化近岸海域污染防治，实施排污总量控制制度。编制完成省级养殖水域滩涂规划初稿，科学划定养殖区、限养区、禁养区。实施近岸海域养殖污染治理工程。开展陆域直排海污染排查和整治，实施排污许可制度，严格防控陆源污染物入海。实行省、市、县三级海洋环境监测分级管理制度，全面推进“智慧海洋”建设和“平安海区”行动，构建近岸海域集浮标监测、岸基监测、海床基监测及传统监测于一体的立体海洋监测网络体系，建立海洋环境实时在线监测数据共享合作机制。

三、山东省海洋经济发展存在的主要问题

（一）海洋产业结构仍亟待进一步优化

山东省海洋产业结构层次仍有待进一步提升，海洋第二产业比例较高。目前，山东省沿海各地仍是传统海洋产业多、初级产业多、低端产业多、资源消耗型产业多，而新兴海洋产业少、高端产业少、高附加值产业少。以 2019 年为例，山东省海洋第三产业占海洋生产总值比重仅为 58.16%，低于全国平均水平，在全国沿海省级行政区排第八位。海洋盐化工业、海洋渔业、海洋交通运输业等海洋传统产业比重较大，而海洋生物医药业、海洋高端装备制造业等海洋新兴产业规模总体偏小，产业链偏短，关联度不高，精深加工比例偏低，高附加值产品不多。与广东、上海、浙江相比，山东省海洋第一产业的比重依然偏高，海洋第三产业比重相对较低。海洋第一产业产品产量多而质不优，大多数为初级产品，附加值不高。海洋第三产业规模较小，落后于全国平均水平。海洋产业结构层次偏低，消耗了大量的能源资源，加重了环境污染，在一定程度

上造成山东省海洋经济总体质量、效益不高，竞争力不强。

（二）海洋科技支撑海洋经济发展的能力仍显不足

山东省存在海洋科技创新资源布局不平衡、海洋科技成果转化率较低等问题，由此导致山东省海洋科技支撑海洋经济发展的能力不足。

山东省海洋科技力量分布不均衡，中央驻鲁海洋研究机构 80% 都集中在青岛，而沿海其他六市海洋科研机构分布较少，人才短缺。尤其是近年来，山东省大量海洋高端人才流向上海、浙江、辽宁、福建、广东等省市。海洋科技成果外流现象严重，每年产出的海洋科技成果众多，但能在山东省成功转化的比例较低，大多数海洋科技成果被其他省份吸收引进，使得山东省海洋科技力量受到削弱。另外，海洋科技人才结构以海洋生物、海洋地质、海洋化学等基础性学科为主，而应用型技术开发人才和复合型管理人才匮乏，高端科技领军人才和团队不足，亟须在集聚海洋科研机构和高端人才、优化创业环境等方面加速创新与提升。

山东省涉海企业在海洋科技方面的研发投入较低，科技创新不足，因此在海洋资源开发与利用方面仍缺乏较为核心的科学技术。高等院校、科研院所与涉海企业之间未能紧密结合，科研成果转化的平台未及时得到建设和完善，使得海洋科研成果转化渠道不畅，海洋科技成果转化率较低。

（三）海洋生态环境形势依然严峻

山东省海洋环境形势依然严峻，生态文明建设任务艰巨。海洋生态环境状况是制约海洋经济社会发展的重要因素，海洋生态环境恶化不仅会对海洋渔业发展造成严重威胁，而且会破坏滨海旅游资源，严重降低其经济价值。尽管近年来山东半岛海洋生态修复工作已取得了显著成效，但海洋生态环境形势依然严峻，如何在开发与保护中寻求平衡，将是推动山东省海洋经济实现高质量发展面临的重要挑战。

根据山东省生态环境厅2020年6月发布的《2019年山东省生态环境状况公报》，黄河入海口典型生态系统呈现亚健康状态，海水富营养化，浮游生物密度过高，底栖动物密度过高，氮磷比失衡。山东省沿岸重点海湾环境污染整体情况仍比较严重。渤海湾（山东省）14.5%的调查站次超四类海水水质标准，主要超标因子为无机氮。莱州湾38.3%的调查站次超四类海水水质标准，主要超标因子为无机氮。丁字湾27.3%的调查站次超四类海水水质标准，主要超标因子为无机氮。胶州湾5.9%的调查站次超四类海水水质标准，主要超标因子为无机氮。2019年，黄海连续第13年爆发大规模浒苔绿潮，持续时间约110天，为历史最长持续时间。浒苔绿潮最大分布面积与最大覆盖面积分别约为36733平方千米与420平方千米。山东省沿海海洋垃圾密度较高，对自然景观和近岸海域生态环境有较大的负面影响，海滩垃圾主要以生活垃圾为主，种类有塑料类、玻璃类、金属类、木制品类、纸制品类、织物类、橡胶类和其他类等，其中塑料类最多。海滩垃圾平均数量63585个/平方千米，与2018年相比有所增加。

四、推动山东省海洋经济高质量发展的建议

（一）完善现代化的海洋产业体系

加强海洋牧场平台的信息化建设，不断提高海洋牧场智能化水平，优化海洋牧场平台的结构设计与功能配置，打造符合国际标准的海洋牧场集群。突破育种关键技术，培养海水养殖优质品种。

加快发展现代海洋旅游业。拓展海洋旅游功能，规划建设海洋主题公园，发展邮轮、游艇、海上运动等海洋旅游业，完善海洋牧场旅游服务设施。支持青岛打造国际邮轮母港，推进烟台、威海、日照开展邮轮

公海旅游试点，建设海洋经济要素交易市场，加快推动海洋金融体系建设。办好世界海洋发展大会。

打造世界一流的国际海洋港口群。将港口作为陆海统筹、走向世界的重要支点。整合优化沿海港口资源，提升港口建设的现代化水平。推动陆海联动、港产城融合，努力打造高效协同、智慧高端、绿色环保、疏运通达、港产联动的国际化港口群。

做强海洋高端装备制造业。推动海洋高端装备制造核心装备自主化，推动海洋工程装备及高技术船舶向深远海、极地海域拓展，实现主力装备结构升级，突破重点新型装备制造技术，提升设计能力和配套系统水平，形成覆盖科研开发、总装建造、设备供应、技术服务的完整产业体系。支持龙头骨干企业牵头创建海工装备产业联盟，打造国内一流、世界领先的现代海工装备与高技术船舶制造基地。

大力发展海洋药物与生物制品业。优先发展海洋大分子药物，在海洋多糖药物、海洋小分子药物和海洋现代重要等领域率先实现突破。推动海洋生物医用材料、海洋农用制剂和海洋生物功能制品等产业成为具有山东特色的海洋生物医药优势产业，建设国家海洋基因库。汇聚海洋药源微生物菌种库、海洋天然产物库、海洋生物糖库、大洋样本库和海洋化合物三维数据库等省内海洋生物医药领域多年积累的成果，联合各科研单位实施“蓝色药库”开发计划，建设以海洋药用生物资源为核心的“蓝色药库”及其信息系统，面向全球打造国家级海洋药物研发公共资源平台。打造青岛、烟台、威海、潍坊高端海洋生物医药产业基地。青岛充分发挥国家海洋生物医药科技领军城市的优势，以世界眼光谋划，按国际标准打造，全面提升海洋生物医药研发能力，加快海洋生物医药筛选和创新进度。烟台发挥中国科学院上海药物研究所烟台分所和山东国际生物科技园等药物开发和服务平台的功能，建设全国重要的医药健康产业集聚区。威海发挥海洋生物资源丰富的优势，实现由传统海洋食品向海洋生物医药的转型升级，加快南海新医药科技城建设，打造海洋生物与健康食品千亿级产业集群。日照、潍坊、东营和滨州坚持特色化和差异化发展思路，积极探索发展具有地区特色的海洋生物医药产业。①

大力发展海水淡化及综合利用。实施胶东海上调水工程，支持青岛西海岸新区、青岛蓝谷、烟台长岛、威海荣成、日照岚山、潍坊、滨州等地新建、改扩建一批海水淡化示范项目，鼓励沿海城市开展海水综合利用示范项目，加快海水在工业冷却中的直接利用，探索发展海水稻及滩涂海水灌溉农业，支持青岛建设国际海水淡化与综合利用示范城市。大力发展海水淡化、浓盐水高值化利用，支持大型海水淡化工程"水盐结合"一体化循环发展。

大力发展海洋新能源产业。推动滩涂光伏发电、潮流能、波浪能等海洋能发电利用项目，推动海洋新能源示范应用。建设综合性可燃冰技术研发基地。推动海洋牧场与海上风电融合发展，推动在水深超过 10 米、离岸 10 千米以外海域开发海上风电，突破离岸风电关键技术。

加快推进海洋新材料研发。重点研制用于海洋开发的防腐新材料、无机功能材料、高分子材料、碳纤维材料，大力发展海洋生物新型功能纺织材料、纤维材料等，打造青岛、烟台、潍坊、威海海洋新材料产业集群。

（二）加快推进海洋领域科技创新和成果转化

发挥山东省海洋科技领先优势，全面提升海洋科技创新能力。发挥

① 王先磊，何乃波，李友训，等.山东海洋生物医药产业发展战略研究[J].海洋开发与管理，2020，37（10）：73-78.

青岛海洋科学与技术试点国家实验室的引领作用，建设中国海洋工程研究院、国家深海基地、国家浅海海洋综合试验场，提升“科学号”海洋科考船设施效能，支持“梦想号”大洋钻探船等大国重器建设，建立开放、协同、高效的海洋科技创新体系。深入开展全球海洋变化、深海科学、极地科学、天然气水合物成藏等基础科学研究，在“透明海洋”“蓝色生命”“海底资源”等领域牵头实施国家重大科技工程，抢占全球海洋科技制高点。

突出企业创新主体地位。深化政、产、学、研、金、服、用紧密合作的技术创新体系，促进产业链和创新链深度融合。支持有条件的涉海企业在深海技术与装备、深海渔业、生命健康、海洋精细化工等领域布局尖端产业（技术）创新中心，建设一批重点实验室和工程研究中心等研发平台。

畅通科技成果转化渠道。鼓励高校、科研院所建立专业化技术转移机构，落实高校、科研院所对其持有的科技成果进行转让的自主决定权。落实以增加知识价值为导向的分配政策，研制费用税前加计扣除、所得税递延纳税等各项扶持政策。围绕海洋产业发展开展专题性专利导航研究，提供产业发展方向性对策与建议。落实企业知识产权管理规范，加快青岛国家知识产权服务业集聚发展试验区建设，提高企业知识产权运用、管理和保护水平。加快建设济南、青岛、烟台国家科技成果转移转化示范区，支持青岛、烟台、潍坊、威海等市建设海洋科技产业聚集示范区。瞄准高端产业和战略性新兴产业，鼓励各市建设一批海洋技术孵化基地、科技企业孵化器、众创空间、中试基地。

激发海洋人才活力。建立更加开放、更加灵活的人才培养、引进和使用机制，打造具有国际影响力的海洋人才高地。加快山东省境内涉海高校和科研院所的建设，努力造就一批涉海战略科技人才、科技领军人才、青年科技人才和高水平创新团队。加大各类涉海高端技能人才培养。积极推进重大引才、引智工程，面向海内外遴选一批从事海洋基础研究、原始创新和共性技术研究的高层次创新人才，从事产业技术创新、成果产业化和技能攻关的领军人才。加强对山东本地海洋领域人才的培养、使用和激励。

（三）推进海洋生态文明建设

坚持开发和保护并重、污染防治和生态修复并举，维护海洋自然再生能力，建设水清、滩净、岸绿、湾美、岛丽的和谐海洋。

统筹陆海生态建设，健全海洋生态保护体系。加强沿海防护林、河口、岸线、海湾、湿地、海岛等的保护修复。实施自然岸线保有率目标管控，严格落实海岸线建筑退缩线制度，划定沿海地下水禁采线。制定省级重点保护滨海湿地名录，建立滨海湿地类型自然保护地。加强海洋生物资源养护。持续推进海岸带保护与修复、渤海生态修复和“蓝色海湾”整治行动。实施生态岛礁工程，加强烟台、威海、青岛、日照、滨州五大岛群保护利用。高水平创建长岛国家海洋公园，加快建设海洋生态文明综合试验区、省级以上海洋生态文明示范区、国家级生态保护与建设示范区。

加强海洋污染防治，健全陆海统筹污染防治体系。实施陆海污染一体化治理，推进陆上水域和近海海域环境共管共治，建立健全近海海域水质目标考核制度和入海污染物总量控制制度。实施流域—河口—海湾污染防治联动机制，全面推行“河长制”“湖长制”“湾长制”，构建跨区域海洋生态环境共保联治机制。严控港口基础设施、运输装备和船舶的污染物排放，加强沿海港口、船舶及海上垃圾、海上微塑料的污染治理。

建立“海上环卫”工作机制，完善海上突发性污染事故预警系统，推进海洋环境网格化检测和实时在线监控。

集约节约利用海洋资源，健全海洋资源循环利用体系。落实海洋渔业资源总量管理制度，优化海洋捕捞作业结构，严格执行伏季休渔制度，开展海域休养轮作试点。完善海域海岛有偿使用制度，健全无居民海岛资源市场化配置机制。严厉打击非法采挖海砂行为。坚持绿色、低碳、循环发展，统筹实施海洋生态修复、海洋岸线恢复、海洋环境整治和海洋生物资源养护等工程，创新发展海洋生态经济，形成节约资源和保护海洋环境的产业结构和生产、生活方式。推动沿海地区建立、健全循环经济体系，建设一批海洋循环经济产业园区。创新集中、集约用海方式，提高单位岸线和用海面积投资强度。

（四）加强海洋经济领域的国际及省际合作

积极融入“一带一路”建设，发挥青岛、烟台海上合作战略支点以及青岛、日照新亚欧大陆桥主要节点城市的作用，拓展海洋科技、产业、经贸、投资、人文、资源等领域务实合作。

加强对外开放通道的畅通。支持山东省沿海港口面向东北亚、东南亚、欧美、澳大利亚等地区组建港口联盟，加强与这些地区沿线港口的合作。加强中韩两国陆海联运通道、鲁辽两省跨海运输通道的运营，加大省际交通统筹力度，大力发展多式联运，推动融入国际物流大通道，打造国际区域性现代物流中心。

拓展对外经济合作。鼓励涉海企业在基础设施、产能和装备、高新技术、渔业等领域进行境外投资。支持有实力的涉海企业到境外建设研发中心、营销网络，共建综合性远洋渔业基地、海洋特色产业园。支持和鼓励涉海企业参与深海、远洋、极地等海洋资源勘探开发，积极争取国际渔业捕捞配额。积极参与全球蓝色经济伙伴论坛，构建蓝色经济伙伴关系。建立东亚海洋合作平台运行体制机制。在青岛建设东亚海洋合作平台——东黄海研究院，推动东亚海洋领域多层次国际务实合作，打造有影响力的“一带一路”海上合作战略支点。推动中英、中韩、中加、中美等海洋产业合作园建设。

促进海洋科技领域的合作。支持驻山东省高校科研院所与国外相关机构组建国际海洋科技创新联盟，积极参与海洋观测、气候变化、海洋生态系统保护等全球海洋重大科技问题研究，加强与沿海国际涉海高校的合作，加强与国际涉海组织、国外海洋行业协会的交流合作，争取在山东省设立机构或研究中心，加强与友好国家的人才交流与技术合作，开展重大科技项目联合攻关。

强化国内区域海洋合作。对接京津冀、长江经济带等国家区域发展战略，积极融入环渤海地区合作。加强与黄河沿岸省级行政区合作，共同建设沿黄生态经济带，为中西部省级行政区提供出海口。支持青岛港与内地城市共同推动“一带一路”物流供应链一体化建设。支持山东省沿海港口城市与内地城市共建无水港，拓展港口发展空间。利用海南省建设自由贸易区的契机，积极探索两省共建海洋经济示范区、海洋科技合作区。

第三节　浙江省海洋经济高质量发展途径研究

一、新时代浙江省海洋经济面临的新形势和新机遇

（一）国家海洋战略对浙江省海洋经济高质量发展提出新要求，提供新机遇

浙江省是国家海洋战略密集叠加的省份。2011 年 2 月，国务院正式批复《浙江海洋经济发展示范区规划》。2011 年 6 月，国务院正式批准设立浙江舟山群岛新区，这是我国唯一以海洋经济为主题的国家级新区。2016 年 4 月，国务院正式批复设立中国舟山江海联运服务中心。2017 年 3 月，国务院正式批准舟山设立中国（浙江）自由贸易试验区。2018 年，浙江温州、宁波被列入国家海洋经济发展示范区。2019 年 10 月，国家发展改革委、中央网信办印发《国家数字经济创新发展试验区实施方案》，规定浙江省为六个国家数字经济创新发展试验区之一。

2019 年 12 月，中共中央、国务院印发实施《长江三角洲区域一体化发展规划纲要》，提出要推动港航资源整合，优化港口布局，健全一体化发展机制，增强服务全国的能力，形成合理分工、相互协作的世界级港口群。持续加强长江口、杭州湾等“蓝色海湾”整治，严格控制陆域污染入海。长三角一体化战略从国家层面，针对区域内海洋港口协同发展、陆源污染入海整治、海洋污染联防联治等陆海统筹多个方面提出了新要求。浙江省已率先实现全省港口发展一体化，积极开展“蓝色海湾”整治、近岸海域陆海联动污染防治等行动，未来将根据长三角一体化发展战略，主动推进长三角海洋经济领域的合作开发。浙江省港口优势突出，在长三角一体化发展战略下，积极参与临港新片区尤其是洋山特殊综合保税区的合作开发，可为浙江省连同上海市共同谋划打造长三角自贸港

奠定基础。

（二）浙江省层面的战略部署为海洋经济高质量发展带来新使命

2017年浙江省政府发布《关于加快建设海洋强省国际强港的若干意见》和《浙江省“5211”海洋强省建设行动实施纲要》。两个文件均提出，到2022年，全省在海洋开发、利用、保护和管控等方面形成位居国内前列的综合实力，海洋强省建设对全省经济社会发展支撑作用明显增强。综合来看，省级有关海洋强省建设的政策文件明确提出了2022年浙江海洋强省要基本实现的目标，“十四五”将是浙江海洋强省建设成效显现的关键期。此外，自然资源部正在积极筹建国家海洋大数据平台，未来将在沿海各省级行政区布局建设相关海洋大数据节点。浙江“智慧海洋”建设，可进一步整合国家、地方、行业、社会等各类涉海数据，成为国家“智慧海洋”建设的典范与浙江海洋强省的有机组成部分，加速推进“十四五”浙江海洋强省建设成效的高质量体现。

2017年6月，浙江省第十四次党代会提出“大湾区、大花园、大通道、大都市区”等“四大”建设，这是浙江省委、省政府推进全省高质量发展的大战略。“大湾区”建设提出以宁波—舟山港为枢纽，支持台州湾区经济发展试验区建设，打造港、产、城、湾一体化发展样板。统筹沿海港口、海湾和海岛资源，引导全省石化、汽车、航空、新能源、新材料等产业大项目向沿海临港区域集中布局。“大花园”建设提出，按照全域景区化的要求，构建海湾海岛旅游带，划定海洋生态保护红线，严格保护耕地、林地、湿地和海岛。“大通道”建设提出，构建以义乌、宁波、舟山为主轴的开放通道、支撑大湾区创新发展的湾区通道，引领“大花园”建设的美丽通道，推动海港、陆港、空港、信息港融合发展。“大都市区”建设提出，充分发挥滨海特色优势，挖掘滨海资源特色开发，努力挖掘宁波都市区、温州都市区滨海城市特色。“四大”建设分别从不同角度提出浙江省涉海建设任务，为浙江省海洋经济发展指明了方向，也为浙江省海洋经济发展创造了新的机遇。

2020年1月，浙江省《2020年政府工作报告》提出“要谋划建设全球海洋中心城市”。2021年2月，浙江省《2021年政府工作报告》提出“创建海洋中心城市”。2020年3月，浙江省海洋强省建设重点工作任务清单要求宁波、舟山分别启动推进全球海洋中心城市规划建设。这是继浙江海洋经济发展示范区、舟山群岛新区、舟山江海联运服务中心、“大湾区”建设等海洋政策后的又一重大发展举措。高起点、高标准谋划全球海洋中心城市建设，对浙江省抢占新一轮海洋经济的发展高地、促进海洋经济增加值增长极具有战略意义。

（三）海洋经济综合实力稳步增长，为海洋经济高质量发展奠定基础

浙江省海洋经济长期以来稳步增长，海洋产业结构持续优化、体系不断完善，海洋港口规模实力不断增强，海洋基础设施不断完善。

一是海洋经济总实力持续增强。2015—2020年，浙江省海洋经济总量稳定增长，从6180亿元增长至9201亿元，增幅48.9%，“十三五”期间年平均增长8.3%。海洋生产总值占地区生产总值的比重保持在14%以上，比全国平均水平高4%—5%，占全国的比重由9.2%提升至9.8%。

二是海洋产业体系不断完善。2016—2020年，浙江海洋经济三次产业结构比例由7.3∶37.8∶54.9调整为5∶40∶55，发展结构持续优化，服务业保持中高速增长。受益于工业产业结构加快升级和新旧动能加快转换，海洋传统产业转型升级步伐加快，海洋新兴产业快速发展。

三是海洋港口规模不断增大。近年来，浙江省通过海洋港口一体化整合，成立浙江海港集团，在全球一流现代化枢纽港、航运服务等方面

取得长足进展。2017 年，宁波—舟山港年货物吞吐量首次突破 10 亿吨，成为我国港口建设发展的重大标志，宁波—舟山港成为全球第一且唯一的货物吞吐量超 10 亿吨的超级大港。2018 年，浙江省沿海港口完成货物吞吐量 13.3 亿吨，集装箱 2900 万标准箱，与上年相比分别增长 6.2%、7.9%。其中宁波—舟山港货物吞吐量 10.8 亿吨，连续十年位居全球第一；集装箱吞吐量 2635 万标准箱，超越深圳港，位居全球第三；两项数据与上年相比分别增长 7.3%、7.0%。与此同时，南北两翼港口集装箱吞吐量增速大幅提升。2018 年，嘉兴港务公司货物吞吐量完成 6355 万吨，同比增长 17.1%，集装箱吞吐量完成 150.3 万标准箱，同比增长 19.5%。温州港集团货物吞吐量完成 3750.4 万吨，同比增长 10.1%，集装箱吞吐量完成 67.4 万标准箱，同比增长 12.1%。

四是海洋基础设施网络不断完善。“十三五”以来，浙江省海洋基础设施尤其是陆海统筹重大基础设施建设持续推进，海洋基础设施水平明显提升，海洋基础设施网络体系不断完善。2016 年，甬金铁路正式开工建设，义乌至宁波港的货运里程缩短了 78 千米，有效推进了宁波参与“一带一路”及长江经济带建设的能力。2018 年年底，甬舟铁路进入建设阶段，实现了铁路上岛。2018 年，通苏嘉甬铁路开工建设，宁波、舟山融入上海一小时经济圈。甬台温高速复线途经宁波、台州、温州等沿海地市，于 2019 年 1 月正式开通运营，该工程对推进发展甬台温临港产业带、快速联通浙东沿海区域发挥了重大作用。2021 年 1 月，宁波—舟山港主通道实现主线贯通。舟山市大陆引水二期工程于 2016 年 9 月正式投入运营。目前，舟山大陆引水三期工程宁波陆上段泵站工程主体部分已完工，三期工程投用后，舟山年均引水量能达到 1.27 亿立方米，舟山供水尤其是岛际供水也能得到进一步保障。此外，鱼山岛至宁波成品油管道、舟山液化天然气接受及加注站连接管、六横宁波春晓天然气管道等油气管道设施建设也不断推进。

（四）海洋科技教育水平不断提升，为浙江省海洋经济高质量发展提供驱动力

浙江省海洋科技创新体系已基本建立。2016 年以来，浙江省海洋科技创新能力逐步提升，海洋科教支撑能力不断增强。第一，海洋科技重大攻关取得一批标志性成果。世界首台 3.4 兆瓦 LHD 模块化大型海洋潮流能发电机组成功并入国家电网。远洋科考船“向阳红 10 号”、GM4000 海洋工程平台等新型船舶和平台相继问世。膜法海水淡化技术和产业化规模、海产品育苗和养殖技术、海产品超低温加工技术以及分段精度造船技术等处于全国领先地位，海洋潮汐能开发利用技术达到世界先进水平。第二，积极搭建海洋科技创新平台。“十三五”期间，浙江省合计拥有 41 家海洋科研机构，28 家省级重点实验室和工程技术中心，7 个省级产业技术创新战略联盟，科技成果转化率约为 45%，其中，包括新设省部共建的浙江省海洋科学院、宁波国际海洋生态科学城和舟山海洋科学城等地方海洋科创平台。第三，海洋科技型企业培育力度加大。“十三五”以来，浙江省新扶持和培育海洋高科技企业 80 余家，涉海科技型中小企业 600 余家。第四，海洋教育实力显著增强。2016 年，教育部正式批准浙江海洋学院更名为浙江海洋大学，浙江省拥有了第一所真正意义上的海洋大学。同时期，浙江大学海洋学院（舟山校区）正式投入教学。

（五）海洋生态环境防治成效显著，为海洋经济高质量发展提供保障

近年来，浙江省加大海洋生态环境治理力度，沿海沿湾地区生态环境质量不断改善，有效支撑了海洋渔业、滨海旅游业等海洋产业发展。2017 年，浙江省十一部门联合印发《浙江省近岸海域污染防治实施

方案》，从 2017 年开始，省政府对沿海各市海域特点分区进行了差异化考核。浙江省率先在全国开展了近岸海域水质四季监测，严格执行环境准入制度，实行“一票否决”。发挥海洋环保陆海联动体制优势，强化入海排污口规范整治，实现在线监测全覆盖。加强海洋生态红线管控和海洋保护区监督管理，推进“湾（滩）长制”试点。通过一系列海洋生态环境治理措施，近岸海域水质有所提升，海洋生态环境保护成效明显，海洋生态管理方面成效明显。根据浙江省生态环境厅发布的 2022 年度《浙江省生态环境状况公报》，浙江省近岸海域全年一、二类海水面积占比 43.4%，三类海水面积占比 13.4%，四类海水面积占比 14.4%，劣四类海水面积占比 28.8%。与 2019 年相比，一、二类海水面积占比上升 11.4%，劣四类海水面积占比下降 14.1%，达到实施常规检测以来最好水平。2018 年全省对非法和设置不合理的入海排污口进行清理或整治提升，并全部安装在线监测设施，非法和设置不合理的入海排污口数量从 462 个削减至 122 个。钱塘江等 7 条主要入海河流水质均达到国家考核要求，曹娥江水质提升至二类。浙江省约 32% 的管辖海域和 35% 的大陆自然岸线划入海洋生态红线，海洋保护区总数达到 14 个，海域面积超过 2700 平方千米。宁波象山县、台州玉环市、温州洞头区、舟山嵊泗县先后获批成为国家级海洋生态文明建设示范区。浙江省启动岸滩资源的养护和修复工程，在全国首创“滩长制”，2018 年“滩长制”升级为“湾长制”，浙江成为全国第一个全域“湾长制”试点省级行政区，建立了“湾滩结合、全域覆盖”的组织架构。

二、浙江省推动海洋经济高质量发展的举措

（一）以海陆统筹推动区域协调发展

始终坚持海陆统筹布局，统筹发展海陆产业，统筹建设海陆基础设

施，统筹治理海陆环境，统筹配置海陆生产要素，打破海陆分割，构建“一核两翼三圈九区多岛”的海洋经济总体发展格局。

（二）将产业发展作为推动海陆统筹的核心

充分利用海港、海湾、海岛等“三海”资源，大力发展区域特色海洋产业，把海陆资源的开发与海陆产业的发展有机联系起来。坚持抓龙头、铸链条、建集群，集中力量实施一批带动力强的海洋产业项目，加快构建现代海洋产业体系。大力发展大湾区经济，实现海陆经济一体化发展。

（三）将生态文明建设作为海陆统筹发展的基础

多策并举，多管齐下。一要加强陆源和海域污染控制，突出抓好重点行业、重点企业的污染源治理；二要统筹推进杭州湾、象山港、三门湾、台州湾、乐清湾、瓯江口等湾区生态环境综合治理，加大海洋生态环保投入，将近海海域生态补偿纳入流域生态保护的生态补偿范围。

（四）完善海洋科技创新体系，支撑陆海统筹发展

在涉海人才培养和海洋科技创新力量培育上双向发力。一方面大力推进浙江涉海高校学科专业建设，增强浙江大学、宁波大学、浙江海洋大学等涉海高等院校实力，并与原国家海洋局合作共建浙江省海洋科学院，推进“智慧海洋”工程试点省建设；另一方面加快构建新型海洋科技自主创新体系，引导和支持创新要素向涉海企业集聚，出台有利于海洋科技成果快速转化和产业化的政策，营造良好的体制环境，高效推进海洋科技成果转化。

三、浙江省海洋经济发展存在的主要问题

（一）海洋经济发展放缓，综合实力不强

浙江省海洋经济发展起步较早，海洋经济综合实力水平保持全国前列。但近年来，全国沿海地区对海洋战略创新与改革高度重视，而浙江

省海洋经济发展相对放缓。从综合实力来看，浙江省与广东省、山东省、上海市等海洋经济强省强市的距离正在被拉大；与江苏省、福建省相比，优势逐步缩小。从海洋产业发展来看，浙江省的优势海洋产业主要包括海洋交通运输业、海洋船舶修造业、海洋旅游业、海洋电力业，而海洋生物医药业、海洋电子信息业、高端航运服务业等海洋新兴产业的发展却远远不及广东省、山东省、上海市等地。在海洋新兴产业发展方面，山东省海洋生物医药产业年均增速超过 50%，产业实力全国领先；上海市高端航运业聚集了全国约一半的航运服务机构；广东省海洋电子信息产业基础雄厚，到 2020 年已形成千亿级的产业集群。

（二）沿海港口竞争力有待进一步增强

2015 年开始，浙江省率先进行全省港口资源整合，实行港口一体化发展，取得了很大的成效。近年来，江苏、福建、广东、辽宁、山东等地效仿浙江，开始省内港口资源的大整合，纷纷成立省级港口集团，统筹谋划全省港口的发展建设，新亮点、新优势给浙江港航发展带来新挑战（表 4.2）。与广东省相比，浙江省仅有宁波—舟山港一枝独秀，尚未多点开花。2018 年，深圳港、广州港分别位列全球港口集装箱吞吐量第四、五位。随着广东省港口资源整合，未来深圳港与广州港将会协同发展，形成双港共强格局。与辽宁省相比，浙江省港口发展缺乏专业的港口运营商。辽宁省在整合全省港口资源时，明确由招商局港口集团这一国际知名港口运营商来主导，加快港口全面整合步伐，推动海港、陆港、空港融合发展，致力于建设融港、产、城、创于一体的东北亚“新蛇口”。与山东省相比，浙江省港口尤其是宁波—舟山港的一体化仍不够完善。山东省的青岛港、烟台港、日照港、渤海湾港等不存在一港跨市域现象，一体化推进相对顺利，也较容易出成效。未来浙江省在推进把宁波一舟山港建设成为世界一流强港的道路上，势必会面对比以往实力更强、协同更好的其他沿海港口的竞争。

表 4.2　全国部分沿海省份港口资源整合情况

省份	全省港口整合启动时间	整合成果
浙江	2015 年	组建浙江省海港投资运营集团
江苏	2017 年	组建江苏省港口集团
福建	2017 年	福建省交通运输集团获持福建省港航建设发展有限公司股权
广东	2018 年	分为东西部港口集团
辽宁	2018 年	招商局集团入股辽宁东北亚港航发展有限公司，并取得 49.9% 的股权。辽宁港航发展有限公司是大连港集团和营口港集团的控股股东
山东	2019 年	组建山东省港口集团

（三）海洋科技创新能力仍有待进一步提高

尽管近些年浙江省海洋科技能力逐步提升，海洋科教支撑能力不断增强，但海洋科技领域仍存在诸多问题。

一是浙江省海洋科技创新能力总体上与北京、山东、广东、江苏、辽宁、天津六个省市相比仍有差距，主要表现在涉海科研机构数量、涉海科研人员数量、经费投入、成果产出等方面。从海洋科技创新基础能力来看，根据《中国海洋经济统计年鉴 2020》统计，浙江省海洋科技活动人员为 2138 人，排在沿海省级行政区的第四位，只有广东省（排名第一）的 31.67%。在海洋专业技术人员中，浙江省拥有高级职称的人员数量排在沿海省级行政区的第八位。从海洋科研机构从业人员数来看，浙江省海洋科研机构从业人员数为 1839 人，排在沿海省级行政区的第六位，只有北京市（排名第一）的 23%。基础海洋科研机构数量排在沿海省级行政区的第三位，落后于山东省和广东省。从海洋科技创新投入来看，根据《中国海洋经济统计年鉴 2020》统计，浙江省海洋科技课题数量在沿海省级行政区中排第七位，落后于北京、广东、江苏、山东、上海、天津。从海洋科研机构经费收入来看，浙江省海洋科研机构经费收入总额在沿海省级行政区中排第七位，与北京、上海、山东、广东等省市相差较大。从海洋科技创新产出角度来看，据《中国海洋经济统计年鉴 2020》数据显示，2019 年浙江省海洋科研机构发表科技论文共 752 篇，在沿海省级行政区中排第六位，其中，在国外发表论文数 289 篇。从专利方面来看，浙江省 2019 年海洋科技专利申请受理数 430 件，在沿海省级行政区中排第四位；海洋科技专利授权数 276 件，在沿海省级行政区中排第四位；拥有发明专利数 921 件，在沿海省级行政区中排第四位。从海洋科技创新对社会经济影响来看，据《中国海洋经济统计年鉴 2020》数据显示，2019 年浙江省海洋生产总值占地区生产总值的比重达到了 13.1%，在沿海省级行政区中排第八位；海洋科技活动人员占地区就业人员比重为 0.004149%，在沿海省级行政区中排第八位。综上，从沿海地区比较来看，浙江省的海洋科技创新能力总体上不强。浙江省如何加快海洋科技创新能力，以支撑未来海洋经济转型升级，是当前亟待解决的重要问题之一。

二是海洋力量分布不均衡，涉海学科分布不均衡。浙江省海洋科研力量较为分散且水平参差不齐，海洋科研人才集中在杭州市及高校、科研院所，而其他城市及企业较少；综合型和高层次科研人才，以及科技创新、经营管理、成果转化等方面的科研人才较少。由于涉海科研机构涉及不同的行业和领域，缺乏统一、规范、有效的管理体制和沟通平台，无法实现资源共享，导致资源浪费和科研重复等现象，从而降低了海洋科研的效率和质量。由于缺乏龙头科研机构的引领，海洋科研的广度和深度不足，综合性强且集成度高的国家级重大工程、重大项目和重大成果较少，有影响力的重大科技成果也较少。浙江省涉海学科设置仍具有随机性，缺乏面向国家战略和现代化海洋产业发展的规划和布局，还出现了“重自然科学、轻软科学”和“重传统科学、轻新兴科学”的现象。另外，海洋战略、海洋管理和海洋法律等仅为特色研究方向，尚未形成科研体系。

三是海洋科技创新和成果转化仍不足。浙江省涉海科研仍以跟踪和模仿为主，在重大和关键海洋技术领域突破较少。海洋科技成果的供给效率和质量均不高，对经济增长和社会发展的贡献力仍不足。促进海洋科技成果转化的体制机制仍有待进一步完善，尚未形成以企业为主体，由省级重点实验室、工程中心和产业技术创新联盟共同组成的海洋科技成果转化链。

（四）浙江省海洋生态环境形势依然严峻

浙江省地处长江中下游平原，不仅要整治、修复省内海域生态环境，而且需防范上海、江苏、福建等邻近地区海域污染的侵入，全省近岸海域生态保护环境形势严峻。2018 年中国海洋生态环境状况公报显示，全国入海河流水质状况仍不容乐观，近岸局部海域污染依然严重。其中长江入海口、杭州湾海水富营养化高发，东海直排海主要污染物中，石油类、氨氮和总氮等的排放量呈加大趋势，上海市和浙江省近岸海域水质极差。同时，浙江省自身的海洋生态环境污染问题仍较突出。近几年，钱塘江、甬江等 6 条主要入海河流，污染物年入海通量一直处在 200 万吨以上。2018 年，浙江省近岸海域四类和劣四类海水面积占 42.8%，远高于华东其他沿海省市，其中大部分四类、劣四类海水集中在杭州湾海域。严峻的海洋生态污染形势，对沿岸海洋产业布局、滨海城镇建设有较大影响，也难以支持浙江省海洋经济高质量发展。

四、推动浙江省海洋经济高质量发展的建议

（一）推动建设世界级现代海洋产业体系

以数字化、绿色化、美丽化、联盟化为导向，全力推动船舶海工、滨海旅游等优势海洋传统产业加快高质量发展，培育壮大海洋生物医药、海洋信息与科创、海洋环保、海洋新材料等海洋新兴产业，力争实现产业规模和科研技术新突破。

一是加快船舶海工转型升级。以宁波、舟山为核心区，突破大型集装箱船、豪华邮轮、游艇、江海联运船舶等高技术船型、主力海工装备及其核心配套装备的技术工艺瓶颈，加快提升船舶动力系统、甲板机械、通信导航及自动化系统等的自主配套率，支持发展超大型干散货船和油船、大型集装箱船等高端特种船舶，开发绿色智能新船型，开展国际豪华邮轮维修业务，形成浙江高端船舶制造领域品牌优势，建设国际一流水平的船舶修造基地。培育发展大型海洋钻井、大型海洋生产及生活平台等海洋工程装备。推进水下运载及作业装备国产化。

二是推动滨海旅游业发展跃上新台阶。发挥区位及文化优势，结合生态海岸带标志性工程建设，使滨海旅游业跃上新台阶。积极创新滨海旅游业态，推出滨海运动休闲、海洋主题公园等新型产品，打造富有浙江特色的滨海旅游产品。积极向高端攀升，发展邮轮旅游、游艇观光等高端海洋旅游产品。统筹开发全省海岛旅游资源，积极打造“十大海岛公园”。支持宁波、温州、舟山、台州联合申报海上丝绸之路世界文化遗产。以宁波北仑、香山，舟山朱家尖，温州洞头，嘉兴九龙山为重点，科学推进邮轮母港、泊港和邮轮旅游服务中心建设。开展舟山邮轮无目

的公海游试点，努力把宁波建设成“21世纪海上丝绸之路”的国际旅游海港，把舟山群岛建设成国际知名旅游胜地与海洋休闲旅游目的地。

三是建设世界一流强港。优化提升宁波—舟山港集疏运体系，推动宁波一舟山港海铁联运的集疏运模式，大力提升港口铁路技术与能力，增强甬金铁路与义新欧班列的无缝对接，布局更多港区铁路货运专线。加强与国际港口合作及货运班轮公司对接。提高港口服务中抵港船舶的作业效率和口岸服务效率，加强口岸通关一体化。做强宁波—舟山港高端航运服务业。加大高端航运服务业集聚力度，提升宁波—舟山港的经济性和高效性。加大培育航运金融、航运保险、航运信息、航运经纪等服务业，逐渐形成市场品牌，扩大国际影响力。加强巩固船舶交易、燃料供应、船舶修造等服务业。加快推进宁波—舟山港绿色化、智能化，推广港区防风抑尘技术、油气回收利用综合治理技术等节能环保技术。提升港口智慧化水平，结合“互联网+”、物联网、大数据、云计算技术，提高港口快速响应综合能力和实时服务水平。建设统一的港航智慧化监管平台。提高港口专业化、现代化水平。加大港口智能物流装备新产品的研发和使用，加强人工智能、计算机仿真技术、智能优化调度等技术在港口的应用。

四是推动海洋生物医药业发展。重点发展功能性食品、医用食品、海洋保健品和海洋生物制品，力争在海洋生物医药领域新技术、新成果的研发应用及产业化取得大突破，着重在海洋生物资源提取利用的核心技术领域扶持创立一批领军企业和品牌。深化研究海洋生物活性萃取，重点开发具有自主知识产权的海洋生物蛋白、海洋生物多糖多肽及其衍生物等，培育壮大海洋生物医药产业。

五是推动海洋信息产业发展。深入实施数字经济“一号工程”，充分发挥“智慧海洋”工程的引领作用，重点加强海洋信息感知技术装备的研发和制造，推动阿里巴巴、海康威视等数字企业与海洋经济融合发展。积极参与国际卫星海洋应用系统研制，推动海洋卫星服务产品产业化。建设浙江省“智慧海洋”大数据中心，强化与阿里巴巴等数字经济龙头企业的战略合作，在海洋环境监测、水文气象、海洋渔业、海上安全等领域积极推动形成大数据产品，提高海洋信息面向社会的服务水平。重点开发高端船舶电子设备及其控制系统。

六是加快培育海洋环保产业。探索在污染较重的典型海湾和入海口建立海洋生态修复、海洋灾害应急处置等海洋环保技术示范区。重点加强船舶油污废水处理装备、海漂垃圾收集处置装备、海洋环境监测装备等技术装备研发，建立覆盖面更广、监测频率更高的海洋污染防治监测系统。培育海洋生态修复产业，攻关自然岸线修复、滩涂生态修复、海岛生态保护等关键技术难题，形成若干可推广、可复制模式，抢占海洋生态修复市场。

七是推动海洋新材料产业发展。高度重视海洋新材料的战略性作用，重点研发海洋耐蚀防污损材料、防水防渗材料、浮力材料等高性能工程材料。重点研发医用再生修复材料等海洋高技术材料，超前谋划研发海洋矿物新材料。

（二）努力提升海洋科技创新能力

一是加强海洋科技创新平台建设。推进杭州城西科创大走廊、宁波甬江科创大走廊、温州环大罗山科创走廊、浙中科创走廊、绍兴科创走廊等科创走廊建设，谋划建设湖州、舟山、台州等地的涉海科创平台。高水平建设浙江省海洋科学院，支持宁波建设国内一流的海洋科研机构。加快建设大湾区“智慧海洋”创新发展中心、海洋新材料实验室。在船舶与海洋工程、海洋大数据等领域打造一批科技企业孵化器。在海洋生物医药、海洋食品精深加工等领域建设一批省级企业科创载体。大力培育海洋科技领域的领军型企业，支持涉海科技型企业做大做强，引导涉海龙头企业建设涉海高技术企业。支持海洋科技领域国际合作平台建设，推动开展海洋领域国际联合研发与合作。

二是增强涉海科研院所的研究能力和学科建设。提升浙江省涉海院校办学水平。围绕港口航道与海岸工程、国际邮轮乘务管理、水产养殖、海洋资源与环境等领域，支持浙江省涉海院校与其他省市及国外高水平涉海院校开展多种形式的合作。建好涉海类优势特色学科和国家一流学科专业。加大涉海类学科专业建设投入，提升涉海类学科建设水平。推进海洋领域工匠培育工程，构建涉海类复合型技能人才培养体系。

三是强化海洋科技领域关键核心技术攻关。充分发挥卫星海洋环境动力学等国家重点实验室的作用，加大共性关键核心技术攻关力度。加大对海洋物理、化学、生物和地质的原创性、基础性理论研究。围绕海洋资源、防灾减灾、海洋新材料、海洋工程装备及高技术船舶等方向，增加投入，攻克一批关键技术难关，支持建设潮流能产业示范区，保持海洋潮流能科技成果及产业发展的国际领先地位，加快推进海洋科技成果转化应用。

（三）推进海洋生态文明建设

一是改善近岸海域环境状况。强化入海流域污染整治，深入实施“河长制”，重点抓好陆源污染控制，严格控制陆源污染入海。深入推进钱塘江、瓯江等重点流域水污染防治。强化全流域综合治理模式，特别是对长江流域，尽快完善跨区域联合治理机制，协同解决跨省污染问题。全面实施入海河流氮磷总量控制。加强入海排污口整治，全面整治重污染行业，通过提升装备技术、清洁生产改造、内部管理等，降低工业污染物入海总量，严格控制污染物和废水排放。建立对有毒有害污染物排放企业的管控制度。大力引导产业集聚发展，最大限度减少入海排污口。

二是建设生态海岸带。尽量利用沿海现有防护堤、现有道路和现有绿道进行改建，串联更多的沿海风景旅游资源，连通海湾的海上可体验蓝道、海岸可漫步绿道及海边可游览车道，形成贯通全省的可漫步、可骑行、可自驾、可乘船全方位体验海陆风情的休闲道。全力支持杭州、海宁千年海塘申请世界文化遗产，赋予生态海岸带更多的文化内涵。依托生态海岸带，规划、培育滨海湿地公园、滨海特色小镇、历史文化古镇、未来社区等。

三是完善海洋生态检测预警机制。针对浙江省海岸带资源环境的开发利用状况，建立陆海一体资源环境承载力监测预警体系。每五年开展一次全省海洋资源环境承载力评价，对临界超载区和超载区进行评价，并向社会发布监测预警信息，根据资源环境承载力保护状况及超载成因，分区、分类实施限制性措施。开展浙江省近岸海域生态环境本底调查监测，全面掌握近岸海域主要污染物质分布、污染程度及变化趋势。优化海洋环境常规监测的站点布设、监测项目和要素等，推进浙江省海洋环境监测体系层次立体化、手段多元化、信息综合化、规模扩大化、频次精细化。充分运用“互联网＋”和视频、雷达、无人机、卫星遥感、卫星终端等现代通信设备和信息技术，在全省沿海构筑一张“空天海港陆”综合监测网，监测、监视手段相互补充，融渔船、渔港、船厂、海域、海岛于一体，全天候对海洋环境进行综合监测。

四是提升防范海洋环境风险的能力。针对浙江省重要港湾和生态敏感海域，开展海洋环境风险源排查和综合性风险评估。对全省海洋环境风险高的地区，进行海洋环境灾害的重点整治，建立全省重点海湾和重点海域海洋环境灾害和海洋环境突发事件应急管理机制。加快建设基于“互联网+”的省、市、县三级海洋环境防灾减灾公共服务体系，提高海洋环境防灾减灾公共服务水平和海洋环境灾害风险应急能力。创新生态环境与自然资源（海洋）、港航、海事、水利等部门的海上联合执法举措，增强海洋生态环境保护执法能力。

五是创新陆海统筹生态保护机制。进一步完善以“湾长”为龙头、“滩长”为骨干，全面覆盖的“湾（滩）长”组织体系。建立海洋生态损害补偿制度。

（四）提升海洋经济对外开放合作水平

浙江省要抓住海洋经济外向型的优势，构建基于“21世纪海上丝绸之路”、长三角一体化、长江经济带、义甬舟开放大通道、甬舟一体化、自贸试验区等战略的海洋经济开放合作格局，全面提升浙江海洋经济对内、对外开放合作水平。

一是积极推进“21世纪海上丝绸之路”建设。加快推动与“海上丝绸之路”沿线国家在海洋经济、海洋科技创新和港航物流等领域的合作创新，加强浙江港口集群与“海上丝绸之路”沿线港口、航运企业的对接，推动组建“21世纪海上丝绸之路”港航物流联盟，推动跨境跨国“友好港”和“互惠港”建设。

二是全面融入长江经济带。重点推动与长江沿线地区港口和物流合作，稳步推进国内港口投资布局和管理输出，加快长江经济带“无水港”建设布局和长江黄金水道沿线码头投资合作，推动投资合作、业务拓展、互相参股、港区共建等多种方式的合作，形成相对统一的港口建设和运营规制及信息共享、互惠互利的联盟合作体。加快舟山江海联运服务中心建设，搭建舟山江海联运服务公共信息平台。共同推进长江经济带环境保护，建立健全污染物联合治理和污染源联合防控机制，完善上下游横向生态补偿机制。

三是主动推动长三角地区海洋合作开发。积极推进长三角地区港航联盟合作，明确浙江、上海、江苏的港航发展重点，避免重复建设、同质竞争。推动建立长三角地区区域协调机制，打造长三角地区区域航运产业信息、政策、机制交流平台。充分利用多式联运体系优势，大力拓展大宗散货和集装箱供应链服务，重点发展外轮供应服务、特色航运交易、船舶融资租赁、海事衍生服务等。积极主动与上海自贸试验区临港新片区管委会协商，争取在大洋山、衢山岛设立浙江自贸试验区联动创新区，推进上海自贸试验区与浙江自贸试验区联动互通。以集装箱物流服务、中转集拼及转口贸易服务、国际采购和分拨配送等为核心功能导向，加快大洋山的开发。

四是推动甬舟一体化发展。推动宁波、舟山聚焦绿色石化、港航物流、海洋经济等产业，加快构建分工协作、优势互补的产业链条和创新体系，整体提升两地产业竞争力和科技竞争力，共同打造浙江省“智慧海洋”建设核心区。依托宁波国家自主创新示范区、国家科技成果转移转化示范区及舟山新区等国家战略，加快高端海洋能源装备电缆系统、宁波海洋生物种业研究院等重大项目建设，共建海洋生物医药基地，共同打造高端船舶和海洋工程装备制造产业链。积极推进引航管理一体化、航运服务一体化、海事口岸一体化、代码章程一体化，深化宁波—舟山港一体化发展。全面推动舟山参与宁波“一带一路”综合试验区与中东欧经贸合作示范区建设，联合举办中国—中东欧国家博览会。加强国际产能合作，联合打造一批中外产业合作园区，加快跨国技术并购与国际科技成果的转移转化。

五是打造义甬舟开放大通道。义甬舟开放大通道是宁波、舟山地区与内陆腹地联系的便捷通道，可沟通中东和欧洲国家，将内陆腹地外贸物资通过宁波—舟山港及“海上丝绸之路”运往世界各地。浙江省应加快畅通以义甬舟开放大通道为主轴、以宁波—舟山港为引领、以海陆空多式联运为支撑、向西出境和向东出海的双向开放通道，探索开放型经济新体制，推动浙东沿海与中西部内陆腹地联动发展。

第四节　福建省海洋经济高质量发展途径研究

一、新时代福建省海洋经济面临的新形势和新机遇

（一）海洋综合管理体制改革稳步推进，为海洋经济高质量发展提供动能

福建省颁布《福建省海岸带保护与利用管理条例》，发布《福建省海洋生态保护红线划定成果》，在全国率先建立由海洋行政主管部门牵头的海岸带综合管理联席会议制度。厦门市率先在全国实施海岸带综合管理，成为联合国推广的示范模式之一。福建省率先在全国推进海域使用权市场化配置改革，制定出台《关于进一步提高海域使用审批效率的若干意见》，经营性项目用海以及海域采砂用海全面实现通过招、拍、挂确定所有权出让。探索建立项目投资额与占用岸线、海域面积挂钩制度，提高单位岸线和用海面积的投资强度。正式开通福建海洋产权交易服务平台，率先建立莆田市、晋江市海域收储中心，完成全国首例无居民海岛抵押登记，无居民海岛保护和利用及海域资源市场化配置工作持续位居全国前列。率先开展海洋环保目标责任制考核，并纳入党政领导生态环保目标责任制一并考核。“放管服”改革持续推进，深化行政审批“三集中”改革成效。行政审批和公共服务事项全部入驻福建省海洋与渔业厅行政服务中心。建立了“一个窗口受理、一站式审批、一条龙服务、一个窗口收费”标准运作模式。进一步规范“双随机、一公开”监管制度，构建“职能归口、监审分离、批管并重”的行政审批新机制。

（二）海洋经济加快发展为高质量发展奠定基础

福建省海峡蓝色产业带已初步形成，福州都市圈、厦漳泉两大海洋经济核心区域已初具规模。环三都澳、闽江口、湄洲湾、泉州湾、厦门

湾、东山湾等湾区经济发展形态显现。海洋经济从近海向海岛推进，打造了各具特色的功能岛，形成了“一带双核六湾多岛”的海洋经济发展格局。“十三五”期间，福建省海洋生产总值年均增长13%以上，由2015年的7076.0亿元增长到2019年的11409.3亿元（2016年跃居全国第三位）；海洋三次产业比例由2015年的7.2∶37.1∶55.6调整为2019年的5.9∶31.7∶62.4，第三产业比例明显提升；2019年海洋生产总值占全省生产总值的比重与2015年持平，为26.9%，海洋经济成为福建省地区经济发展的重要组成部分。

海洋产业加快转型升级。“十三五”时期，福建省重点培育提升千亿水产产业链，2019年全省渔业经济总产值3235亿元，年平均增速7.2%。大黄鱼、鲍鱼、海带、紫菜、牡蛎产量居全国首位，水产品加工总产量居全国第二位，远洋渔业综合实力跃居全国第一位。水产品出口创汇连续五年保持全国第一位。福建省在全国率先提出渔港经济区建设模式。产业融合不断推进，休闲渔业蓬勃发展，全省有“水乡渔村”150家，海钓基地10家，海上现代休闲渔业基地1家，全国休闲渔业精品示范基地2家，全国休闲渔业示范基地20家。海洋新兴产业发展规模不断扩大，成为全省海洋经济发展的重要增长点。港口物流、海洋旅游等海洋服务业蓬勃发展，海洋文化创意产业、海洋信息服务业等新兴业态不断涌现。2019年，福建省沿海港口货物吞吐量达59484亿吨，超过天津市，集装箱吞吐量达1726万标准箱。

海洋基础设施建设和公共服务体系不断完善，为海洋经济高质量发展提供了保障。港口服务经济社会能力显著提高，2019年，福建省沿海港口万吨级以上泊位481个、10万吨级以上泊位30个，深水泊位占比34%。已具备停靠大型集装箱货船、邮轮和散货船等主流船型的条件。

海洋防灾减灾能力持续提升，福建省实施了海洋防灾减灾“百个渔港建设、千里岸线减灾、万艘渔船应急”的“百千万”工程项目建设。加快渔港建设进度，截至2019年底，福建省已（在）建各级渔港总计294个，其中，中心渔港11个、一级渔港17个、二级渔港及避风锚地79个、三级渔港187个。“数字海洋”建设稳步推进，海洋观测预报信息综合应用体系基本健全。海洋环境监测预警能力进一步提高，针对赤潮高发区域核电站等重点区域开展跟踪监测，福建省率先在国内形成了涵盖实时观测、数据接收与处理、海洋预警报信息产品制作、信息服务、防灾决策支持的区域性海洋环境数据业务链，实现了对台湾海峡及毗邻海域水文气象的实时监控和信息服务。

涉海重点项目建设落地生根。福建省每年推动120项总投资约400亿元的海洋重点项目。福州、厦门被列入国家首批“十三五”海洋经济创新发展示范城市，分别获得1.8亿元国家启动资金支持。建设惠安崇武、东山大澳等八个渔港经济区。投入1500万元，实施海带、对虾、河鲀等水产种业创新与产业化工程项目。加快建设诏安金都海洋生物产业园等一批海洋产业园区，五缘湾游艇港已成为国内规模最大、最成熟的游艇港之一。福建省海洋产业集聚水平不断提高。

（三）海洋科技创新步伐加快为海洋经济高质量发展提供动力

“十三五”期间，福建省海洋科技研发投入持续加大，自然资源部海岛研究中心、厦门南方海洋研究中心、海洋事务东南研究基地、虚拟海洋研究院，以及国家海洋三所、厦门大学、集美大学、华侨大学等涉海科研院校组成的海洋科技创新平台发挥驱动作用，科技贡献率达60.5%。厦门南方海洋研究中心海洋产业公共服务平台共享系统，整合了福建省内17家企事业单位共508台（套）设备、188项服务，对外开放共享，为用户提供“一站式”服务。闽台重要海洋生物资源高值化开发技术公共服务平台、福建重要海洋经济生物种质库与资源高效开发技术公共服务平台、闽台（福州）蓝色产业园渔业装备研发平台等平台建设取得阶段性成果。海洋生物种业技术国家地方联合工程研究中心、福建省卫星海洋遥感与通讯工程研究中心获批。福建省成立了福建省海洋生物医药产业创新联盟，加快建设省水产品加工产业等技术创新战略联盟。福建省实施了国家海洋公益专项和省海洋高新产业发展专项 240 余项，投入资金 1.74 亿元，一批海洋产业重大关键共性技术攻关取得突破，50 多项成果获省级科技进步奖和国家行业科技奖。鱼肝油乳、鲎试剂氨基葡萄糖、胶原蛋白肽、微藻 DA、琼胶、卡拉胶、海洋抗菌肽、海洋生物酶等一批具有自主知识产权的产品，在全国产生较强的影响力。海洋科技成果转化进一步提速，依托中国·海峡创新项目成果交易会等平台，成功对接海洋高新产业项目 900 余个，涌现一批海洋科技创新型企业。

（四）海洋生态文明建设加快推进

“十三五”期间，福建省海洋生态环境保护意识进一步增强，把海洋生态文明建设纳入海洋开发总体布局，着力推动绿色发展，近海海域海洋环境质量不断向好。福建省先后出台了《“十三五”福建省海岸线管控实施暂行方案》《福建省海岸带保护与利用管理条例》《福建省海岸带保护与利用规划（2016—2020 年）》等一系列政策法规与规划。福建省出台自然岸线保有率管控目标责任制，保持自然岸线保有率居全国前列。在全国率先建立海洋环保目标责任制，对沿海六个设区市和平潭综合实验区实行海洋环保目标责任制考核。海洋保护区规模质量同步提升。

陆源和海域污染得到有效控制。2017 年，福建省近海达到第一、二类水质标准的海域面积为 88.9%，在沿海省级行政区中排名第二。2017

年，全省自然岸线保有率达46.36%，高出规划要求近10%。福建省实施"蓝色海湾"整治行动计划，开展了厦门、平潭"蓝色海湾"整治修复工程。开展了九龙江—厦门重点海湾污染物排海总量试点，着力解决渔业养殖污染。海洋生态进一步修复，推进连江洋屿、厦门火烧屿和鼓浪屿等海岛整治修复工程，推进平潭大屿生态示范岛建设。举办常态化增殖放流活动。建立了11个水产种质资源保护区，建成了7个国家级海洋公园。

福建省制定了《福建省建立生态环境资源保护行政执法与刑事司法无缝衔接机制的意见》，力促海洋生态环境违法行为"行刑衔接"，维护海洋生态环境资源安全。持续实施"百姓富、生态美"海洋生态渔业资源保护十大行动，力争实现"福建江河湖海年年有鱼"的目标。有序推进美丽渔村建设，促进休闲渔业蓬勃发展。

（五）对外开放不断取得新进展，为海洋经济高质量发展拓展新领域

福建省稳步推进海洋渔业"走出去"战略，境外远洋渔业综合基地数量与规模均居全国第一。"十三五"期间，11家企业在境外国家建立水产养殖基地，养殖面积超1.3万平方米，投资超过11亿美元，规模位居全国第一。

通过举办展会等搭建平台，助力打造"21世纪海上丝绸之路"核心区。通过世界海洋日暨全国海洋宣传日、平潭国际海岛论坛、中国（福州）国际渔业博览会、厦门国际海洋周等重大活动，充分展示海洋事业的发展成就，积极加强与各国的联系交流。主动融入中国—东盟国家合作框架，在全国率先建立中国—东盟海产品交易平台、中国—东盟海洋合作中心，率先谋划与东盟国家合作项目，加快推进"海上丝绸之路"国际文化交流中心、"21世纪海上丝绸之路"城市联盟等项目，为"一带一

路”国际合作注入全新活力。闽台海洋合作深入推进，建立海峡两岸（福建东山）水产品加工集散基地、霞浦县台湾水产品集散中心、连江县海峡西岸水产品加工基地、漳浦县台湾农民创业园渔业产业区等闽台渔业合作示范区。

二、福建省推动海洋经济高质量发展的举措

（一）积极推进海洋产业园区建设

福建省重点发展闽台（福州）蓝色经济产业园、厦门海沧海洋生物产业园区、石狮海洋生物科技园、诏安金都海洋生物产业园等一批海洋特色产业园区。推动福州“蛟龙号”装备·科普基地、海峡蓝色经济试验区发展规划展示馆建设。充分发挥厦门南方海洋双创基地产业集聚和孵化引导作用，打造国内首个海洋“众创空间”。

（二）积极培育壮大海洋新兴产业

重点推进福州、厦门、漳州海洋生物制品研发生产基地建设。推进宁德霞浦、长乐、福清、平潭、莆田南日岛和平海湾等海上风电项目。推动福建海风装备制造基地等一批海洋工程装备制造关键技术产业化示范工程，大力推进福建深远海养殖装备等海洋工程装备产业发展，打造宁德、福州、泉州、厦门、漳州等海洋工程装备业基地。

（三）推动传统海洋渔业转型升级

开展渔业健康养殖示范创建活动，推广标准化池塘、深水网箱、工厂化养殖和封闭式循环水养殖等生态养殖模式。开展“水乡渔村”和第三批“福建渔业品牌”评选，办好厦门国际休闲渔业博览会等活动。推动惠安崇武、东山大澳、霞浦三沙等渔港经济区开工建设。培育闽南、闽中、闽东三大水产加工产业集聚区，打造 12 个年产值 20 亿元以上的水产品加工产业集群。大力发展远洋渔业，推进印尼项目渔场改造及改场生产，

规划布局东南亚、非洲、南太平洋等地区的远洋渔业基地。

（四）加快“海上丝绸之路”核心区建设

推动“海上丝绸之路”核心区建设走深、走实，实施丝路海运、丝路飞翔等七大标志性工程。支持平潭开放开发，加快建设国际旅游岛。2018年以来，福建省与“海上丝绸之路”沿线国家和地区的贸易额增长了11%以上。

（五）加强海洋生态环境治理

深入落实“河长制”，加强水源地保护，加强海洋污染防治，确保主要流域水质稳中有升，小流域三类以上水质比例达90%。开展海洋资源价值实现等生态产品市场化改革试点，完善碳排放权、排污权等环境资源有偿使用制度。

（六）统筹推进“智慧海洋”工程建设

出台并落实《“智慧海洋”工程建设方案》，推动福建省海洋科技、数字经济和装备发展。实施“数字海洋”，建设海洋大数据中心，形成分类、分级的海洋与渔业数据管理体系。福建省海洋与渔业局、集美大学及南威软件集团共建“智慧海洋”平台，充分利用三方在政策、产业、技术、资本、人才等方面的优势，致力于推动福建省“智慧海洋”工程建设。

（七）持续开展海洋领域重点改革突破

探索建立全省跨部门、跨区域的海洋综合管理协调机制。依托福建自贸试验区，推动设立中国（福建）海洋产权交易中心，积极探索开展福建海域采砂临时用海、填海造地、工业用海等海洋产权交易和二级流转业务，全面推进海洋资源市场化配置。

三、福建省海洋经济发展存在的主要问题

福建省推动海洋经济高质量发展取得了显著成效，但也存在科技创新驱动不足、要素集聚不强、海洋新兴产业规模较小、海洋渔业发展不平衡等短板。

（一）要素保障不足，影响重点工程、重大项目的实施进度

在财政资金方面，福建省自被列为国家海洋经济试点省份以来，没有专门的海洋专项资金预算，只能从每年的农业资金中安排 1 亿元专项资金用于扶持海洋经济发展，无法满足海洋经济发展和项目建设需求。相比之下，浙江省“十三五”海洋经济专项资金已增加到每年 12 亿元，广东省每年安排 3 亿专项资金支持海洋经济发展。此外，从 2016 年起，国家取消了对渔港建设的全额投入，地方政府需要自行承担总投资的 35%。福建省大部分地区地方财政薄弱，几乎无力承担配套资金部分。在金融支持方面，尽管福建省在海洋企业助保贷、产业创投基金、贷款贴息等金融创新方面进行了有益的探索，取得了一定成效，但因为控制金融风险、调整金融贷款政策等原因，福建省以民营为主体的涉海企业扩大再生产仍然困难，融资难、融资贵问题难以得到解决。

（二）海洋资源与生态环境压力仍然很大

局部海域污染程度加重，海洋陆源污染尚未得到根本控制，近岸海域污染范围有扩大趋势。沿海滩涂和海湾面积减少，水体交换、渔业资源苗种繁育等生态指标下降，海洋生物多样性受到影响。违法采砂、违法倾废时有发生。这些构成了福建省海洋与渔业发展的深层次压力，制约了福建省海洋经济高质量发展。

（三）海洋渔业发展不平衡、不协调、不可持续的问题突出

海水养殖水域受到挤占，发展空间迅速萎缩。海洋渔业资源利用实

行总量管理，近海捕捞受到限制。国际海洋管理制度日趋严格，渔业“走出去”的难度加大，特别是远洋渔业遭遇发展瓶颈。台风等极端天气和各种自然灾害呈多发趋势，给海洋渔业生产安全带来严重威胁。水产品质量安全风险依然存在。

（四）海洋经济粗放发展方式的短板依然突出

海洋科技创新驱动发展能力不足，海洋产业结构趋同，海洋新兴产业和现代海洋服务业规模较小，海洋经济服务配套体系不完善，科技、金融等方面的制约要素亟须破解，资源与生态环境约束显现。

四、推动福建省海洋经济高质量发展的建议

海洋是福建省的优势所在、潜力所在。要进一步开阔视野，把海洋资源优势转化为经济优势、高质量发展优势，不断为海洋经济高质量发展注入新动能，探索新路径。

（一）培育海洋经济发展新增长极

1. 打造湾区和海岛经济

提升福建省湾区经济的战略定位，推动环三都澳、闽江口、湄洲湾、泉州湾、厦门湾、东山湾湾区经济发展。推动环三都澳拓展海上生态修复整治成果，发展生态渔业等产业。推动闽江口养殖设施升级改造，发展海洋碳汇渔业等产业。推动湄洲湾海洋牧场建设，发展深远海养殖等产业。推动泉州湾海洋生物科技园建设，发展海洋电子信息产业。推动厦门海沧生物医药港建设，发展海洋药物和生物制品等产业。推动东山湾渔业特色园区建设，发展水产精深加工等产业。在总结自贸试验区建设经验的基础上，在厦门湾等地加快探索“湾区＋自由贸易港”的发展模式，在金融、贸易、航运等领域进一步加大对外开放的力度，借势借力提升福建省海洋经济实力。加快发展厦门、平潭、湄洲等地的海岛特色

海洋经济，挖掘整合丰富海岸、海岛、渔业渔村和海洋文化资源，打造宜居、宜业、宜游的特色海岛，发展生态秀美、人居优美、人文淳美的岛群经济，使海岸线成为美丽的风景线，培育滨海旅游目的地。

2. 构建现代海洋渔业体系

加快推进福建大黄鱼、鳗鲡、海带、鲍鱼、牡蛎等十大品种千亿产业链建设，巩固海洋优势产业。大力发展品牌渔业、智慧渔业和生态渔业，转变海洋渔业增长方式，实施种业创新与产业化工程。加快推进浅海滩涂养殖向规范化、生态化转型，鼓励发展智能化抗风浪深水网箱养殖、全塑胶渔排养殖、陆基工厂化全循环海水养殖、池塘工程化循环水养殖等模式。加强渔业资源养护和恢复，严格实行伏季休渔制度，推进增殖放流、封岛栽培和人工鱼礁建设，打造海洋牧场。推进水产品加工高质量发展，提升水产品精深加工工艺和冷链物流体系，培育区域特色品牌，建设新型多元的水产品交易平台，探索水产品电子商务新模式，打造连江、福清、东山等国家级水产品加工示范基地，构建闽东、闽中、闽南 3 个水产品加工产业带。优化海洋渔业产业结构，延伸做强海洋渔业产业链，全面提升现代海洋渔业发展水平和竞争能力，促进海洋渔业增效、渔民增收。

3. 提升临港工业质量

充分发挥深水岸线优势，大力吸引和布局临海产业项目，重点发展绿色石化、电子信息、冶金新材料、海洋船舶、新能源汽车、高端装备、海洋新能源等先进制造业，打造临海经济发展集聚区和拓展区，强化海洋第二产业支柱作用。以智能制造为主攻方向，引导临港工业主动对接“中国制造 2025”战略，推进供给侧结构性改革，努力形成技术领先、配套完备、链条完整的东南沿海先进临港工业基地。

4. 发展壮大海洋新兴产业

依托福州和厦门海洋经济创新示范城市建设，推进海洋经济创新发展，重点打造海洋生物医药与制品产业链，以及海洋高端装备产业链。鼓励开发以海洋生物毒素、多糖、蛋白质和海洋脂类物质为主要成分的海洋创新药物，发展高端蛋白质、海藻多糖、壳聚糖、维生素、海洋生物酶制剂、海洋渔用疫苗、海洋化妆品等海洋生物制品。实施一批海洋工程装备制造关键技术产业化示范工程，培育海洋风能工程、深海大型养殖、深海采矿、海上旅游休闲和海水综合利用装备，积极发展用于水下打捞、海上救援、海道测量、港口航道施工、深水勘探等关系国计民生和军民融合的重大装备，打造宁德、福州、泉州、厦门、漳州等海洋工程装备业基地。加快发展现代海洋服务业，重视利用互联网、物联网、大数据、云计算等现代信息技术，重点发展港口物流、海洋旅游、涉海金融、海洋文化创意、海洋信息服务等产业，提升海洋第三产业的引领和服务作用。

5. 加快“智慧海洋”工程建设

全面提升经略海洋的能力，推动“21 世纪海上丝绸之路”和海洋强省建设。聚焦海洋信息基础设施和能力建设，建设覆盖台湾海峡毗邻海域感知网，打造整体联动的海洋观（监）测网，形成全天候海洋感知能力，积极实施“智慧海洋”福建示范区建设，推进对台湾海峡精细化预测预报智能服务、“一带一路”合作与应用智能服务、海洋新装备开发与产业化应用、“智慧海洋”支撑体系四个方面的项目建设。围绕提升海洋渔业公共服务水平，推动渔业渔政信息化管理建设，提升福建省电子政务发展水平。推动福建省海洋大数据中心建设，建立汇集海洋与渔业经济、管理、环境、防灾减灾等信息资源，面向行业应用、军民融合、公众服务的数据汇聚共享平台，形成分类、分级的海洋与渔业数据管理体系，提升行业大数据分析、运用和综合管理能力。发展“互联网+”海洋，推动新一代信息技术与各个海洋产业的深度融合。

6. 推动海洋产业园建设

发挥要素集聚作用，继续推进闽台（福州）蓝色经济产业园、诏安金都海洋生物产业园、石狮海洋生物科技园、漳州招商局开发区海工装备产业园、福建省船舶工业集团马尾船政船舶与海工装备园、厦门翔安欧厝和海沧排头游艇产业园区、漳浦游艇产业园区、古雷海水淡化工业园等一批园区的建设。加快研究制定鼓励项目入园的相关优惠政策措施，借助“飞地港”政策，吸引内陆地区企业在园区内建设各具特色的海洋产业园，打造园中园发展模式。

7. 统筹东南沿海渔港群建设

将渔港经济区建设作为实施乡村振兴战略的重要载体，统筹全省渔港、澳口、避风锚地和执法码头岸线资源，积极拓展渔港功能，结合城镇建设和产业聚集，加快建设以渔港为龙头、以城镇为依托、以海洋渔业为基础，集渔船停泊、避风、补给及水产品集散和加工、休闲渔业、渔民转产转业、滨海旅游、新渔村、城镇建设为一体的渔港经济区。

（二）提升海洋科技创新能力

1. 重点建设海洋科技创新平台

整合各类涉海创新资源，提升自然资源部海岛研究中心（平潭）、自然资源部第三海洋研究所等国家级海洋科技平台，以及海洋事务东南研究基地等高校涉海科技创新机构的功能，构建海洋产业技术创新联盟，重点围绕海水养殖良种、海洋药物与生物制品、海洋功能食品、海洋新型材料、海洋工程装备、海洋生态环保等领域开展攻关，突破一批关键、共性技术难题。支持企业加强与中国科学院海洋研究所、中国海洋大学等知名科研机构合作。大力推进科技兴海战略深入实施，继续推动海洋经济创新发展区域示范不断深入，推进厦门海洋高技术产业基地和海洋三所漳州科技兴海研发基地建设。

2. 推动海洋科技人才集聚

支持省内相关高校加强涉海学科专业建设，扩大高校的涉海院系办学规模。支持在闽科研机构、高校和涉海企业共同建立海洋人才培养培训与实习见习基地，联合培养高端海洋科技人才和创新型人才。实施新型渔民科技培训工程，提高广大渔民新技术应用水平，培养一批技术能人、带头人。加大海洋高端人才引进力度，重点引进海洋船舶与海工装备、海洋药物和生物制品、海洋信息服务、现代渔业等领域核心技术团队和高端人才。努力推动海洋领域大众创业、万众创新，支持和吸引有能力的科技人员、高校毕业生等各类市场创业主体共同参与海洋科技创新。

（三）扩大对外开放合作

1. 加强海上通道建设

围绕推进全省港口一体化发展的目标，整合港口航线资源，优化港口功能布局，重点加快厦门东南国际航运中心建设，建立并完善与“海上丝绸之路”沿线国家和地区市场对接的港口物流服务体系，提升港口信息化建设水平，提高海上通道的交通运输效益，发挥港口的国际贸易纽带作用。深化与“海上丝绸之路”沿线国家和地区的海洋经济贸易文化交流合作，重点开展与东盟、印度洋沿岸、中东、非洲国家的海上互联互通。

2. 实施海洋渔业“走出去”战略

加强与毛里塔尼亚、几内亚比绍等国家的合作，加快建设中国—东盟海产品交易所，推进马来西亚、缅甸、柬埔寨等分中心建设，推动远洋渔业快速发展，开发远洋渔业新渔场，开拓过洋性渔业资源，鼓励开发极地渔业资源。大力发展海外养殖业，支持利用传统优势海洋渔业品种及技术到海外发展规模化养殖。加快建设海外渔业综合基地，打造集捕捞、养殖、加工、运输、销售于一体的综合性远洋渔业基地，提高参与国际渔业资源配置的能力。

3. 加快对外合作平台建设

发挥厦门国际海洋周、中国（福州）国际渔业博览会的作用，吸引更多国家和地区开展海洋科技、海洋防灾减灾、海洋文化和渔业科技贸易活动。推进中国—东盟海洋合作中心建设，扩大“蓝色朋友圈”。发挥对台湾地区先行先试的独特优势，全面推进闽台海洋领域深度交流与合作，探索参与海洋保护、开发的有效途径，建立海上经济合作和共同开发机制。

（四）深化海洋生态文明建设

1. 切实保护海洋生态空间

坚持陆海统筹，统筹规划海域空间开发利用，全面加强海洋生态保护红线管控，科学布局海上生产空间、生活空间、生态空间“三区”，扩大海洋生态修复空间。

2. 推进海域海岛资源节约、集约利用

强化建设用海空间生态管控，推进海岸线自然化和生态化，探索海洋资源科学利用新模式。建立并不断强化地区、部门、企业海陆污染联动治理机制，制定各入海河流和陆源排污口污染物排放总量控制目标，探索开展排污权交易。建立健全海洋生态补偿机制，促进海洋生态环境保护，提升海洋生态文明建设水平。

3. 加强海洋综合整治修复

推进海湾综合整治、海岸带湿地修复、海岛生态整治修复工程，建设清洁美丽的海洋。推进厦门市、晋江市、东山县海洋生态文明示范区建设，打造“碧海银滩”品牌，为全国海洋生态文明建设和海洋经济高质量发展提供范例。

（五）推进海洋文化繁荣发展

1. 弘扬福建特色海洋文化

福建省是中国海洋文化的重要发源地之一，地域特色鲜明的妈祖文化、“海上丝绸之路”文化、郑和下西洋文化、船政文化等，在我国乃至世界海洋文明发展史上都具有重要地位。建设海洋强省，需进一步加强全民海洋意识宣传教育，提升海洋强省软实力。

2. 巩固世界海洋日暨全国海洋宣传日活动品牌

打造高品质海洋文化节庆活动，依托厦门国际海洋周、（福建）“海上丝绸之路”国际艺术节、平潭国际海岛论坛、“海洋杯”中国·平潭国际自行车公开赛等各具特色的海洋文化节庆活动，开展广泛、深入的海洋宣传活动，不断提升公众的海洋意识。

3. 促进海洋特色文化产业发展

弘扬新时代海洋文化价值观，大力开展海洋特色文化产品的创意研发、品牌培育渠道建设、市场推广，打造宁德（霞浦）国际滩涂摄影和海峡影视动漫两个基地，规划建设渔业文化展示平台，塑造具有核心竞争力的海洋特色文化品牌。依托相关地域海洋传统文化资源，大力发展海洋特色文化乡镇和渔村，建设富有海洋传统文化特色和海洋自然景观的滨海乡镇渔村，因地制宜发掘海洋特色文化，促进城乡居民就业增收。

第五节　天津市海洋经济高质量发展途径研究

一、新时代天津市海洋经济面临的新形势和新机遇

（一）党和国家高度重视天津市海洋经济高质量发展

2013 年 9 月，经国务院批准，国家发展改革委印发《天津海洋经济科学发展示范区规划》，自此天津成为继山东、浙江、广东、福建之后，第五个被国务院确定为全国海洋经济发展试点地区的省级行政区。[①]2015 年 2 月，原国家海洋局印发《关于支持天津建设海洋强市的若干意见》，要求天津市加快建设海洋强市，为全国海洋经济发展提供示范。2016 年 10 月，原国家海洋局和财政部共同批复《“十三五”期间海洋经济创新发展示范城市工作方案》，确定天津滨海新区等 8 个区市为首批海洋经济创新发展示范区。2018 年 12 月，国家发展改革委、自然资源部联合印发《关于建设海洋经济发展示范区的通知》，支持天津临港等 14 个海洋经济发展示范区建设。党和国家对天津市海洋经济发展的国家级战略定位和出台的重大措施，充分体现了国家对天津市加快发展海洋经济的高度重视，要求天津市海洋经济发展走在全国前列，并将发展海洋经济、建设海洋强市作为新时代天津市经济发展的重要主攻方向及推动天津市经济高质量发展的重要支撑。

事实上，早在 2006 年 5 月，为了更好地推进天津滨海新区开发开放，国务院就出台了《关于推进天津滨海新区开发开放有关问题的意见》。天津市是我国北方第一个自贸试验区。2014 年 12 月 28 日，第十二届人大常委会第十二次会议通过关于授权国务院在中国（广东）自贸试验区、

① 佚名.天津实施海洋经济科学发展示范区规划[J].政策瞭望，2013（10）：54.

中国（天津）自贸试验区、中国（福建）自贸试验区以及中国（上海）自贸试验区扩展区域暂时调整法律规定的行政审批的决定。2015 年 3 月，中央政治局审议通过广东、天津、福建自贸试验区总体方案。2015 年 4 月 21 日，中国（天津）自由贸易试验区正式挂牌。2015 年 2 月，经国务院批准，天津国家自主创新示范区在天津滨海高新技术产业开发区揭牌，成为我国 7 个国家自主创新示范区之一，在推进自主创新和高技术产业发展方面先行先试，探索经验，作出示范。2015 年 4 月，中共中央政治局审议通过了《京津冀协同发展规划纲要》，指出推动京津冀协同发展是一个重大国家战略，要在京津冀交通一体化、生态环境保护、产业升级转移等重点领域率先取得突破。天津市作为“双城”之一，定位是“全国先进制造研发基地、北方国际航运核心区、金融创新运营示范区、改革开放先行区”。设立国家自由贸易区、打造国家自主创新示范区、开发开放滨海新区、京津冀协同发展四大战略机遇叠加，为天津市做好“经略海洋”文章、做大做强海洋经济、加快建设现代化海洋经济体系、推动海洋经济高质量发展，创造机遇和条件。

（二）海洋经济实力稳步提升

近年来，天津市海洋经济稳步增长，海洋生产总值由 2016 年的 4046 亿元增加到 2019 年的 5268 亿元，年均增长率为 9.2%，占全国海洋生产总值比重为 5.89%，在沿海省级行政区中位居第七。海洋生产总值对地区经济贡献显著，占地区生产总值比重的 30% 左右，成为天津市经济发展的重要支柱。海洋三次产业结构比例为 0.2：47.5：52.3。

海洋传统产业优势显著。海洋旅游业保持快速增长，推进全域旅游与相关产业不断融合。位于滨海新区的天津海昌极地海洋公园、泰达航母主题公园、东疆湾人工沙滩等成为全市热门景区。2018 年，天津市滨海旅游收入 3914.4 亿元，同比增长 10.4%。接待入境游客 198.3 万人次，外汇收入 11.1 亿美元。其中，邮轮母港共接待国际邮轮 116 艘次，进出境旅客达 68.3 万人次。海洋交通运输业稳中有进。2018 年，天津市港口货物吞吐量比上年增长 1.4%，集装箱吞吐量比上年增长 6.2%。天津港集团、厦门港务控股集团、天津港中谷物流发展有限公司共同签署“两港一航”战略合作框架协议，携手打造南北内贸集装箱海运精品航线，向着运储、商贸、金融一体化融合发展的智慧物流体系迈进。

海洋新兴产业发展势头良好。海水利用业快速增长，居全国领先地位。天津市是我国最早开展海水利用的城市之一，具有良好的技术能力和发展基础，目前已形成了以自然资源部天津临港海水淡化与综合利用示范基地等为龙头的海水淡化及成套设备产业集群。2018 年，天津市海水直接利用量 131030 万吨，同比增长 5.0%。海水淡化产量 4098 万吨，同比增长 18.2%。海水淡化日产能力达 30.6 万吨，居全国首位。北疆电厂因“海水淡化—浓海水制盐—海水化学元素提取—浓海水化工”的循环经济模式而被列为全国海水综合利用循环经济发展试点和向市政供水试点单位。海洋可再生能源业发展势头良好，2018 年海上风电装机容量达 31.9 万千瓦，同比增长 17.3%。海洋工程装备产业发展势头加快，天津港保税区临港区域以全产业链服务为特色的海洋工程装备产业集群正在加速形成。其中，以中船重工、博迈科、海油工程、泰富重工等为龙头的 30 余家高端海工装备产业实现集聚发展、规模化发展。在海洋生物医药业方面，已成功研制了缓解视疲劳胶囊、海洋植骨新材料开发、海洋微藻复合多糖等一批海洋生物医药新产品。

（三）海洋科研实力较为雄厚

天津市具有强大的海洋科技力量、雄厚的海洋科研优势，基本形成海水淡化及综合利用、海洋工程建设、海洋环保、海洋生物医药业四个方面的海洋科技创新体系，在港口工程建筑、海水资源综合利用、海工装备研发和海洋环境监测方面优势明显，处于全国技术领先地位。天津市拥有全国唯一的国家级海洋高新技术开发区——塘沽海洋高新技术开发区，聚集国家级和省部级海洋科研院所 23 家（表 4.3），省部级以上海洋重点实验室 14 个（表 4.4），涉海工程（技术）研究中心 29 个（表 4.5），设有涉海专业的高等院校 8 所（表 4.6），为海洋科技和海洋产业发展提供充足的高端科技人才和技术支撑。“十三五”期间研制成功的“海燕”水下航行器填补了国内该领域空白，混合式光纤传感技术达到国际先进水平。

表 4.3 天津市国家级和省部级海洋科研院所

序号	海洋科研院所	序号	海洋科研院所
1	自然资源部天津海水淡化与综合利用研究所	13	中海油天津化工研究设计院有限公司
2	国家海洋技术中心	14	渤海油田勘探开发研究院
3	国家海洋信息中心	15	渤海钻探工程技术研究院
4	中国船舶重工集团公司第七〇七研究所	16	中交第一航务工程勘察设计院有限公司
5	中国船舶重工集团公司天津修船技术研究所	17	中交天津港湾工程研究院
6	中海油天津化工研究设计院有限公司	18	中交天津港航勘察设计研究院
7	中海油渤海石油公司研究院有限公司	19	交通运输部天津水运工程科学研究所
8	天津渤海水产研究所	20	中国船舶重工集团七一八研究所天津分部
9	天津大学河流海岸工程泥沙研究所	21	天津市北洋水运水利勘察设计研究院有限公司
10	中国石油集团渤海钻探工程有限公司工程技术研究院	22	大港油田石油工程研究院
11	中海油能源发展工程技术公司非常规技术研究院	23	中国石油天然气股份有限公司大港油田勘探开发研究院
12	中海油能源发展股份有限公司钻采工程研究院		

表 4.4 天津市省部级以上海洋重点实验室

序号	海洋重点实验室	序号	海洋重点实验室
1	港口与海岸工程实验室	8	天津大学港口与海洋工程教育部重点实验室
2	中海油能源发展股份有限公司钻采工程研究院钻采工艺实验室	9	“数字海洋”科学技术重点实验室
3	滨海土木工程结构与安全教育部重点实验室	10	水利工程仿真与安全国家重点实验室
4	海洋环境信息保障技术重点实验室	11	天津市水产生态及养殖重点实验室
5	天津市海洋资源与化学重点实验室	12	天津市膜科学与海水淡化技术重点实验室
6	天津市海洋气象重点实验室	13	天津市环渤海关键带科学与可持续发展重点实验室
7	海洋观测技术重点实验室	14	滨海土木工程结构与安全重点实验室

(四)陆海交通区位优势明显

天津市地处太平洋西岸，华北平原东北部，面向东北亚，是欧亚大陆桥重要节点城市，是环渤海经济圈和京津冀城市群的交汇点，是连接国内外、联系南北方、沟通东西部的重要枢纽，是中国参与区域经济一体化和经济全球化的重要门户，在区域经济发展和“一带一路”建设中具有重要的战略地位。

天津市是亚欧大陆桥东部起点城市，拥有三大陆海联运通道通往欧洲：一是途经满洲里、黑河和绥芬河前往俄罗斯，再转向欧洲；二是途经新疆阿拉山口前往中亚，再转向欧洲；三是途经内蒙古二连浩特前往蒙古国，再转向欧洲，比从连云港出发近 400 多千米。同时，天津市也是中、蒙、俄经济走廊主要节点。中石油与俄罗斯石油公司签署了建设天津炼油厂及向该厂供应原油的合作协议，预计炼油厂建成后，年产能将达到 1600 万吨。未来，天津市会继续发挥好港口航运的优势，通过满洲里货运物流通道，加强中俄两国之间的物流合作发展，进一步扩大原油、东线天然气管道方面的合作。

表 4.5 天津市涉海工程(技术)研究中心

序号	涉海工程(技术)研究中心	序号	涉海工程(技术)研究中心
1	吹填造陆与滨海软土工程技术教育部工程研究中心	16	自然资源部天津海水淡化与综合利用研究所实验基地
2	海水资源高效利用化工技术教育部工程研究中心	17	天津大学滨海海洋工程研究中心
3	海水综合利用技术研究中心河北工业大学曹妃甸工业区循环经济与新能源发展研究院	18	中海油能源发展采油工程研究院
4	国家海洋技术中心	19	天津市海洋装备技术工程中心
5	天津大学海洋生态环境研究中心	20	天津市海洋环境保护与修复技术工程中心
6	天津市沿海滩涂生态重建技术工程中心	21	天津市海洋化工技术工程中心
7	中国船级社海洋工程技术中心	22	中国海洋石油(海洋油田)提高采收率重点实验室
8	中国海洋石油总公司计量检测中心	23	中海油能源发展股份有限公司非常规勘探开发重点实验室
9	中国海洋石油总公司节能减排监测中心	24	海洋石油工业腐蚀防护重点实验室(天津)
10	中国水产科学研究院渤海水产研究中心	25	自然资源部天津海水淡化与综合利用研究所实验基地
11	中海油LNG加气站成套设备总装测试基地	26	中海油海洋工程技术中心
12	中海油实验中心渤海实验中心	27	天津市海洋化工技术工程中心
13	中海油天津分公司三维可视化中心	28	天津市海华技术开发中心
14	国家海水利用工程技术研究中心	29	国家海洋与港口环境监测装备产业计量测试中心(天津)
15	天津市滨海软土技术工程中心		

表 4.6 天津市设有涉海专业的高等院校

序号	高等院校	涉海专业	序号	高等院校	涉海专业
1	天津大学	港口与海岸工程	5	天津师范大学	海洋生物学
2	河北工业大学	海水利用	6	天津商业大学	海洋食品与药物
3	天津理工大学	船舶与海洋工程	7	天津城建大学	港口航道与海岸工程
4	天津科技大学	海洋环境科学	8	中国人民解放军海军工程大学勤务学院	海军后勤技术

天津市是海上合作战略支点。天津港同世界上 180 多个国家和地区的 600 多个港口有贸易往来。2019 年，天津港货物吞吐量达到 4.922 亿吨，集装箱吞吐量达到 1730 万标准箱。[①]随着邮轮、游艇等高端滨海旅游业蓬勃发展，天津港已经成为我国北方最大的国际邮轮出入境口岸。未来，随着天津北方国际航运核心区的加快建设，国际船舶登记制度、国际航运税收政策将不断完善，航运金融与租赁业务等也将积极推进，天津市作为对外合作开放桥头堡的作用会更加凸显。

二、天津市推动海洋经济高质量发展的举措

（一）编制出台《天津市海洋经济发展“十四五”规划》

2021 年 6 月，天津市人民政府办公厅正式出台《天津市海洋经济发展“十四五”规划》。该规划对于贯彻落实国家加快建设海洋强国战略部署，推进海洋经济转型升级，培育海洋经济新动能，提升海洋治理能力和水平，高水平建设现代化海洋城市，支撑天津经济社会高质量发展，具有重要的战略意义。根据该规划，天津市立足“一基地三区”功能定位，以“津城”“滨城”为双核引领，五大海洋产业集聚区为拓展联动，沿海蓝色生态休闲带为生态屏障，优化海洋产业空间布局，形成各具特色、协调发展的“双核五区一带”海洋经济发展新格局。

（二）积极推动临港海洋经济发展示范区建设

2019 年 8 月，天津市发展和改革委员会、天津市规划和自然资源局联合印发了《天津临港海洋经济发展示范区建设总体方案》，正式启动临港海洋经济发展示范区建设。天津临港海洋经济发展示范区是由国家发展改革委、自然资源部批准建设的全国性海洋经济示范区，以提升海水

---

① 自然资源部海洋战略规划与经济司．中国海洋经济统计年鉴2020[Z]．北京：海洋出版社，2022.

淡化与综合利用水平、推动海水淡化产业规模化应用示范为主要任务，以建成全国海洋经济发展重要增长极和加快建设海洋强国重要功能平台为目标。根据该总体方案，天津临港海洋经济发展示范区实施范围约为36平方千米，长远发展期为2021—2025年。示范区以海水淡化产业为切入点，带动海洋高端装备制造业、海洋生物医药业、海洋服务业等海洋新兴产业加速聚集，建成海洋经济管理体制机制精简高效、海洋经济发展布局合理、海洋产业竞争力较强、基础设施保障支撑有力、海洋公共服务体系相对完善的海洋经济发展示范区。

（三）开展海洋经济调查和海洋经济统计监测

一是组织完成天津市第一次海洋经济调查。天津市第一次海洋经济调查于2017年5月正式启动，历时三年。通过调查，建立了天津市涉海单位名录，形成报告类、数据类、图集类等六大成果，基本摸清了天津市海洋经济情况。二是开展年度海洋统计评估工作。编制年度全市海洋经济运行情况分析报告和海洋经济统计公报。

（四）积极拓宽海洋经济多元化融资渠道

天津市已经设立海洋经济发展产业引导基金，首期规模2亿元，重点支持创新示范项目及战略性新兴产业项目。支持企业通过融资租赁加快装备改造升级，鼓励涉海企业积极参与项目申报。截至2018年底，共支持海洋相关项目5项，融资租赁总额2.5亿元。

（五）加强海洋生态保护与修复

为推进海洋生态文明建设，天津市完成《天津市海域使用管理条例》《天津市海洋环境保护条例》《天津市古海岸与湿地国家级自然保护区管理办法》的修订，先后印发《天津市“蓝色海湾”整治修复规划（海岸线保护与利用规划）（2019—2035）》等文件，不断优化岸线保护格局，实施分类管理、分段保护与修复，完成自然岸线保有量的目标。

（六）积极参与“一带一路”建设

全面贯彻落实《天津市人民政府关于印发天津市参与“丝绸之路经济带”和“21世纪海上丝绸之路”建设实施方案及目标任务分工的通知》精神，成立天津市海洋局融入的“一带一路”建设工作领导小组。天津市海洋局召开融入“一带一路”建设工作领导小组部署会，制定融入“一带一路”建设工作的方案。

三、天津市海洋经济发展存在的主要问题

（一）产业链关键环节缺失与部分产业产能过剩并存

天津市海洋产业发展总体较为零散，涉海企业规模较小，涉海企业大多仅在某一环节具有优势，缺乏特种装备制造能力，集中于工程安装调试、产品深加工等下游产业，零配件服务、人员技术服务等配套产业发展明显滞后，未形成完整的产业链，诸多因素直接制约海洋产业规模化发展。涉海企业间缺乏有效的沟通机制和平台，产业联系不畅通。

与产业链关键环节缺失问题并存的是部分涉海产业产能过剩。如天津北疆电厂低温多效海水淡化工程作为目前该领域国内规模最大的工程，受淡化水出口不畅、缺少用户及供水管网不足等因素影响，向外供水量不足设计产能的50%。

（二）海洋自主创新能力需进一步增强

天津市海洋自主创新能力不足主要表现在两个方面。一是海洋领域科研经费投入不足，科研条件仍需改善，国际领先的研发成果不足。以海水淡化和海洋工程装备业为例。在海水淡化方面，尽管天津市在国内技术领先，但北疆电厂海水淡化工程作为目前国内最大的低温多效海水淡化工程，采用的仍是以色列的技术。我国的反渗透淡化技术中，最为

关键的反渗透膜及回收装置、高压泵等设备基本依靠进口。在海水化学资源提取方面，高端产品缺乏，盐化工生产仍以大宗传统产品为主，产业链条短，下游高端产品依赖进口，亟须调整产品结构。在海洋工程装备方面，缺乏具有自主知识产权的关键技术，科研机构创新成果本地产业化率较低，本地配套能力和系统集成能力亟待提高。

二是产、学、研、用结合不够紧密，海洋科技领域的产出不高，重要领域缺乏领军人才，创新创业机制和环境有待进一步优化。上海市拥有全国 7 个涉海国家重点实验室中的 3 个，天津市目前尚属空白。天津市近年来对创新、科技采取了多项鼓励政策，依托这些政策，在海洋食品、海洋制药和海水养殖等方面取得一定成果，但这些海洋科技成果在产业发展中所发挥的作用并不大，未能实现科技成果有效转化。其中重要原因在于科研和推广体系不完善，科研机构、高校和企业之间的合作不畅通。

三是海洋教育体系仍不完善，特别是高校涉海学科建设力度仍不够大，海洋基础教育、职业教育水平与海洋经济发展水平匹配程度亟待增强。2018 年，天津市开设海洋专业的高等学校为 14 个，占全国比重为 2.3%。教职工有 28699 人，占全国比重为 3.69%。专任教师有 11228 人，占全国比重为 2.2%。天津市的海洋专业博士专业点为 1 个，占全国比重为 0.7%。海洋专业硕士专业点为 11 个，占全国比重为 3.5%。海洋专业本科专业点为 15 个，占全国比重为 5%。各类成人高等教育海洋专业点数为 5 个，占全国比重为 1.3%。各类海洋专业中等职业教育专业点为 4 个，占全国比重为 1.72%。[①]

① 自然资源部. 中国海洋经济统计年鉴2019[Z]. 北京：海洋出版社，2021.

（三）海洋资源生态环境形势依然严峻

天津海域位于渤海湾西部湾顶，是永定新河、海河等重要河流的入海口，沿岸海域封闭性强、自净能力弱。近年来，尽管海洋生态环境状况总体向好，但形势依旧严峻，陆源污染入海压力仍持续存在，部分典型海洋生态系统仍然处于亚健康或不健康状态。

一是近岸海域环境质量有所好转，但形势依然严峻。2020年，天津市近岸优良水质（一、二类）比例为70.4%，主要污染因子无机氮年平均浓度为0.196mg/L，优于二类水平。“十三五”期间，天津市近岸海域水质明显改善，与2015年相比，优良（一、二类）水质比例增加了62.6个百分点（图4.1），主要污染因子无机氮年平均浓度下降了57.9%（图4.2）。根据天津市生态环境局发布的《2020年天津市生态环境状况公报》，天津市所有入海河流水质均达到或优于地表水五类标准（图4.3），主要污染物指标高锰酸盐指数、化学需氧量年均浓度同比分别小幅上升4.0%、4.5%，氨氮、总磷分别下降39.0%、9.4%。与基准年（2014年）相比，主要污染物指标高锰酸盐指数、化学需氧量、氨氮和总磷年均浓度分别下降43.5%、52.5%、89.7%和40.8%。

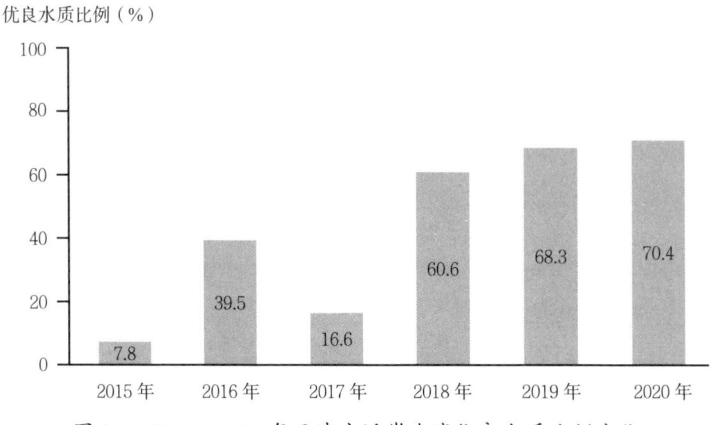

图4.1　2015—2020年天津市近岸海域优良水质比例变化

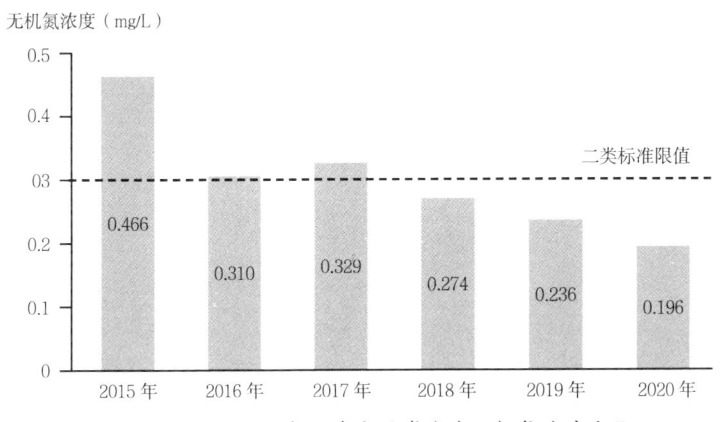

图 4.2　2015—2020 年天津市近岸海域无机氮浓度变化

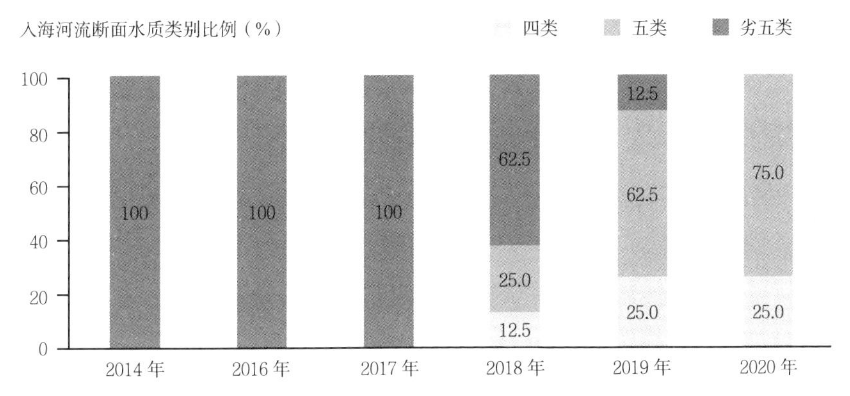

图 4.3　2014—2020 年天津市入海河流断面水质类别比例

二是海洋开发规模扩大导致自然岸线保有率降低。近十年来，天津市大陆岸线长度明显缩短，自然岸线保有量和保有率逐渐降低。2007 年，天津市海岸线长 15.3 千米，自然岸线长 18.0 千米，自然岸线保有率约为 12%。而 2018 年，天津市辖区内大陆自然岸线长度为 7.75 千米，自然岸线保有率仅为 5.06%。[1]

① 方正飞.国家海洋督察组向天津反馈围填海专项督察情况[N].中国海洋报，2018-07-09（1）.

三是历史上渤海海域大规模围填海等海岸工程改变了水动力条件，生态系统能流循环效率降低。围填海工程可永久改变近岸地质地貌特征、海岸自然结构和潮流运动方向。围填海工程过程中的取土、吹填和掩埋等海洋开发过程不但对潮差、水流和波浪等水动力条件产生影响，还导致近岸河槽束窄、潮波变形加剧、落潮最大流速减小、落潮断面潮量减少、[①]泥沙大规模淤积以及近海浅水区消波能力减弱，直接对近岸掩体和海堤等防护工程造成较大影响。海洋水动力条件的改变导致沿海区域地面沉降和岸段标高下降，加剧台风风暴潮和温带风暴潮等海洋灾害的破坏作用，尤其是地处沿海的塘沽地区地面沉降速度加快，防潮能力降低，临海功能区的风暴潮灾害风险日益加剧。

四、推动天津市海洋经济高质量发展的建议

（一）推进海洋产业集聚，培育海洋经济新动能

1. 不断扩大海水淡化规模，培育千亿级海水资源利用产业链

培育壮大海水淡化产业，将海水淡化水作为京津冀协同发展水资源战略储备，争取国家优惠政策支持。同时，以海水资源利用技术为依托，加快培育海水资源利用产业链。

一是加快构建海水淡化与综合利用技术创新产业体系，加快推进以海水淡化技术为核心的产业集聚。依托天津市优势企业、高等院校、科研院所，推动自然资源部天津海水淡化与综合利用示范基地项目建设，推进滨海新区大型海水淡化项目建设。建立天津市海水资源利用产业技术研究院和天津海水资源利用技术创新中心，通过开展海水淡化自主关键技术、材料、装备的集成及示范，培育并聚集大型的专业化工程公司

---

① 侯西勇，张华，李东，等.渤海围填海发展趋势、环境与生态影响及政策建议[J].生态学报，2018，38（9）：3311-3319.

和海水淡化部件、核心材料生产企业，构建集研发设计、生产制造于一体的海水淡化产业链，同时推动海水淡化向中水处理、废水循环利用方向拓展。

二是大力发展海水化学资源利用高端产品。依托天津碱厂、汉沽盐场、长芦盐场等技术企业，集中力量开发海水化学资源利用的高端产品，形成多品种、精细化、高附加值的系列产品。

2. 打造以重点海洋工程成套装备为核心的高端海洋工程装备产业链

充分发挥天津海洋工程装备业的基础和优势，着力打造一批海洋工程装备标志性产品，形成以海洋工程成套装备为核心、以基础部件为支撑、以工程服务为延伸补充的完整产业链，加快建设北方重要的海洋工程装备产业集聚区。着重发展海洋油气开发装备、海水淡化和综合利用装备、港口机械、海洋资源勘探装备、海洋环保装备、水下机器人等海洋工程装备，不断提升动力系统、传动系统、控制系统和基础部件等的本地配套能力及系统集成能力，加速发展海洋工程总承包和专业分包等高附加值海洋工程服务业。加快培育一批具有自主知识产权、技术领先的专业化创新型中小企业，逐步形成以大型企业集团为龙头、以专业化创新型中小企业为支撑、以工程服务企业为统领的海洋工程装备产业链。推动骨干企业、科研院所和高等院校组建产业联盟，开展协同创新，加速推动行业领先创新成果在天津市实现技术转化和产业化。积极引导和推动海洋工程装备制造企业与物流、咨询、金融等配套服务企业向临港经济区聚集，将临港经济区建设成我国重要的海洋工程装备产业示范基地。

3. 加快建设具有区域特色和强竞争力的北方国际航运中心

依托天津自贸试验区建设，持续深化金融领域改革创新，进一步提升海洋交通航运资源配置能力，形成保障充分、服务优质、功能完备、富有竞争力的现代航运服务产业集群，打造与国际接轨的便利化物流、贸易、航运金融环境。一是发展壮大融资租赁，推动北方国际航运中心金融服务集聚区建设。发达的融资租赁也能够为海洋交通航运物流提供重要支撑。天津市应在东疆保税港区建立全国性融资租赁资产交易市场，更有效地聚集租赁资源，保持融资租赁发展的优势地位，积极促进天津港的航运物流高端化转型，提升航运高端竞争力。二是建设海员服务基地，为北方航运中心建设集聚人才。在东疆港区现有的船员劳务服务公司基础上，通过政策创新，大力吸引国际船员劳务领军企业入驻，形成以海员管理、海员外派、海员培训及海员考试发证为链条的海员服务业，吸引航运高端人才聚集。三是推动天津港从“通道经济”向“口岸经济”转型升级。通过政策倾斜和优惠，大力引进国际大型航运企业、著名地区航运总部、航运集团等，鼓励现有航运企业扩容运力、提质增效。大力引进国内外航运金融、海事法律等领域的高端人才，加快天津港高端航运业集聚，力图在航运经济、航运保险等高端航运服务领域实现突破，打造集成化、个性化多式联运的北方国际航运中心。

4. 以天津特色滨海景区为核心，打造全域海洋旅游示范区

依托天津市特色海洋文化和滨海旅游资源，坚持文旅融合发展，建成集滨海旅游度假、海洋探奇体验、海洋科普、海洋文化传承等功能于一体的海洋全域旅游示范区。一是建造天津国家海洋博物馆，集聚艺术文化、主题娱乐、科教文化等文化产业，聚焦海洋主题，培育海洋文旅和海洋文化创意产业集群。二是引进资金实力雄厚、管理经验丰富、具有战略眼光的大型企业集团（如长隆集团），策划具有海洋特色、带动能力强、市场前景好的海洋主题公园，提高天津市海洋旅游与文化的美誉

度和市场推广力。三是串联天津国家海洋博物馆、泰达航母主题公园、妈祖文化园等海洋特色景区，策划海洋精品旅游路线。四是依托滨海新区的沙滩、游艇码头和邮轮母港，综合开发海上运动与培训、游艇展销和邮轮旅游综合体项目等，打造集主题酒店、商务会展及高端免税商城于一体的大型综合旅游区。

（二）加快海洋科技创新和人才培养力度

1. 加强海洋科技领域的基础研究及海洋技术自主创新

加大对海洋科技基础及应用研究领域的理论、技术和方法的资助力度，在海洋工程装备、海洋油气、海水综合利用等重点海洋产业形成具有特色的理论优势。大力支持涉海科技人员积极参与、承担国家海洋科技专项、国家自然科学基金专项等基础研究项目，鼓励跨单位合作和自由研究。

培育天津市涉海高校海洋学科的专业优势。加大对港口海岸及近海工程、海洋科学、海洋技术、海洋化工等专业的支持力度。鼓励高校海洋学科与其他学科的协作研究、融合发展，积极培育海洋交叉学科、新兴学科，大幅提高海洋科技的基础研究能力和水平。

加快推动海洋技术自主创新，开发海洋战略性前沿技术，加大海洋产业核心、关键技术研发力度，形成一批具有知识产权、高附加值、高水平的科技成果，提高海洋科技对海洋经济的贡献率。

2. 构建新型涉海企业的创新体系

通过差异化的政策扶持，积极引导涉海企业加大对海洋科技的投入，支持大型涉海企业集团发挥海洋科技创新骨干作用，支持中小微企业开展海洋科技创新，培育一批涉海高技术企业、创新试点企业。

围绕海洋工程装备、海水综合利用等优势产业，将开放引进与巩固提升现有国家级企业技术中心相结合，以项目带动、资源整合、产学研联盟等多种形式，培育、壮大一批在国内同行业中具有领先地位的企业研发中心。通过制定科学合理的评价制度，支持企业研发中心健康、有序地发展。

对于涉海行业的领军型企业研发中心和国家级涉海企业技术中心，除国家给予的各项普惠性激励政策外，天津市财政额外给予激励扶持。

3. 搭建海洋科技创新服务平台

构建一批海洋产业技术创新联盟。支持涉海科研院所、高等院校联合大型涉海企业集团建立海洋技术创新联盟、关键装备协同创新基地，推进产、学、研协同创新，搭建海洋科技成果转化和产业化平台，推动海洋科技成果集成创新和海洋技术成果产业化。通过海洋科技成果转化补贴、股权改造等方式，推动海洋产业技术创新联盟开展技术合作和创新，为提升产业整体竞争力服务。

建立一批海洋科技成果转化服务中心。推动天津市涉海工程技术研发中心、涉海工程实验室、涉海重点实验室进行体制机制改革，面向全社会提供海洋科技成果转化服务，让更多的海洋科技创新成果转化为生产力。

建设海洋科技成果共享与交易服务平台。构建面向全国、统一开放的海洋科技资源共享与交易平台，促进知识产权转移、转化，支持和服务产业发展。

4. 创新涉海金融支持体系

在天津市科技发展事业专项基金中，对海洋科技设立专门的引导基金。充分发挥开发性金融资本主体的产业投资经验和投资放大能力，采取公募基金、匹配投资基金等多种形式，最大限度发挥母基金进一步创新性资金匹配的潜力和战略性导向能力。

鼓励涉海高技术企业融资并购。积极支持中小型涉海企业在全国中小企业股份转让系统、天津股权交易所、天津滨海柜台交易市场挂牌融资，引导已上市的涉海企业不断提高融资能力，积极拓展融资渠道。鼓励涉海企业通过战略合作和并购重组，吸收同行企业、上下游企业、跨地区企业，做大做强，促进产业转型。

5. 加强海洋科技人才培养

围绕提升人才质量、优化人才结构，进一步制定和完善相关政策和创新人才开发使用机制，加快构建“蓝色智库”，培养、聚集海洋科技人才，推进海洋人才高地建设。

优化海洋人才培育环境。推进培养天津市海洋领域中青年创新人才、科技领军人才和应用型人才，提升一些海洋科技重点学科，建设一批重点实验室、工程技术研究中心、企业技术中心等载体，搭建海洋人才创新创业平台。建立公平、公正的人才竞争机制，摒弃形式化考核，优化海洋人才工作环境。建立人才流动机制、人才与单位的双向选择机制。

拓宽海洋人才引进渠道。开展海洋科技人才需求预测，定期发布紧缺人才目录。主动“走出去”招贤纳士，对于紧缺型高层次人才采取灵活的引进方式，拓宽招才引智渠道，形成多元化的引智格局，引进一批海洋科技“高精尖”领军人才。

（三）加大海洋生态环境治理力度

1. 严格落实“河长制”，加强海洋环境污染联防联控

严格控制入海主要污染物排放总量，核定主要陆源污染物入海控制指标，制定陆源污染物入海总量控制制度。不断完善“湾长制”，并强化与“河长制”的衔接和联动。完善海洋环境监测网络，加强入海河流和入

海排污口的水质监管，不断扩展监测段，逐步提高监测频率，促使监督管理科学化。

2. 联合执法，严格落实生态红线制度

不断提高对生态保护红线内的生态系统敏感区域和关键区域的保护力度。针对生态敏感区和生态功能区等，建立不同的管控制度，对于违反生态红线制度的企业或相关项目，予以相应处罚，通过严格的保护措施，确保生态红线制度发挥作用。大力实施海洋生态修复项目，对滨海湿地和自然岸线开展具有针对性的保护修复和约束管理，鼓励公众积极参与生态保护红线区域的海洋生态资源和海洋环境保护，确保渤海的基本生态功能不受损害。

3. 完善海洋观测基础设施，严格落实海洋灾害预警机制

加强海洋灾害预警，实现从以管防为重点向以风险管理为重点的转变，提升海洋防灾、减灾、救灾能力。结合卫星遥感、航空遥感等观测技术，针对赤潮灾害建立数据综合分析和处理平台，跟踪、掌握赤潮可能引起的渤海水质变化态势，开展赤潮生成条件预测，预报赤潮发展趋势，评估赤潮灾害影响。加强天津市重点海域的海洋灾害监视监测和预报预警网络建设，强化数字化、信息化和人工智能等技术的海洋预报应用，完善海洋灾害重点防御区制度，构建海洋灾害风险评估、隐患排查和治理的长效工作机制。

4. 坚持陆海统筹，严格落实海洋环保协作机制

不断完善以陆海统筹为主线、河海联动的海洋环保协作机制。各级、各类行政部门紧密配合、联合管理，促使源头严控、保护、防范与过程严管、治理、控制相统一，立足产业发展和资源生态环境承载力，紧密联系各开发区建设，加强区域之间的融合发展，提高各区域的数据资源

共享，全方位、多角度、立体化地推进天津市海洋环境保护工作。

（四）进一步深化与“21世纪海上丝绸之路”沿线国家交流合作

1. 建设海洋交通运输大通道

开辟集装箱新航线，优化航线布局，形成覆盖全球的集装箱航线网络。引进国际知名船级社、企业、资本进入天津海运市场，培育海运龙头企业。积极推进东疆港区、保税区、出口加工区、保税物流园区等海关特殊监管区域的制度创新。依托京津冀协同发展和自贸区建设优势，推动津冀沿海港口的合作，形成联动发展的区域性港口集团。

2. 推动海水淡化和综合利用技术“走出去”

积极推动天津市与印度尼西亚、马来西亚等“海上丝绸之路”沿线国家在海水淡化和综合利用技术及产业领域的合作。依托天津市海水淡化膜技术和反渗透技术的优势，重点选取中亚、西亚等“一带一路”沿线缺水国家，以自主海水淡化技术和装备为核心，参与当地海水综合利用建设项目。推动天津市与国外海水淡化领域的高等院校、科研机构合作，扩大海水淡化技术的应用规模，提升天津市海水淡化膜技术的国际竞争力。

3. 不断拓展海洋工程装备的国际市场

支持天津市的海洋工程装备企业“走出去”投资建厂、并购或参股国外企业和科研机构。支持海洋工程装备制造企业与境外企业、研发机构合资、合作。积极开拓国际市场，探索多种海洋工程装备制造对外合作模式，加快融入全球产业链。积极吸引海洋装备、海水淡化领域的先进国家和地区来天津市投资，带动天津市海洋工程装备制造业发展。

4. 加强海洋生物医药技术国际交流与合作

支持天津市海洋生物医药企业、科研机构与“海上丝绸之路”沿线国家的海洋生物医药企业和研究机构合作，共同推进海洋生物医药领域关键技术的研发。

5. 加大滨海旅游业国际化发展力度

加强天津市与“海上丝绸之路”沿线国家的合作互利，共同开发精品旅游线路，提高游客签证便利化程度。在旅游餐饮、住宿、交通、景区、旅行社、导游、购物及应急管理等方面，加快建立与国际通行规则相衔接的旅游服务标准体系。依托天津国际邮轮母港，将天津市建设成中国北方国际邮轮旅游中心。加强与周边海洋国家在邮轮旅游方面的合作。

6. 加强与俄罗斯在海洋石油化工领域合作力度

依托中俄东方石化（天津）有限公司，扩大原油和天然气进口量，提高原油炼化能力和产品规模。加强与日本、韩国及东南亚国家海上油气开发的合作。结合国家“储近用远”海上油气开发策略，稳定大港油田和渤海油田的开采规模，加强与英国、法国、俄罗斯等海上油气开发技术发达国家合作，提高现有油气田采收率，加强稠油、低渗、边际油田的技术攻关和开发。

第六节 海南省海洋经济高质量发展途径研究

一、新时代海南省海洋经济面临的新形势和新机遇

（一）中共中央、国务院出台多重政策，为海南省海洋经济高质量发展提供新机遇

党和国家高度重视海南省的海洋经济发展。2010年1月，《国务院关于推进海南国际旅游岛建设发展的若干意见》发布，标志着海南国际旅游岛建设上升为国家战略。

2018年4月，习近平总书记在庆祝海南建省办经济特区30周年大会上指出，国际旅游岛是海南的一张重要名片，推进全域旅游发展，使海南国际旅游岛这张名片更亮更出彩；海南是海洋大省，要坚定走人海和谐、合作共赢的发展道路，提高海洋资源开发能力，加快培育新兴海洋型产业，支持海南建设现代化海洋牧场，着力推动海洋经济向质量效益型转变；要打造国家军民融合创新示范区，统筹海洋开发和海上维权，推进军地共商、科技共兴、设施共建、后勤共保，加快推进南海资源开发服务保障基地和海上救援基地建设，坚决守好祖国南大门。

2018年4月，《中共中央 国务院关于支持海南全面深化改革开放的指导意见》提出：海南省的战略定位为全面深化改革开放试验区、国家生态文明试验区、国际旅游消费中心、国家重大战略服务保障区；探索建设中国特色自由贸易港；加强南海维权和开发服务保障能力建设；推动海南与“一带一路”沿线国家和地区开展更加务实高效的合作，建设“21世纪海上丝绸之路”重要战略支点；加强区域合作交流互动，鼓励海南与有关省区共同参与南海保护与开发，共建海洋经济示范区、海洋科技合作区；密切与香港、澳门在海事、海警、渔业、海上搜救等领域的合作，

积极对接粤港澳大湾区建设；加强与台湾地区在教育、医疗、现代农业、海洋资源保护与开发等领域的合作；深化琼州海峡合作，推进港航、旅游协同发展。

2019年，为加快推进海南自由贸易港建设，中共中央、国家部委纷纷出台新政支持海南自贸区、自贸港建设。以中央12号文件为基础的“1+N”政策体系不断完善，具体包括《中国（海南）自由贸易试验区总体方案》《海南省机构改革实施方案》《海南省建设国际旅游消费中心的实施方案》《海南省创新驱动发展战略实施方案》《支持海南省全面深化改革开放有关财税政策的实施方案》《国家生态文明试验区（海南）实施方案》《关于支持海南开展人才发展体制机制创新的实施方案》《海南热带雨林国家公园体制试点方案》《海南省建设国家重大战略服务保障区实施方案》等。

打造面向太平洋和印度洋的重要对外开放门户是中共中央建立海南自由贸易港的重大战略目标，是中共中央赋予海南的重大历史使命，是海南大力发展海洋经济、建设海洋强省的历史性机遇。建立海南自由贸易港，有利于促进形成“泛南海经济合作圈”，推动海南省与台湾省、东南亚地区、港澳地区等周边地区海洋产业领域的合作，有利于海南省根据“海上丝绸之路”沿线国家和地区的地域特点，充分发挥科研机构和组织多学科综合优势，建立深海科技联合实验室、联合研究中心等国际科技创新合作平台，促进深海科技创新，加强信息共享与合作。

（二）海南省新一轮机构改革多措施围绕自贸区（港）建设和“三区一中心”战略展开，为海洋经济发展提供支撑

2018年9月，中央办公厅、国务院办公厅印发《海南省机构改革方案》，这是全国首个获得中央批准的地方机构改革方案。海南省这一轮机

构改革设置党政机构 55 个，其中省委机构 18 个、省政府机构 37 个，同中央和国家机关保持总体一致，并体现海南特色。此次机构改革中，多项具有海南特色的措施主要围绕自贸区（港）建设和“三区一中心”的战略定位展开。

为推进自贸区（港）建设，海南省委组建全面深化改革委员会，加挂海南省委自由贸易试验区（自由贸易港）工作委员会牌子，主要负责审议并组织实施海南自贸区（港）建设各项综合配套改革及各领域对外开放重大事项等。全面深化改革开放试验区的建设将带动海南省海洋开发和保护领域制度推陈出新，吸引涉海企业、人才、技术、研发机构等高端要素集聚，显著提升海南省的海洋资源开发能力和全球海洋资源要素配置能力。自由贸易区（港）建设的快速推进能够促进中共中央赋予海南省特殊优惠政策和一系列重大项目落地实施，多重政策优势和重大项目的外溢效应将吸引一大批海洋经济领域的创新要素聚集，为海南省加快构建现代海洋产业体系创造条件。

为适应国家生态文明试验区的建设要求，海南省组建了自然资源和规划厅、生态环境厅，使得海洋的重要性得到进一步提升。组建海南省自然资源和规划厅，将陆地、海洋自然资源纳入统一的管理体系，实现了国土空间管制与自然资源配置的有效衔接。组建生态环境厅，建立了大环保管理体制，整合了海南所有污染物排放监管职责，真正实现了陆海统筹，解决了原本的“九龙治水”问题。

为适应建设国际旅游消费中心的要求，海南省整合旅游、文化、体育职能，组建旅游和文化广电体育厅，服务全省全域旅游业发展。国际旅游消费中心的建设不断提升海南省海洋产品的品牌竞争力和影响力，推动海南省海洋一、二、三产业融合发展。

（三）海南省海洋资源丰富，海洋经济发展迅速，海洋生态环境优越

海南省位于我国领土最南端，内靠华南经济圈，外临东南亚，处于中国—东盟自由贸易区的中心位置。向东北穿过台湾海峡直达西太平洋环形经济区北部，向东经巴士海峡等与太平洋连通，东南经苏禄海等可达大洋洲，西南经过马六甲海峡与印度洋相通，海上交通十分便利。

海南省是我国海洋面积最大的省级行政区，海域总面积约 200 万平方千米。全省海岸线总长 1944 千米，海岸线系数为 0.05453，位居全国第二位。大于 10 平方千米的海湾共有 13 处，居全国第三位。有风景名胜资源 241 处，发展热带滨海和海岛休闲度假旅游潜力巨大。海域油气资源总储量 200 多亿吨，居全国之首，南海中北部海区蕴藏着丰富的天然气水合物资源。近海渔业资源丰富，有鱼类 600 多种，西、南、中沙海域有鱼类 1000 多种。滨海砂矿资源 80 多种，其中钛铁矿、锆英石储量分别为 761.7 万吨和 129.6 万吨，占全国同类矿产储量的四分之一和三分之一以上。

经过多年发展，海南省海洋经济取得了较快发展，呈现持续上升的发展势头，已经成为支撑地方经济发展的重要增长点。2015—2020 年，海南省海洋生产总值从 1005 亿元增长到 1536 亿元，年均增长率 8.85%，高于海南省地区经济增长率。2020 年，海南省海洋生产总值占海南省地区生产总值的 27.77 %，在全国名列前茅。

“十三五”期间，海南省海洋支柱产业加快发展。海南省海洋渔业实现平稳发展，拥有亚洲最大的深水网箱养殖基地，热带海洋牧场初具规模，海水鱼苗产量位居全国第一，罗非鱼苗产量位居全国第二。全省已形成以中心渔港为中心、一级渔港为骨干、二三级渔港为补充的渔港体系。海洋旅游业产业规模持续增大。海洋交通运输业快速发展，“四方五

港”进一步完善，建成深水泊位46个、游艇泊位上千个。推进了沿海公路、铁路、机场的相互对接，构建了海、陆、空衔接良好的立体交通网络，提升了港口枢纽的纵深辐射功能。依靠丰富的近海油气资源，有序建设原油、成品油商业储备基地，扎实推进国家战略石油储备基地。

海南省处于热带北缘，属热带季风气候，拥有珊瑚礁、红树林、海草床等典型生态系统，生态价值巨大。全省现有珊瑚礁面积占全国珊瑚礁总面积的98%以上，现有红树各类植物16科32种，占我国红树种类的90%以上。到2013年底，海南省共建立海洋类型自然保护区20个，其中国家级海洋类型自然保护区4个，在全国沿海省级行政区中处于第二位。海洋类型自然保护区面积24997平方千米，在全国沿海省级行政区中处于第一位。目前，海南省已建立全省海洋生态监视监测和海洋环境观测预报网，加强了海洋功能区环境监测及重大海洋污损事件应急监测预报工作。建立了省、县（市）两级海域使用动态监视监测管理系统，为海域使用管理提供了切实有力的技术支撑。

二、海南省推动海洋经济高质量发展的举措

（一）加强海洋经济高质量发展的顶层设计

2021年6月，海南省编制出台《海南省海洋经济发展“十四五”规划》，对于加快海南省培育壮大海洋经济，拓展海南省经济发展蓝色空间，以及服务海洋强国建设、推动自由贸易港建设和实现自身经济社会高质量发展具有重要现实意义。此外，还编制完成《海南省油气开发规划（2017—2035）》《海南现代化海洋牧场建设布局规划（2018—2025）》等。

（二）加快推动海洋传统产业转型升级

在海洋渔业方面，海南省大力培育发展深远海智能养殖渔场、现代

化海洋牧场、渔港经济区等新业态。推动海洋渔业基础能力建设，加快推动渔港改造升级，谋划高标准建设铺前、乌场、崖州、八所和白马井等重点渔港，打造渔港集群。

在海洋油气矿产资源开发方面，加强与国家部委、央企的合作。海南省政府与自然资源部、中国海洋石油集团有限公司签订了战略合作协议，推动合作勘探、开发深海油气及天然气水合物。海南省积极开展油气勘探开采管理体制改革，起草南海油气勘查开采管理改革试点方案，探索建立油气矿业权准入退出、竞争出让、探采一体化审批登记制度和监督管理机制，逐步放开南海油气资源勘探开发市场。编制完成《海南省油气区块矿业权监督管理办法》等文件，完善配套政策。

（三）加快培育海洋新兴产业

一是推动海水淡化工程建设，完成了海南省海水淡化需求调查和海水淡化实施方案的编制工作，目前全省共有 16 个海水淡化工程项目。二是稳步推进海洋能开发。目前在东方、文昌、儋州等区域共有 5 个海洋风电项目，总装机容量 35 万千瓦。万宁波浪能并网项目稳步推进。温差能和潮汐能等项目稳步推进。三是推动邮轮游艇产业发展，成立海南省邮轮游艇产业领导小组，2019 年 7 月印发《海南邮轮港口海上游航线试点实施方案》。四是推动海洋油气资源开发，海南省政府和自然资源部、中国海洋石油集团有限公司签署三方战略合作协议，联合编制、印发《重点海域先导试验区建设总体方案（2018—2030 年）》等。

（四）推动重点基础设施建设有序开展

海南省沿海港口已形成“四方五港多港点”的整体布局形态，全省港口目前共有生产性泊位 153 个，其中万吨级以上深水泊位 78 个，设计年通过能力约 2.6 亿吨。2019 年，海南省主要港口完成货物吞吐量 19209

万吨，比 2018 年增长 8.4%，集装箱吞吐量 268 万标准箱，比 2018 年增长 11.7%。[①]渔港初步形成以中心渔港为核心、一级渔港为骨干、二三级渔港为补充的渔港体系，各级渔港共计 44 座，其中中心渔港和一级渔港 12 座。以沿海高速公路、环岛铁路为骨干的综合立体交通运输网络已经成型，构建了海陆相连、空地一体、衔接良好的立体交通网络，全面提升了港口枢纽纵深辐射功能。

三、海南省海洋经济发展存在的主要问题

海南省管辖海域面积约 200 万平方千米，居全国首位，但海南省海洋经济规模远远落后于广东、山东、福建、上海、江苏等沿海省市。海南省海洋经济发展存在的问题具体体现在海洋产业结构、海洋科技创新能力和海洋管理体制等方面。

（一）海洋经济总量小，海洋产业基础薄弱、布局不合理，海洋产业结构亟待升级

长期以来，海南省海洋生产总值占地区生产总值比重居全国第二，虽远超广东、山东、浙江等多数沿海省级行政区，海南省海洋生产总值却远远落后于以上地区，仅与广西相当。如 2020 年海南省海洋生产总值为 1536 亿元，仅占全国海洋生产总值的 1.9%（全国海洋生产总值为 80010 亿元）。而同期广东、福建、浙江的海洋生产总值分别达到了 1.7 万亿元、1.15 万亿元、9201 亿元。海南省海洋经济总体规模较小、海洋产业基础薄弱等问题突出，这在很大程度上制约了海南省海洋产业的投资积极性，尤其是限制了海南省海洋科技、海洋开发资金、海洋人才队伍、海洋产业链条等一系列海洋产业发展基础条件的形成，也减缓了海

① 自然资源部海洋战略规划与经济司. 中国海洋经济统计年鉴2020[Z]. 北京：海洋出版社，2022.

南省海洋产业的转型升级，不利于海南省发展现代海洋渔业、海洋新兴产业、高端滨海旅游业等现代海洋产业，严重制约了海南省海洋开发能力的提升。

从海洋经济的产业分布来看，海洋渔业、海洋交通运输业、滨海旅游业及海洋油气工业等海洋传统产业长期主导海南省的海洋经济。目前，以滨海旅游业为主的海洋第三产业是海南省海洋经济发展的主要支撑力量，占全省海洋生产总值50%以上。以2019年为例，海南省海洋经济三次产业结构为16.1∶14.6∶69.3。随着国内外海洋产业的转型升级，海南省海洋传统产业的持续发展受到影响。目前，海洋渔业的海洋捕捞和海水养殖呈下降趋势，智能网箱、海洋牧场等新业态发展仍较为迟缓。海洋矿业、海洋油气化工产业虽有所发展，但产业基础仍远远落后于山东、广东等沿海省市，在全省海洋生产总值中占比仍较低。海南省海洋船舶制造、海洋工程建筑等海洋第二产业产值总量和比重仍远远落后于全国平均水平。海洋生物医药、海洋新能源开发、海洋科研教育管理等海洋新兴产业和海洋服务业仍处于培育期，发展较为缓慢，规模小，产业的规模效应和带动效应仍未形成。滨海旅游业自2020年以来遭受疫情冲击，同时由于基础设施不完善、邮轮游艇旅游发展不充分、国际化产品与服务供给能力不强等因素影响，目前仍以传统的自然观光和滨海休闲度假等业态为主。海南省海洋交通运输业受到航运腹地小、流量不足、配套和基础设施建设滞后等影响，自贸区（港）的政策红利优势仍未得到充分发挥。

（二）海洋科技力量较为薄弱，科技创新能力不足，涉海人才储备不足

海南省海洋科技总体水平较低，在全国沿海省级行政区中居于末位，

对海洋经济的贡献率不高，难以满足海洋经济发展的需求。海南省海洋科研机构数量少、规模小、分布较为分散，海洋科研和专业技术人才也较少。充足的海洋人才、高端的海洋科研力量和雄厚的海洋基础研究是发展壮大海洋产业、加速海洋产业转型升级、推动海洋新兴产业发展的重要前提。目前，海南省海洋基础研究、海洋人才储备都远远落后于广东、山东、浙江、上海等沿海省市，海南省海洋高层次人才数量仅为山东省海洋科技人员总量的 6%。海洋科技力量薄弱，导致海南省海洋科技创新能力不足，科技成果转化率较低，产业化进程较慢。海洋科技总体水平较低，导致目前海南省海洋资源的开发仍较为粗放，高技术产业尚未得到很好的发展。

（三）海洋管理体制机制仍不健全，海洋科学管理能力不足

涉海资源整合不够，涉海管理部门职能、职责既交叉又分散，缺乏强有力的综合协调与管理联动机制。长期以来，海南省的海洋经济管理存在严重的多头现象。如海洋经济发展规划的制定由政府的计划管理部门负责，海洋交通运输由交通港务部门负责，滩涂养殖由农业部门负责，海洋旅游管理由旅游部门负责，此外还涉及盐业、矿业等多个行业、多个部门。多头管理造成严重的职能交叉、重复建设和资源浪费，降低了管理效能。海南省海洋经济管理能力弱，特别是规划引导、调查统计、运行监测等严重不适应海洋经济高质量发展要求。此外，海洋科技与教育能力的不足进一步制约了相关海洋管理科技人才的发展，导致海洋管理能力无法提升。未来，进一步完善海洋管理体制机制，提升海洋管理效率，创新海洋管理方式，是海南省推动海洋经济高质量发展需要重点解决的问题。

四、推动海南省海洋经济高质量发展的建议

（一）着力培育海洋新兴产业发展，打造海洋经济发展新增长极

优先支持重点企业扩大海洋药物生产规模，探索开发高科技含量和高附加值的海洋药物，重点研制海洋生物提取剂及高效低毒抗衰老、防癌、抗癌药物和新型抗生素、新型药物制剂，将海南打造成包含海洋抗癌药物、海洋泌尿系统药物、海洋心脑血管药物和以深海鱼油为主的海洋保健药物在内的产、学、研一体化外向型海洋药物生产、销售基地。

开发深海生物药物资源。开展深远海生物资源调查评估，加强南海深海生物探测，建设国家南海生物种质资源库。筛选具有特殊功效的深海微生物、酶和各类化合物，培育深海生物产业。培育、壮大海洋生物制药业，积极开展海洋创新药物的研发，深化研究海洋生物活性物质的结构、功能及提取，解决合成和质量控制等药源生产关键技术。加强海洋生物毒素研究和药物开发研究，着力突破抗体药物制备关键技术等制约海洋生物技术药物研究开发的瓶颈，提升海洋生物技术药物规模化生产能力。发挥海南特色中医药与旅游康养产业融合发展优势，深入推进海洋中医药产品开发，加大对海洋中药资源的调查、研究和开发力度。积极研发海洋生物医用材料，重点开发止血、创伤修复、组织工程和药物缓控释等方面的海洋生物医用材料。

培育壮大海洋生物制品业。加快利用现代生物技术，开发具有免疫调节、营养素补充、抗疲劳等确切功效的海洋新资源食品、特殊医用食品和高附加值的绿色保健品、功能性食品。开发以新型海洋生物活性物质为核心成分的特殊用途化妆品与护理用品，以及成分、功效确切的非特殊用途化妆品。围绕绿色生态农业和环境可持续发展，开发可提升行业技术水平、产品质量与安全性的新型海洋生物制品。

建设外海捕捞渔船修造基地和海工基地，加强港口经济开发区基础设施修建。建设游艇公共码头，推动船舶制造技术升级，重点引进一批船舶制造、海洋工程装备制造等方面的项目，重点发展以深水钻井平台、深水浮式平台、浮式生产储油船（FPSO）、自升式平台（Jack-up）等海洋石油勘探开发装备为主的海洋工程装备制造业。

以三沙开发建设为契机，重点发展海水淡化和海水直接利用技术，优先支持岛礁海水淡化系统技术的改造升级，以满足海岛居民的基本生活、生产需要。推进现有岛礁海水淡化系统、循环冷却系统、管网等升级改造工程，逐步形成示范扩散效应。

统筹推进邮轮港口、“集疏运”体系以及配套产业等规划建设，构建以三亚国际邮轮母港为核心的邮轮发展格局，打造环南海邮轮旅游经济圈，为邮轮旅游发展提供坚实基础。依托海南自由贸易区（港）政策，优化邮轮母港环境，提升相应服务质量和服务品质，不断拓展邮轮产业链，营造邮轮产业经济优质营商软环境。

（二）立足南海资源开发服务保障基地定位，重点壮大海洋油气相关产业

以海南省西部重工业走廊为核心，重点发展以油气储备、石油化工、港口物流业为主导的油气化工业，加快推进洋浦石化新材料产业基地建设。加快东方工业园区化工项目建设，全面推进三沙油料补给体系建设和油源供应，合理规划三沙海上移动式油站建设，研究海南本岛及海域岛礁固定油站点、海上移动式油站等重要项目实施方案，形成具有三沙特色的油料供给体系。推进海南省与中石油、中海油等国内大型油气开发企业共同出资设立深海石油开发公司，完善海南油气产业地方征税税种，形成资源税、增值税互补的良好地方纳税体系，进一步用好、用实

国家赋予海南省的南海海域管辖权。

（三）以海南自由贸易区（港）为契机，提升深海科技竞争力

海南省是中国唯一拥有深海资源的省级行政区，是中国深远海研究的重要基地，集聚了我国一批深远海研究机构和人才。为此，海南省应紧抓建设自贸试验区和自贸港的契机，充分发挥“一带一路”沿线地理优势和深海科研机构集聚、多学科综合优势，建立深海科技联合实验室、联合研究中心等国际科技创新合作平台，促进深海科技创新等信息共享与合作。比如，通过深海科技研究，海南省可以有效提高水产品加工转化率，将目前47%左右的海南水产品加工转化率提升到全国平均水平（70%左右）。

（四）发挥众多会展品牌效应优势，吸引重大项目落地

以海南自由贸易试验区、中国特色自由贸易港、博鳌亚洲论坛为切入点，精心策划相关涉海主题论坛和相关涉海主题系列活动，着力打造国家涉海公共外交精品平台，吸引重大涉海项目落户海南省。积极开展以海南省为主的“海上丝绸之路”历史文化申遗活动，精心筛选既有历史文化传承脉络，又兼具民族融合效应的历史文化古迹。利用高科技水下探测技术，积极开展水下文化遗迹保护与修复，形成科学缜密的水下文物保护与防控体系。依托海南自由贸易试验区、中国特色自由贸易港的政策优势，建立以洋浦保税港区为核心区，以海口美兰机场、三亚凤凰机场为南北两翼的贸易网络。加快政府职能转变，扩大投资领域开放力度，允许货物进出口与人员进出口自由，实行自由货币兑换制度，推动海南省离岸金融发展，推动海南省海洋经济发展迈上新台阶。

（五）依托琼州海峡跨海通道，积极融入粤港澳大湾区

很长时间以来，琼州海峡没有建设跨海大桥或隧道来实现陆地直连，

而是靠轮渡来进行交通运输，造成海南省人流、物流、资金流的聚集不便，极大地限制了海南省航运腹地的形成与发展，制约海南省深度参与西部陆海新通道建设。目前，琼州海峡承担着海南省 90% 以上生活物资、100% 过海汽车、25% 进出岛旅客的运输，而新海港客运综合枢纽项目仍难以满足未来自贸港建设所带来的物流量与人流量快速增长需求。

因此，启动琼州海峡跨海通道工程建设，能有效破解长期制约海南省经济社会发展的瓶颈，扩大海南省海洋经济发展的腹地，可以加速广东西部、广西东部和海南的融合发展。琼州海峡跨海通道的建成将促进形成“琼州海峡经济带—雷州半岛—北部湾城市群”新经济增长极，实现粤港澳大湾区与海南自由贸易港两大区域战略的无缝对接和华南地区统一大市场的形成。

（六）依托洋浦港，大力发展临港经济和航运业

以洋浦现有石化炼化产业体系为基础，紧抓海南省“南海资源开发和服务基地”政策机遇，充分利用海南自贸区（港）的加工增值原产地规则等优惠政策，以洋浦港为核心大力发展临港经济，打造世界级的临港经济园区和产业链完整的石化工业体系，提升洋浦港吸引货物集聚和中转的内生动力，做大洋浦经济流量，构建集货物运输、储存以及技术支持、设备维修、后勤保障、金融贸易于一体的临港产业体系。加强琼州海峡经济带两岸石化产业的发展规划对接，推动琼州海峡两岸石化产业链互补，形成石化产业的集群效应和联动发展，以此为抓手，推动琼州海峡经济带建设。

发展航运业，带动西部陆海新通道的航运枢纽和区域性的物流中心建设。依托海南自由贸易区（港）建设，完善航运制度和产业政策，有效集聚各类航运要素。一是实施以中国洋浦港为船籍港的国际船舶注册登

记制度，为国际船舶提供“一站式”登记服务，吸引中资船舶回归。二是加快实施洋浦港启运港退税政策，为出口企业、航运企业提供更便利的操作流程，以“实施政策＋简化流程”引导内陆出口向洋浦集聚。同时，充分利用内外贸同船运输境内船舶加注保税油政策，使市场主体充分享受资源贸易港航运业发展的政策红利。三是依托海南省参与西部陆海新通道建设的契机，加快港口管理机构改革，整合海南省港口资源，推动洋浦港成为集装箱枢纽港、海口港成为全国主要港口，打造西部陆海新通道与中国通向太平洋、印度洋航线的航运枢纽与中心。

05 第五章

推动我国海洋经济高质量发展的政策研究

本章在研究分析我国海洋经济政策现状及存在的问题的基础上，提出促进我国海洋经济实现高质量发展的法律法规、财政政策、金融政策、产业政策的建议，并定性评价所提出的建议政策对我国海洋经济实现高质量发展的成效。

第一节 我国海洋经济高质量发展的政策现状及存在的问题

党的十九大作出了“坚持陆海统筹，加快建设海洋强国”的战略部署，并提出“我国经济已由高速增长阶段转向高质量发展阶段”；党的二十大强调“加快构建新发展格局，着力推动高质量发展”，为新时代海洋经济发展指明了方向。在这里，总结党的十九大以来实施的一系列海洋经济发展新政策、新措施，以期为推动新时代海洋经济发展提供借鉴。

一、我国海洋经济高质量发展政策现状

（一）党和国家从战略层面高度重视海洋经济发展

党的十九大以来，党和国家为促进海洋经济高质量发展，制定了海洋经济总体发展政策。

2018 年 11 月，《中共中央　国务院关于建立更加有效的区域协调发展新机制的意见》提出：“推动陆海统筹发展。加强海洋经济发展顶层设计，完善规划体系和管理机制，研究制定陆海统筹政策措施，推动建设一批海洋经济示范区。以规划为引领，促进陆海在空间布局、产业发展、基础设施建设、资源开发、环境保护等方面全方位协同发展。编制实施海岸带保护与利用综合规划，严格围填海管控，促进海岸地区陆海一体化生态保护和整治修复。创新海域海岛资源市场化配置方式，完善资源评估、流转和收储制度。推动海岸带管理立法，完善海洋经济标准体系和指标体系，健全海洋经济统计、核算制度，提升海洋经济监测评估能力，强化部门间数据共享，建立海洋经济调查体系。推进海上务实合作，维护国家海洋权益，积极参与维护和完善国际和地区海洋秩序。”

2018 年 12 月，第十三届全国人民代表大会常务委员会第七次会议

《关于发展海洋经济　加快建设海洋强国工作情况的报告》中指出："进入新时代，要进一步关心海洋，认识海洋，向海而兴，向海图强，推动我国海洋强国建设不断取得新成就。"报告要求深刻学习领会习近平总书记关于建设海洋强国的重要论述，在客观分析我国发展海洋经济、建设海洋强国总体情况的基础上，提出进一步推动海洋经济发展和海洋强国建设的六项措施：完善顶层设计，出台加快建设海洋强国的政策举措；融入重大战略，不断拓展优化海洋经济空间布局；加速动能转换，推动海洋经济实现高质量发展；强化用途管制，构建陆海一体保护利用新格局；实施科技攻关，突破一批涉海关键核心技术；开展试点示范，创新海洋管理体制机制。

2019 年 10 月，习近平总书记在致信祝贺第七届中国海洋经济博览会开幕时指出，海洋对人类社会生存和发展具有重要意义，海洋孕育了生命、联通了世界、促进了发展。海洋是高质量发展战略要地。要加快海洋科技创新步伐，提高海洋资源开发能力，培育壮大海洋战略性新兴产业。要促进海上互联互通和各领域务实合作，积极发展"蓝色伙伴关系"。要高度重视海洋生态文明建设，加强海洋环境污染防治，保护海洋生物多样性，实现海洋资源有序开发利用，为子孙后代留下一片碧海蓝天。举办 2019 中国海洋经济博览会旨在为世界沿海国家搭建一个开放合作、共赢共享的平台。希望大家秉承互信、互助、互利的原则，深化交流合作，让世界各国人民共享海洋经济发展成果。

（二）涉及海洋经济管理方面已有多部法律法规

我国已出台多部涉及海洋经济管理方面的法律法规，可分为综合类和涉海行业类两大类。综合类法律法规按生产要素类别，可细分为促进海洋科技创新和成果转化类、固定资产类、海洋生态环境保护类（表

5.1）。涉海行业类法律法规按海洋产业类别，可细分为海洋渔业类、海洋船舶工业类、海洋油气业类、海洋盐业和盐化工业类、海洋工程装备制造业类、海洋药物和生物制品业类、海洋可再生能源业类、海水利用业类、海洋交通运输业类、海洋旅游业类、海洋文化产业类、涉海金融服务业类及海洋公共服务业类（表5.2）。其中，海洋船舶工业、海洋盐业和盐化工业、海洋工程装备制造业、海水利用业、涉海金融服务业在海洋方面尚无专门的法律。因此，表5.2中不列出。

（三）制定规划，推动沿海地区海洋经济的试点示范

海洋经济发展试点示范是国家为促进海洋经济科学发展而探索开辟的一条创新之路。

2018年11月，国家发展改革委、自然资源部联合印发《关于建设海洋经济发展示范区的通知》，指出支持山东威海等14个海洋经济发展示范区建设。14个海洋经济发展示范区中，有10个设立在市，分别是：山东威海海洋经济发展示范区、山东日照海洋经济发展示范区、江苏连云港海洋经济发展示范区、江苏盐城海洋经济发展示范区、浙江宁波海洋经济发展示范区、浙江温州海洋经济发展示范区、福建福州海洋经济发展示范区、福建厦门海洋经济发展示范区、广东深圳海洋经济发展示范区、广西北海海洋经济发展示范区。另外4个设立在园区，分别是：天津临港海洋经济发展示范区、上海崇明海洋经济发展示范区、广东湛江海洋经济发展示范区、海南陵水海洋经济发展示范区。这些海洋经济发展示范区的主要任务各有所侧重。2020年5月，国家发展改革委、自然资源部联合复函支持吉林珲春海洋经济发展示范区建设。

表 5.1 我国涉及海洋经济管理的综合类法律法规

类别	法律法规名称
促进海洋科技创新和成果转化类	中华人民共和国科学技术进步法
	中华人民共和国促进科技成果转化法
	支持国家重大科技项目政策性金融政策实施细则
	国家中长期科学和技术发展规划纲要（2006—2020 年）
	关于对创新型试点企业进行重点融资支持的通知
	国务院关于促进国家高新技术产业开发区高质量发展的若干意见
	科技企业孵化器认定和管理办法
	关于加强与科技有关的知识产权保护和管理工作的若干意见
	关于国家重大科研基础设施和大型科研仪器向社会开放的意见
	关于国家科研计划项目研究成果知识产权管理的若干规定
	财政部　国家税务总局关于促进科技成果转化有关税收政策的通知
	政府采购进口产品管理办法
	科技型中小企业创业投资引导基金管理暂行办法
	财政部　国家税务总局关于企业技术创新有关企业所得税优惠政策的通知
	关于支持中小企业技术创新的若干政策
固定资产类	中华人民共和国海域使用管理法
	中华人民共和国海岛保护法
	铺设海底电缆管道管理规定
	中华人民共和国船舶和海上设施检验条例
海洋生态环境保护类	中华人民共和国环境保护法
	中华人民共和国海洋环境保护法
	中华人民共和国环境影响评价法
海洋生态环境保护类	中华人民共和国海洋石油勘探开发环境保护管理条例
	中华人民共和国防止船舶污染海域管理条例
	中华人民共和国海洋倾废管理条例
	中华人民共和国防治海岸工程建设项目污染损害海洋环境管理条例
	防治海洋工程建设项目污染损害海洋环境管理条例
	中华人民共和国防治陆源污染物污染损害海洋环境管理条例
	中华人民共和国防止拆船污染环境管理条例
	防治船舶污染海洋环境管理条例
	中华人民共和国自然保护区条例

表 5.2　我国涉及海洋经济管理的行业类法律法规

类别	法律法规名称
海洋渔业类	中华人民共和国渔业法
	中华人民共和国野生动物保护保护法
	中华人民共和国水生野生动物保护实施条例
	中华人民共和国渔业法
海洋油气业类	中华人民共和国矿产资源法
	中华人民共和国对外合作开采海洋石油资源条例
	中华人民共和国深海海底区域资源勘探开发法
海洋药物和生物制品业类	中华人民共和国药品管理法
海洋可再生能源业类	中华人民共和国可再生能源法
海洋交通运输业类	中华人民共和国海上交通安全法
	中华人民共和国港口法
	中华人民共和国海上交通事故调查处理条例
	中华人民共和国海上航行警告和航行通告管理规定
	中华人民共和国航标条例
	中华人民共和国渔港水域交通安全管理条例
	关于商船通过老铁山水道的规定
	外国籍非军事船舶通过琼州海峡管理规则
	中华人民共和国对外国籍船舶管理规则
	中华人民共和国航道管理条例
	国际航行船舶进出中华人民共和国口岸检查办法
	中华人民共和国国际海运条例
海洋旅游业类	中华人民共和国旅游法
海洋文化产业类	中华人民共和国水下文物保护管理条例
海洋公共服务业类	中华人民共和国测绘法
	海洋观测预报管理条例
	中华人民共和国涉外海洋科学研究管理规定
	关于外商参与打捞中国沿海水域沉船沉物管理办法
	地质资料管理条例
	中华人民共和国地质勘探资质管理条例
	基础测绘条例

（四）相关部委着力促进海洋科技创新和成果转化

近年来，我国海洋科技在基础理论、关键技术、应用研究等方面取得巨大进步，但与我国海洋经济发展的战略需求相比，海洋科技创新能力亟待提高。对此，党和国家采取了一系列政策措施，发展优质、高效产业，推动海洋经济转型升级。

2018 年 10 月，自然资源部印发《自然资源科技创新发展规划纲要》（以下简称《纲要》），将“深海探测”作为总体目标之一，提出：构建全海深资源与环境调查观测技术体系和装备系列，提升我国深海资源探测和环境感知能力，提高对深海海底过程、极端环境和生命系统的认知水平，创新深海矿产资源成矿理论和勘探方法；突破深海油气和天然气水合物资源勘探开发共性关键技术，建立深海矿产、生物和基因资源勘探开发技术体系，评价深海资源潜力和开发利用前景，为国民经济和社会可持续发展提供后备和替代资源；在深海科学国际前沿领域取得原创性突破，深海探测技术达到国际先进水平，优势领域实现国际领先。

对于阶段目标，《纲要》提出：到 2020 年，深地和深海等资源调查与开发利用自主创新技术优势继续增大，海洋动力要素观测仪器设备国产化率达到 50%，长期在线海洋生物化学常规要素传感器和监测仪器国产化率达到 30%，初步构建国家全球立体观测网，在深地探测、深海探测和天然气水合物勘查开采等前沿领域的核心技术进入先进国家行列，形成具备全球及重点区域监测能力的自然资源业务卫星星座体系，初步形成天空地海多源协同的自然资源调查监测智能技术与装备体系；到 2025 年，深海探测与预测保障、对地观测和极地探测等战略科技领域自主创新能力进入国际先进行列，部分领域达到国际领先水平，基本建成天空地海一体化的自然资源调查监测监管智能技术与装备体系，建成空天地海大数据体系，实现重点区域和全球自然资源的动态探测和信息化服务，科技贡献率达到60%；到2035年，自然资源主要领域科技创新能力跻身先进国家行列，优势领域实现领跑，建成大数据驱动、高智能化的天空地海一体化自然资源智慧监管平台，科技对自然资源管理业务链的贡献率达到70%。

对于主要任务，《纲要》提出：深化海洋科学认知，开展海洋动力过程研究，加强海洋灾害分布、机理及预测分析，深化陆海相互作用规律研究，提高海洋生态系统及其变化规律认知，加强海底科学理论创新，开展全球海底地球动力学和演化机制研究；拓展极地科学认知，深化极区气—冰—海相互作用、极地生命演化与气候变化响应过程、地质演化规律等前沿科学问题探索，建立极地驱动全球气候变化的系统理论体系，及对我国天气和气候显著性影响机制，开展北极关键海域资源与环境研究，探索船舶极区航行的环境影响机理。其他还包括研发全海深资源调查观测装备，开展全海深潜水器研制及深海关键技术研究，建造天然气水合物钻采船，发展极地资源与环境调查监测技术，加强海域油气资源勘查评价关键技术研发，创新海洋油气资源调查关键技术，拓展天空地海一体化立体监测遥感技术，提高地质和海洋灾害动态监测与预警技术水平，研究地质灾害天空地一体化快速识别监测预警技术，等等。

在重大工程方面，《纲要》提出12项工程，其中3项是涉海工程，即新型资源勘探与开发科技工程、海岸带保护修复与可持续利用科技工程、海洋与地质灾害监测预警科技工程。

2018年11月，《中共自然资源部党组关于深化科技体制改革提升科技创新效能的实施意见》提出：采用集中攻关机制，突破深海资源发现、精准探测等“卡脖子”技术，构建深海能源矿产开发共性核心技术装备及试采技术体系，创新水平跻身先进国家行列，部分优势领域实现并跑、领跑；促进科技创新成果转化应用，在深海科学前沿培育一批重大科技创新成果，提升自然资源科技创新水平和效能；加快海域天然气水合物勘查开发等先进适用技术和装备的应用推广；助力海洋国家实验室建设，借鉴青岛海洋试点国家实验室相关政策措施，建强海洋领域现有3个功能实验室，积极参与重大战略创新任务，助推建成海洋国家实验室，成为代表国家海洋科技水平的战略科技力量的重要组成部分；在卫星海洋环境动力学、林木遗传育种等部分领域形成国际领跑格局；在深海深空深地探测、森林生态系统等前沿方向创建国家重点实验室；优选工程技术平台创建梯队，在海水利用等工程技术创新领域，遴选条件成熟的团队创建国家技术创新中心、国家工程研究中心；等等。

（五）推动“海上丝绸之路”沿线国家开展海洋合作，共享发展成果

2015年3月，国家发展改革委、外交部、商务部联合发布《推动共建丝绸之路经济带和21世纪海上丝绸之路的愿景与行动》。在框架思路中提出“21世纪海上丝绸之路重点方向是从中国沿海港口过南海到印度洋，延伸至欧洲；从中国沿海港口过南海到南太平洋”，“以海上以重点港口为节点，共同建设通畅安全高效的运输大通道。中巴、孟中印缅两个经济走廊与推进‘一带一路’建设关联紧密，要进一步推动合作，取得更大进展”。

2017年6月，国家发展改革委和原国家海洋局联合发布《“一带一路”建设海上合作设想》。这是自2013年“一带一路”倡议提出以来，我国政府首次围绕“一带一路”建设发出的海上合作倡议，是我国政府对与沿线国开展海上合作的顶层设计和路线图，提出了中国与沿线国开展海上合作的原则、重点领域、合作机制、行动计划，明确要以海洋为纽带，以中国沿海经济带为支撑，密切与沿线国的合作。

二、我国海洋经济高质量发展政策存在的问题

（一）海洋经济发展综合性法律法规不够完善

从宏观上来讲，我国海洋经济领域的综合性法律法规不够完善。我国现行的海洋法律法规体系包括《中华人民共和国渔业法》《中华人民共和国海域使用管理法》《中华人民共和国海洋环境保护法》等法律，以及行政处罚条例等规章制度，这些行业性涉海法律法规主要根据各个部门的管辖范围、执法权限，由各级相关机构分门别类地制定，立法层次高低不同。

随着我国涉海活动范围不断扩大，海洋事务面临越来越复杂的局面。从国家层面来看，海洋经济法律体系建设滞后性问题越来越突出。一是亟须尽快制定海洋基本法。目前还没有一部能够在宏观上协调推进海洋经济各领域的、体系完善的法律法规。二是制定涉海法律法规的主体较多，各部门协调不足，导致法律法规体系内部发展不平衡，存在管辖领域交叉、管理不到位、立法重复甚至管理冲突的情况。

从行业和沿海地方上来看，海洋新兴产业相关法律法规不足。海洋生物医药产业、海洋装备制造业、海水综合利用业等海洋新兴产业已成为沿海地区海洋经济增长的重要引擎。随着海洋新兴产业的蓬勃发展，原有的法律法规已不能满足当前沿海地区海洋经济发展的诉求，沿海地区现有的法律法规无法全面指导和规范海洋新兴产业发展。因此，制定符合沿海地区海洋经济发展水平的法律法规迫在眉睫。

（二）亟须出台推动海洋经济高质量发展的综合性政策

进入 21 世纪，我国海洋经济快速增长，海洋生产总值占国内生产总值的 9.5% 左右，成为国民经济的重要增长点。但同时应看到，仍有诸多阻碍海洋经济高质量发展的问题，这些问题集中体现在科技创新不足、重近海轻远海、海洋开发方式粗放、海洋产业升级任务繁重、协调和公

共服务能力不足、海洋生态环境压力较大等方面。解决这些有关海洋经济高质量发展的问题，需要处理诸多矛盾。例如，海岸带空间如何使用的矛盾，海洋资源开发与海洋生态环境保护的矛盾，海洋经济高质量发展与陆海统筹关系的矛盾，海洋资源如何实现高效利用的矛盾，等等。

综合协调处理这些矛盾和问题以推动我国海洋经济高质量发展，就需要做好海洋经济高质量发展的战略设计，尽快出台海洋经济高质量发展指导意见，加强海洋经济高质量发展的统筹协调。

（三）尚未建立全国性跨部门海洋经济管理联席会议制度

海洋经济发展是一个需要多领域、多层次、多部门协调的系统工程，应由政府和社会各界共同努力协同推进。有不少沿海国家将涉海事务管理职能分散在多个政府管理部门，而这些国家往往建立高层海洋事务协调机构，对涉海事务进行统筹协调管理。目前，我国尚未建立全国性的海洋经济部际联席会议制度。

（四）海洋经济相关规划考核机制不健全，缺乏监督机制

虽然我国在海洋经济规划执行效果的监测评估方面作了大量工作，但规划、监测、评估、考核机制仍不成熟。当前，我国海洋经济领域规划的监测、评估、考核机制主要存在三个方面的问题。一是缺少推动机制。我国海洋经济领域规划的很多目标、任务仍缺乏具体实施的手段，实施中遇到重大问题，往往没有部门牵头协调加以解决。二是不同阶段的评估仍缺少规范。目前，海洋经济领域规划的中期评估已基本实现机制化，但年度考核与中期评估仍不能充分结合，中期评估往往变成不定期工作，效果不佳。三是考核办法仍不完善。当前面向沿海省级行政区海洋经济领域规划的年度考核办法仍不完善，无法真实反映各沿海省级行政区落实国家规划的效果。

第二节　推动我国海洋经济高质量发展的政策建议

海洋经济高质量发展政策是国家行政机关为促进我国海洋经济实现高质量发展而制定的指导沿海海洋管理部门、涉海企业的行动依据和准则。海洋经济高质量发展政策的作用主要体现在以下几方面。一是通过制定并实施各项政策，为海洋经济高质量发展提供依据，引导、巩固和促进海洋经济高质量发展。二是用法律法规对海洋经济中的各要素进行监督、规划和协调，推动海洋经济高质量发展。三是根据各沿海地区不同的海洋资源禀赋、海洋经济发展状况等，采取各具特色的发展模式和侧重点不同的发展战略，推动沿海地区海洋经济走上高质量发展的道路。

一、建立和完善高层次、跨部门的海洋经济管理体制和机制

发展海洋经济涉及多个领域，需要多层次和多部门相互协调，需要全社会共同推进。建议设立全国性跨部门的海洋事务委员会，设立涉海部门联席会议机制，定期就海洋领域重大事务问题召开会议。

“十二五”期间，国家曾设立高层次、跨部门的海洋议事机构。2013年3月，全国人大审议通过《国务院机构改革和职能转变方案》，规定“为加强海洋事务的统筹规划和综合协调，设立高层次议事协调机构国家海洋委员会，负责研究制定国家海洋发展战略，统筹协调海洋重大事项。国家海洋委员会的具体工作由国家海洋局承担”。但是2013年3月—2018年3月，国家海洋委员会组成名单并未对外公布，国家海洋委员会未对外开展公开活动。

2018年2月，中共第十九届中央委员会第三次全体会议通过《深化党和国家机构改革的方案》，规定“将……国家海洋局的职责……整合，

组建自然资源部，作为国务院组成部门。自然资源部对外保留国家海洋局牌子……不再保留国土资源部、国家海洋局、国家测绘地理信息局”，“为坚决维护国家主权和海洋权益，更好统筹外交外事与涉海部门的资源和力量，将维护海洋权益工作纳入中央外事工作全局中统一谋划、统一部署，不再设立中央维护海洋权益工作领导小组，有关职责交由中央外事工作委员会及其办公室承担，在中央外事工作委员会办公室内设维护海洋权益工作办公室。调整后，中央外事工作委员会及其办公室在维护海洋权益方面的主要职责是，组织协调和指导督促各有关方面落实党中央关于维护海洋权益的决策部署，收集汇总和分析研判涉及国家海洋权益的情报信息，协调应对紧急突发事态，组织研究维护海洋权益重大问题并提出对策建议等”。由此可见，该方案中并未提出撤销国家海洋委员会，而是明确规定了自然资源部管理国家海洋局的相关事务。

2018 年，党和国家机构改革后，在管理机构方面，涉海管理事务主要集中于自然资源部和生态环境部，涉及海洋经济的行业发展管理部门包括发展改革委、交通运输部、农业农村部、住房与建设部、水利部、能源局以及文化和旅游部等部门。

国家海洋工作是一项需要统筹协调的复杂工作，涉及跨军、跨地、跨部门。国家海洋委员会作为高层次议事协调机构，在海洋强国建设、海洋经济高质量发展和生态文明建设中发挥着重要作用。因此，国家海洋委员会的建设应当尽早提上议程，可由自然资源部开展相关工作。

二、编制、出台促进海洋经济高质量发展的制度和规划

（一）加强海洋经济高质量发展方面的顶层设计

促进海洋经济高质量发展，应重点推动以下几方面工作。

一是遵循创新、协调、绿色、开放、共享的新发展理念，科学设定

海洋经济高质量发展的目标体系，具体包括科技创新发展目标、海洋经济产值目标、海洋产业发展目标、海洋生态环境目标、民生共享目标、对外开放目标等。

二是推动海洋传统产业持续发展。第一，推动海洋渔业产业结构优化，发展远洋渔业。近海实施严格的海洋渔业资源总量管理，实行严格的伏季休渔制度；推动海洋休闲渔业发展，促进海洋渔业的三次产业融合发展；大力建设海洋牧场，积极推动海洋渔业发展方式的转变；积极推动海水养殖的绿色发展，继续推进海水健康养殖示范活动；积极参与国际海洋渔业资源开发制度的制定，巩固我国发展远洋渔业的法律基础。第二，加快发展滨海旅游业。推动创建各类滨海旅游主题功能区品牌，引导地方创建以滨海旅游为主要内容的国家特色海岸、滨海旅游度假区等。制定滨海旅游服务质量标准、滨海旅游功能区项目准入与管理办法。第三，加快发展海洋交通运输业，积极实施海运扶持政策，提高政府间接补贴力度，有效降低对外依存度。加快我国港口转型升级，提升港口综合服务能力，以建设国际航运中心为契机，不断衍生港航服务产业链。第四，统筹沿海陆域与海洋能源勘探开发。转变对陆域地矿资源和近海油气资源“吃干榨净”的做法，坚持海洋油气资源“储近用远”，推动油气勘探“走出去”，引导海外油气开发合作。

三是培育和壮大海洋新兴产业。第一，大力扶持海洋生物医药业发展。加大对海洋生物医药业技术研发的投入。不断优化产业发展的市场环境，包括不断完善知识产权制度，拓宽海洋生物医药企业的融资渠道等。以“互联网＋”发展模式助力海洋生物医药产业发展。第二，加快推进海洋装备制造业发展。不断强化技术攻关力度，大幅度提升核心技术创新能力。促进产业集群发展，化解产能过剩矛盾。大力推进海洋装备制造领域产业联盟的构建。重视配套产业发展，完善产业链条。推动有条件的海工企业尽快从中低端配套向附加值更高的核心高端配套转型。推动加强海工产业链上下游企业的交流合作，开展新产品、新技术、新工艺的联合攻关，探索进口替代和自主研发的有效途径。第三，加强对海上风电布局的管理，严格控制岸线、滩涂海上风电建设规模，保护好海岸带生态环境。加强潮汐能、波浪能、温差能等海洋可再生能源的开发利用。第四，推动海水淡化产业做大做强，将海水淡化纳入解决缺水城市新增水源的重要渠道，统筹好常规用水、淡化海水与跨流域调水的供给配置，给予相应的政策扶持条件，并尽快在北方沿海缺水城市开展海水淡化水进入城市供水管网的试点工作。

四是推动海洋经济数字化转型升级。抢抓国家新基建机遇，积极推动海洋信息化基础设施共建、信息共享建设和产业共融，加强涉海信息资源整合和共享，全面形成与我国海洋强国建设需求相适应的海洋信息自主获取能力，获取管辖海域、深海大洋、南北极以及全球重点关注区域的海洋环境、海上目标和活动等的全要素实时连续信息。推动海洋电子信息产业发展。深入开展海洋大数据技术攻关，制定国家海洋信息资源管理共享政策法规，整合建设国家层面的海洋大数据资源体系，充分发挥海洋信息的服务效能。建立完善的海洋信息产品研制与应用服务标准体系，建立多层次、一体化的海洋信息安全管理体系。

五是推动海洋科技创新和成果转化。进一步强化企业的创新主体地位。优化鼓励企业从事技术创新的政策体系，引导和支持各类优势创新要素向企业聚集，推动创新型企业加快建设，支持涉海企业开展技术创新、管理创新、商业模式创新。重视发展职业教育，提高技工人才质量。建设一批涉海示范职业院校、高水平实训基地和职业教育集团，同时鼓励国内有关涉海企业特别是海洋高技术企业，结合行业发展要求及人才需求特点，选择一批涉海职业院校和高水平实训基地，开展校企合作，进行“订单式”人才培养。

六是推动海洋服务业发展。第一，加快发展涉海金融服务业。加大对海洋经济的信贷支持力度，拓宽涉海企业融资渠道，建立海洋政策性融资担保体系，加强政策性金融支持。第二，大力推动海洋文化创意产业的发展。

七是加强海洋生态文明建设。第一，构建兼顾海岸带开发与保护的空间格局。把用途管制扩至国家管辖全部海域，严守生态保护红线，实施海岸建筑退缩线制度，探索实施“湿地银行”制度，对生态空间依法实行区域准入和用途转用许可制度。妥善处理围填海遗留问题。第二，健全海洋生态保护和修复制度。在渤海湾、江苏沿岸、长江口、杭州湾、珠江口等海岸带，建设生态廊道。开展海洋空间的生态修复工程，不断完善海岸带生态安全屏障。加速建立和完善海洋生态保护补偿制度和海洋生态损害赔偿制度。第三，推进海洋资源保护和环境污染控制。优先发展深水养殖、生态养殖。选取、规划并建成规范的海洋类国家公园。深入开展近岸海域综合治理，开展入海排污口专项整治行动，建立海域联动的污染防治机制。提升海洋灾害应急处置能力。持续健全和完善“湾长制”“河长制”。第四，加强海洋资源环境监测。加快构建海洋资源环境监测“一张网”，健全和完善以近海海域为重点，由近海向大洋和两极拓展的全球海洋资源环境监测业务网布局。建立和完善海洋资源环境承载能力监测预警长效机制。第五，推动海洋生态产品价值的实现。确定海洋生态产品价值的指标体系和评价标准，推动海洋生态产品产业化经营，发展海洋生态产业，培育海洋生态产品产权交易市场，促进海洋生态产品产权流转，促进海洋生态修复，提升海洋生态产品的价值。

（二）加快出台海岸带保护与利用规划

推动国家和省级行政区组织编制海岸带保护与利用规划。海岸带是陆海统筹发展、海洋经济高质量发展的载体和关键区域。推动海岸带规划出台是完善陆海统筹国土空间规划体系的重要内容，是优化近岸海域国土空间布局、拓展海洋经济发展空间的抓手。编制出台海岸带保护与利用规划，能够在更大尺度上瞄准海洋经济高质量发展目标，立足“大开放”格局，把握“大区域”尺度，更好地处理保护与开发利用的关系，以推动经济、社会、自然协同发展为思路，全面推进海洋经济高质量发展。

三、加强海洋经济领域法律法规和制度体系建设

随着海洋经济快速发展和对外交流活动日益频繁，涉海事务已远远超出单一行政部门和地方政府的管理权限。要保证海洋经济高质量发展，就应规范海洋开发秩序，本质上需要实现法治化管理。党的十九大、二十大报告要求“全面依法治国”。新时代我国海洋经济要实现高质量发展，亟待完善相关的法律法规。

（一）编制、出台海洋基本法

借鉴国际海洋立法的相关经验，确定海洋开发的基本原则，制定和实施海洋基本法，构建海洋资源开发管理法治体系，完善海洋经济高质量发展的相关法律保障。

（二）编制、出台海岸带管理法

海岸带是诸多海洋产业和临港产业的集聚区域，需要通过法治加强海洋资源管理，加强相关体制机制建设，构建陆海统筹的空间规划体系，统筹协调海陆资源开发与海洋生态环境综合治理，为海洋资源科学合理

开发及海洋经济高质量发展提供法律保障。目前我国与海岸带管理相关的法律法规中，虽然既有涉海法规，又有非涉海法规，但依然有必要制定专门针对海岸带管理的法律法规，强化海岸带区域开发利用和保护的统筹，有助于实现对海岸带这一特殊地带的综合有效管理，从而确保海岸带各类资源的持续利用及综合效益水平的平衡。

（三）推动我国沿海地方海洋经济立法工作

推动我国沿海地方海洋经济立法是海洋经济高质量发展的客观需求。新时代我国海洋经济的战略地位更加凸显，发展海洋经济成为沿海各级地方政府的一项重要任务。随着海洋开发逐渐深入，海洋经济发展面临的深层次矛盾和问题也逐渐显现。以政府为主导制定规划、发布政令以推动海洋经济发展的模式，尽管可在一定程度上解决部分问题，但效果十分有限。在此背景下，推动沿海地区海洋经济立法成为大势所趋。

当前，从海洋经济立法的政治保障、现实基础、经验借鉴等方面来看，我国沿海地区为海洋经济立法的条件也已基本成熟。目前，海洋经济已成为区域经济发展新的增长点，国家对海洋经济战略地位的认识也逐步深化，这为海洋经济立法提供了坚实的政治基础。“十三五”期间，江苏、海南等省已经出台了促进海洋经济高质量发展的相关条例，众多海洋法律方面的专家学者都开展了有关海洋经济立法的研究，这些研究工作为我国海洋经济立法奠定了研究基础。社会各界的热情期待为海洋经济立法提供了广泛的社会基础。近年来国家针对海洋经济发展的管理实践为海洋经济立法提供了支撑。

沿海地区海洋经济发展促进法的构建要体现建设海洋经济高质量发展的战略定位，凸显沿海地区的海洋经济发展特色，以此依法解决本地区海洋经济高质量发展过程中面临的主要矛盾和问题，对本地区海洋开发活动进行全面掌控，统筹协调海洋资源开发和海洋生态环境保护等，促进本地区海洋经济高质量发展。

（四）建立评估海洋经济政策执行效果的制度

加强海洋经济高质量发展的监测评估。围绕海洋经济高质量发展，组建国家层面的海洋经济运行监测和评估中心，编制海洋行业标准——《海洋经济高质量发展指数评估技术规范》，进一步完善海洋经济统计、核算与调查体系，完善海洋经济标准体系和指标体系，提升海洋经济监测评估能力，强化部门间数据共享，建立海洋经济调查体系。

四、推动沿海地区形成各具特色的海洋经济高质量发展模式

我国沿海地区的行政管理部门历来高度重视海洋经济发展。进入新时代，“十四五”期间乃至更长时间内，沿海海洋经济高质量发展的主要任务是推动海洋产业结构转型升级，促进海洋科技创新和成果转化，开展海洋生态保护和环境治理。由于沿海各省级行政区的海洋资源情况不同、社会经济条件不同、海洋经济发展所处阶段不同，因此海洋经济高质量发展的模式也应各具特色。

根据第三章我国海洋经济高质量发展评价指标体系的评价结果及调研收集的资料，笔者针对沿海地区海洋经济发展现状及存在问题，分析并提出我国沿海各省级行政区海洋经济高质量发展实现路径和政策建议。

（一）天津市——推动北方航运中心建设，深化渤海综合治理

第一，推动海洋传统产业转型升级，做大做强优势海洋产业。整合滨海新区各类滨海旅游资源要素，结合国家海洋博物馆、航母主题公园、东疆湾沙滩公园、东疆国际邮轮母港等旅游资源，建设一批高水平的国际化滨海休闲旅游项目，建设海洋生态文明体验中心、国家海洋休闲运动中心，推动滨海新区休闲旅游业发展。加快推动建设天津港成为国际

一流智慧绿色港口。加快建设北方国际航运核心区，加快建设港口集疏运体系，推动集装箱海铁联运发展，加快港口智能化改造，提升港航物流服务效率。推动海洋装备制造业加快发展，加快建设海洋工程装备制造基地重大项目。

第二，深入开展渤海综合治理。控制入海污染物，开展入海排污口专项整治行动。扩大海洋保护区面积，加强滨海湿地、海岸线的整治和修复，加快建设南港工业区生态湿地公园、中新天津生态城东堤海滨廊道等生态工程。加强大神堂牡蛎礁国家级海洋特别保护区建设和保护。

第三，强化海洋科技创新和成果转化。整合现有涉海科技资源，针对港口建设、海水淡化、智能船舶与无人艇、高端海洋工程装备等重点海洋产业领域，开展科技攻关，突破重点优势海洋产业领域核心技术。鼓励涉海企业、国内外相关科研院所建立海洋产业技术创新联盟。加快海洋科技成果转化，推动海洋能技术基地建设，加速产、学、研、用结合，鼓励建立产、学、研战略联盟，构建综合性公共海洋创新服务平台、海洋成果转化平台及海洋重点实验室。加强涉海高层次人才的培养和引进。

（二）河北省——深化渤海海洋生态环境综合治理

第一，加快现代化港口群建设和临港产业发展。推动秦皇岛港建成国际知名旅游港和现代综合贸易港，推动唐山港建成服务重大国家战略的能源原材料主枢纽港、综合贸易大港和面向东北亚开放的桥头堡，推动黄骅港建成现代化综合服务港、国际贸易港和“一带一路”重要枢纽。依托秦皇岛港、唐山港和黄骅港，推动港口商贸物流业发展，加快和深化港口、产业、城市融合发展。

第二，加快特色海洋经济发展。积极发展港口起重装卸、海洋化工、海水淡化、海水循环冷却、海水脱硫、海洋生态与环境监测等海工装备制造业。

第三，深化渤海综合治理。推进临港重工业超低排放改造。强化海水环境治理，实施重点入海河流污染物排放控制，深入推进北戴河近岸水域环境综合治理，强化近海养殖污染管理。

（三）辽宁省——持续推进渤海综合治理

第一，大力发展海洋经济，推动海洋产业结构转型升级。支持大连建设东北亚海洋强市，推动以大连为龙头的沿海经济带高质量发展。建成以现代港口物流和滨海旅游业为支柱产业，以船舶修造和海洋装备制造业为新兴产业，以海洋渔业和海洋盐业为基础的海洋产业体系。推动港、产、城融合发展。加快建设国家级海洋牧场示范区。

第二，深入开展渤海综合治理，严格控制排海陆源污染物，确保近岸海水质量稳步向好。推行“湾长制”，开展辽宁海岸带海洋环境综合治理，实施海洋生态保护修复工程。

第三，强化海洋科技创新体系与人才队伍建设。鼓励涉海企业与涉海高校、科研单位组建海洋产业技术创新联盟。重点建设面向市场，以企业为主体，产、学、研、金、用相结合的海洋科技创新平台。推进本地高校涉海学科建设，加快引进海洋科技创新领军人才和团队。

（四）上海市——建成和完善国际航运中心，推动邮轮经济发展

第一，建成具有全球航运资源配置能力的国际航运中心，加快建设智慧绿色港口，大力发展海铁联运、水水中转，不断优化航运、集疏运体系，加快发展现代港口航运服务体系。

第二，大力推动邮轮经济发展，建设世界一流的邮轮母港。依托上海港国际客运中心和吴淞口等邮轮码头，重点建设上海邮轮旅游核心功

能区。推进建设宝山上海国际邮轮综合改革示范区，将其建设为中国沿海地区一流的豪华邮轮旅游基地和高端滨海休闲旅游区。

第三，重点推动高端船舶制造业和海工装备制造业加快发展。重点培育壮大海洋生物医药业，建立一批海洋生物资源和药物研究重点实验室，重点研发一批海洋药物。推动海洋新能源开发，建设东海大桥海上风电二期及临港、奉贤海上风电及扩建项目。

（五）江苏省——加强防治近岸海域污染，提升海洋经济可持续发展能力

第一，加快海洋产业转型升级，不断壮大海洋新兴产业规模。推动沿海港口高标准建设，大力发展港口物流，培育发展航运业务、金融服务等现代航运服务业，完善港口运输系统，构建综合交通运输体系。大力发展海洋电子信息业。

第二，加快提升海洋科技创新能力。提升和拓展走向深远海能力。加大海洋教育投入和人才培养力度。整合涉海高校、涉海科研机构和涉海企业的研发力量，构建产、学、研、用相结合的海洋科技成果转化平台。

第三，坚决打赢污染防治攻坚战，推进入海排污口整治、近岸海域污染防治等。

（六）浙江省——重点推动大湾区建设，推动建设宁波和舟山成为全球海洋中心城市

第一，大力推进舟山群岛新区、浙江海洋经济发展示范区、舟山江海联运服务中心、中国（浙江）自由贸易试验区建设，推动甬台温临港产业带加快发展，大力推进海洋强省建设。推动“智慧海洋”工程建设与海洋产业深度融合。重点发展海洋高端装备制造、海洋能发电、海洋船舶

制造、海洋化工等。推动涉海金融服务业发展，鼓励金融资源流入海洋新兴产业领域。推动港口集群发展，加快宁波—舟山港世界一流强港建设，加强港口泊位的建设，提高海铁、公铁、江海联运发展水平，重点打造“智慧港口”。

第二，加强海洋科技创新支撑能力。加大涉海人才培养力度，加强引进国内外优秀的涉海海洋人才。依托浙江省海洋科学院，组建高校—企业—科研院所合作体，加速推进涉海科研成果转化。建设协同创新体系，创新建设一批海洋研究院、涉海重点实验室和工程中心，完善浙江海洋科技国际化交流平台。

第三，深入实施海洋生态修复，加快实施生态海岸带建设工程等。大力建设浙东沿海防护林体系。

（七）福建省——加快建设海洋强省，重点推进邮轮经济发展

第一，推进海洋产业转型升级，建设现代海洋产业体系。建设大型深远海养殖平台，推进重点海域的海洋牧场建设。培育壮大海洋工程装备制造业、海洋生物医药业等海洋新兴产业。加快建设海洋旅游业集聚区，加强与“海上丝绸之路”沿线国家和地区的旅游合作。以妈祖文化和马尾船政文化等具有福建省地方特色的海洋文化资源为依托，培育和壮大特色海洋文化创意产业集群。打造面向世界的规模化、集约化、专业化港口群，集约发展高端临港产业。优化海洋船舶产业布局，做强厦门湾、闽江口、泉州湾、三都澳四大船舶产业集聚区。以湄洲湾、古雷石化基地和江阴化工新材料专区为依托，大力发展临港石化深加工产业，推进集疏运业、仓储物流业和其他临港第三产业的发展。

第二，提升海洋科技水平。建设海洋领域省级创新实验室。支持福建涉海龙头企业开展基础性和应用型研究，着力培育一批具有国际竞争

力的涉海创新型领军企业。扶持涉海科技型企业、产业园区、大型企业等建立海洋科技成果孵化、转化平台，加快培育壮大创新型海洋科技企业群体。在优势领域整合形成若干海洋产业技术创新中心，集中力量攻克一批核心技术和关键技术。加强“智慧海洋”工程建设，形成一批具有辐射带动效应的科技兴海示范园区。构建多元化和多层次海洋科技成果转化服务平台，加速海洋科技成果转化。

第三，加强海洋生态文明建设，坚决打好污染防治攻坚战。加强重点海域综合治理，实施重点海域海岸带保护修复。

(八)山东省——加快建设海洋强省，深化渤海综合治理

第一，推动海洋产业结构优化升级，构建高素质的现代海洋产业体系。推动海洋传统产业改造升级，重点支持海洋高技术成果转化。推进港口、产业、城市融合发展，大力培育和壮大航运金融、航运贸易、船舶租赁等现代航运服务业态。大力推动港航物流业的转型升级，尽快由物流港向贸易港，再向枢纽港迈进。加快推进现代化海洋牧场综合试点建设，加快发展高端海洋装备制造业、海洋生物医药业、海洋可再生能源利用业、海洋新材料业等海洋新兴产业，加快推进建设国家海洋经济发展示范区，加快建设现代海洋产业体系。加快建设山东半岛海上风电项目。

第二，全面推行“湾长制”，加快处理围填海历史遗留问题，持续推进渤海综合治理，高质量推进长岛海洋生态文明综合试验区建设，强化海水环境治理。推动重点海湾整治，积极创建国家级美丽海湾。统筹推动河、陆、滩、海一体化保护，统筹实施海滩、海湾、湿地、海岛等生态修复工程。

第三，推动建设一批海洋科技创新平台，促进海洋科技创新。全力争创海洋国家实验室。

（九）广东省——持续推进建设粤港澳大湾区，打造世界级的沿海海洋产业带

第一，加快推动海洋产业转型升级。广东省自然资源厅、广东省发展改革委、广东省工业和信息化厅联合发布《广东省加快发展海洋六大产业行动方案（2019—2021年）》，提出“重点加快发展海洋电子信息产业、海洋风电产业、海洋生物产业、海洋工程装备产业、天然气水合物产业、海洋公共服务产业，打造2—3个产值超千亿元级的产业集群”等方案，进一步推进海上风电规模化集约化发展。加快建设珠海、阳江、潮州等地沿海液化天然气接收站，加大海洋油气资源勘探开发力度，建设天然气水合物勘查开采试验区。

第二，根据《中共中央、国务院关于支持深圳建设中国特色社会主义先行示范区的意见》提出的“支持深圳……按程序组建深圳海洋大学和国家深海科考中心”的精神，加快推动南方海洋科学与工程广东省实验室建设，建成国际一流的海洋科学与工程研究基地。推进建设智慧港口、智慧航道，推动“智慧海洋”工程与海洋渔业、海洋交通运输业、滨海旅游业海洋传统产业深度融合。推进文旅深度融合，打造顶级跨海岛休闲旅游集群。高标准办好中国海洋经济博览会。

第三，加大海洋生态环境保护力度。加大海洋环境污染防治力度，推进各类海岸带资源保护，加大滨海湿地和沿海红树林修复、保护力度。推动“美丽海湾”保护建设。

（十）广西壮族自治区——推进陆海西部新通道建设，壮大向海经济和临港产业

第一，推动海洋产业发展。以滨海旅游资源和海洋文化等要素为依托，积极发展面向东盟的海上旅游和海岛旅游，鼓励发展邮轮、游艇旅游等海洋新业态。大力发展以海洋装备和配套设备为主的先进装备制造

业、海洋新材料业、现代远洋船舶业等。培育发展海洋生物医药业等海洋新兴产业。加快港口航道、泊位扩建工程，增开远洋集装箱航线，推动建设北部湾港为全国多式联运先进港口。

第二，提升海洋科技力量。依托北部湾大学、自然资源部第四海洋研究所等科研院所，建立政、产、学、研创新联盟。支持区内外高校、科研院所到北海、钦州、防城港设立科技企业孵化基地或共同组建产业技术创新联盟。整合中国与东盟的海洋科技研发资源，加强海洋渔业、海产品深加工、海洋生物科技、海水综合利用、海工装备等方面的科技合作。

第三，推进海洋生态修复工程，持续保护海岸线资源及海洋生态环境，构筑北钦防一体化发展的蓝色生态屏障。实施“湾长制”，开展红树林保护修复，建设“美丽海湾”。

(十一)海南省——重点建设洋浦、儋州、东方、临高港、产、城一体化的自贸先行区

第一，推动海洋传统产业转型升级。促进渔业向海洋牧场、工厂化园区养殖、休闲渔业转型，扩大远洋渔业规模，支持深海网箱养殖和休闲渔业发展。加强省内港口资源整合和基础能力建设。推动海洋经济第一、第二、第三产业联动发展，尽快形成若干有竞争力的海洋产业链。支持洋浦港发展国际中转运输业务，提升港口综合服务能力，积极推进洋浦港建设大型化、专业化、智能化集装箱泊位，以提升集装箱运输服务能力，推进洋浦港航道疏浚整治和疏港公路建设，完善洋浦港仓储、中转、分拨等物流功能，推动洋浦港成为区域国际集装箱枢纽港。强化洋浦港航运和资源集聚功能，提升现代航运经济发展水平。积极推进天然气水合物先导试验区建设，打造重要油气接续基地。推动洋浦和儋州、

东方、临高共同建设港、产、城一体的自贸先行区。推动建设国际深海基地南方中心。

第二，建设“智慧海南”，加快国际海底光缆等项目的建设。在深海领域建设多层级科技平台。

第三，加强海洋生态环境保护和修复。加强沿海防护林建设和珊瑚礁修复，实施“湾长制”“岛长制”。

结语

海洋经济高质量发展的提出源于经济的高质量发展，即我国经济由高速增长阶段转向高质量发展阶段。随后，海洋经济高质量发展在党和国家的重要会议及文件上不断被提出并逐步深化。习近平总书记在参加十三届全国人大一次会议山东代表团审议时强调，海洋是高质量发展战略要地。2018 年 8 月，自然资源部、中国工商银行联合印发了《关于促进海洋经济高质量发展的实施意见》，明确了推动海洋经济发展的工作目标。2018 年 12 月召开的十三届全国人大常委会第七次会议上发布了《关于发展海洋经济　加快建设海洋强国工作情况的报告》，提出“推动海洋经济实现高质量发展……健全海洋经济统计核算制度，提升海洋经济监测评估能力”。2019 年 10 月 15 日，习近平总书记在致第七届中国海洋经济博览会的贺信中再次强调了推动海洋经济实现高质量发展的必要性。

党的十八大以来，中共中央和国务院都对中国海洋经济作了总体部署。党的十八大报告提出“提高海洋资源开发潜力，发展海洋经济，保护海洋生态环境，坚决维护国家海洋权益，建设海洋强国”。党的十九大报告提出“坚持陆海统筹，加快建设海洋强国”。党的二十大报告提出“发展海洋经济，保护海洋生态环境，加快建设海洋强国”。“十三五”

规划提出“拓展蓝色经济空间，坚持陆海统筹，发展海洋经济，科学开发海洋资源，保护海洋生态环境，维护海洋权益，建设海洋强国”。“十四五”规划提出“积极拓展海洋经济发展空间，坚持陆海统筹、人海和谐、合作共赢，协同推进海洋生态保护、海洋经济发展和海洋权益维护，加快建设海洋强国。建设现代海洋产业体系”。未来，中国海洋经济将进入大发展与大繁荣的黄金时期，中国海洋经济发展质量和发展水平将进一步提升。

回顾过去，中国海洋经济高质量发展取得了巨大成就。一是海洋经济规模不断扩大，2012—2020 年，我国海洋生产总值由 5 万亿元增长到 8 万亿元，占国内生产总值的比重保持在 9%左右。我国海洋经济已形成了以海洋渔业、海洋船舶工业、海洋油气业、海洋交通运输业、海洋旅游业等主要产业为核心，以海洋科研、教育、管理和服务业为支撑，以材料生产、装备制造、金融保险、经营服务等上下游产业为拓展的现代海洋产业体系。海洋三次产业结构由 2012 年的 5.3∶46.8∶47.9，调整为 2020 年的 4.9∶33.4∶61.7。海洋经济表现出较为强劲的发展韧性。二是海洋科技创新持续推进。目前，我国已拥有以“蛟龙号”“海龙号”“潜龙号”“三龙”体系为代表的开展深海大洋探测的高新装备，我国深海探测、深海调查的工作模式发生了巨大的变化，复合作业、集群作业和协同作业已经成为中国大洋考察新模式。海洋油气开采已形成“五型六船”20 多艘船规模的“深水舰队”，具备从物探到环保、从南海到极地的全方位作业能力。“雪龙 2 号”破冰船具有世界先进水平，极大地提升了我国的极地科考能力。不断完善国家全球海洋立体观测网，基本实现对我国管辖海域的长期业务化观测。我国已实现 1∶100 万海洋区域地质调查全覆盖。三是海洋生态保护修复稳步推进，海洋环境污染治理成效显著，海洋经济高质量发展的生态安全屏障得到进一步巩固。我国出台了《全国重要生态系统保护和修复重大工程总体规划（2021—2035年）》《红树林保护修复专项行动计划（2020—2025年）》《海洋生态修复技术指南（试行）》《关于建立健全海洋生态预警监测体系的通知》。截至2022年6月，我国累计实施了58个“蓝色港湾”整治项目、24个海岸带保护修复工程、61个渤海综合治理攻坚战生态修复项目，初步遏制了局部海域红树林、盐沼、海草床等典型生态系统退化趋势，区域海洋生态环境明显改善。近30%的近岸海域和37%的大陆岸线纳入生态保护红线管控范围。我国成为全球少数红树林面积净增加的国家之一，国家级海洋生物保护区增加超过了50个，建立起以自然保护区和海洋公园为主的海洋生物保护体系。四是海洋经济发展惠及沿海地区民生福祉程度增加。2018年全国涉海就业人员总数达到3684万人，比2011年增加了262万人。沿海地区海洋渔民人均纯收入增长较快，2019年达到2.7万元，比2011年翻了一番。全国共有48个海洋公园，平均每万人海洋公园面积达到3.8公顷，为国民海洋意识教育、休闲游憩、学术研究和生态体验提供良好的场所。

展望未来，海洋经济高质量发展将为加快我国建设海洋强国，开启全面建设社会主义现代化国家新征程，向第二个百年奋斗目标进军作出更大贡献。中国海洋经济综合实力和质量效益将再上新台阶，海洋科技支撑和保障能力将进一步增强，海洋生态文明建设将取得更加显著的成效，海洋经济领域的国际合作将取得更丰硕的成果，海洋经济的国际竞争力、影响力将大幅提升，形成陆海统筹、人海和谐、高水平对外开放的海洋经济发展新格局。同时，我们也应清醒地认识到，我国虽进入新发展阶段，新发展格局正在加快构建，但海洋经济高质量发展仍存在诸多问题，如海洋经济领域的自主创新能力不足、海洋资源与生态环境压力仍比较大、海洋产业仍面临升级压力等。党的十八大以来，我国处于加快建设海洋强国的关键时期。海洋是高质量发展战略要地，发达的海洋经济是建设海洋强国的重要支撑，促进海洋经济高质量发展是推进海洋强国建设的重要抓手。我们应紧紧把握这一难得的历史机遇，坚持陆海统筹的发展格局，坚持创新驱动发展战略，乘势而上，推动海洋经济高质量发展向更高层次迈进。